现代**生物化学原理**及技术研究

杨天佑 张帆涛 赵 艳 编著

中国水利水电出版社
www.waterpub.com.cn

内 容 提 要

本书以现代生物化学和分子生物学的基础知识为主体,以生物化学技术的实际应用为实例,并结合了生物化学的最新发展趋势和最新成就。全书知识结构由浅入深,循序渐进,讲叙简明流畅。全书内容共分为12章:绪论,蛋白质的结构与功能,核酸的结构与功能,维生素及微量元素,酶化学及应用,生物氧化,糖代谢,脂代谢,蛋白质的降解和氨基酸代谢,核苷酸的降解与代谢,血液与肝脏的生物化学,生物化学及新生物技术研究。

本书适合从事生命科学及相关的医药、卫生、农林、生物工程、环境、食品、轻化工等学科的研究人员作为参考书籍使用。

图书在版编目(CIP)数据

现代生物化学原理及技术研究 / 杨天佑,张帆涛,
赵艳编著. -- 北京 : 中国水利水电出版社,2014.9(2022.10重印)
ISBN 978-7-5170-2416-3

Ⅰ. ①现… Ⅱ. ①杨… ②张… ③赵… Ⅲ. ①生物化
学—研究 Ⅳ. ①Q5

中国版本图书馆CIP数据核字(2014)第199681号

策划编辑:杨庆川　责任编辑:杨元泓　封面设计:马静静

书　　名	现代生物化学原理及技术研究	
作　　者	杨天佑　张帆涛　赵艳　编著	
出版发行	中国水利水电出版社	
	(北京市海淀区玉渊潭南路1号D座 100038)	
	网址:www. waterpub. com. cn	
	E-mail:mchannel@263. net(万水)	
	sales@ mwr.gov.cn	
	电话:(010)68545888(营销中心)、82562819(万水)	
经　　售	北京科水图书销售有限公司	
	电话:(010)63202643、68545874	
	全国各地新华书店和相关出版物销售网点	
排　　版	北京鑫海胜蓝数码科技有限公司	
印　　刷	三河市人民印务有限公司	
规　　格	184mm×260mm　16开本　16.5印张　401千字	
版　　次	2015年4月第1版　2022年10月第2次印刷	
印　　数	3001-4001册	
定　　价	58.00元	

凡购买我社图书,如有缺页、倒页、脱页的,本社发行部负责调换

前　言

　　近半个多世纪以来，生命科学的发展突飞猛进，并以极为强势的姿态，渗透和影响着多个相关学科和产业领域，包括医学、药学、农学、环境科学、材料科学、发酵工业以及商品工业等。与此同时，人们试图从物理学和化学两个紧密相关学科的不同角度，来理解生命现象，认识生命活动。相比之下，生物化学历经 100 多年的发展，特别是近 50 多年的发展更为迅速。对遗传物质分子基础的基本确定，对生物分子在生命过程中的代谢反应的深入理解，使人们已有可能在分子水平上分析和阐明生物体生命过程的化学本质。另外，生物化学的基础作用越来越明显。1943 年青霉素工业化的研发成功，1947 年前后出现的生物化学工程，显示了生物学、化学和工程学结合形成的技术科学对社会经济效益所产生的巨大作用。自 20 世纪末开始，特别是进入 21 世纪以来，生命科学已经进入了一个崭新的时代，新的学科、交叉学科以及相关专业不断涌现，由此，萌生了此书的写作想法。

　　近一二十年来，相关文献已涌现不少。结合了多年来的实践和经验，再吸取了近年来相关图书的优点，确定本书为《现代生物化学原理及技术研究》。全书综合参考了国内外多部"生物化学"经典著作，以流畅的语言、生动的实例、翔实的图表，系统介绍了生命的分子基础，有蛋白质、核酸、酶、维生素及微量元素；生物的氧化和代谢，包括生物氧化、糖代谢、脂代谢、蛋白质的降解和氨基酸代谢、核苷酸的酶促降解和核苷酸代谢；人体中生物化学的运行，即血液与肝脏的生物化学，而且在本书的最后一章还专门介绍了生物化学与现代生物技术和新型学科的关系。这些学科和技术包括基因组学、蛋白质组学和生物芯片学等，能够使读者对生物化学的发展趋势有启蒙式的了解并拓展视野。本书力求做到简明扼要、抓住重点、详略得当、思路清晰，重点突出，图文并茂。

　　本书由杨天佑、张帆涛、赵艳撰写，具体分工如下：

　　第 2 章、第 3 章第 1 节～第 3 节、第 4 章、第 5 章、第 10 章：杨天佑（河南科技学院）；

　　第 1 章、第 3 章第 4 节～第 5 节、第 8 章、第 11 章、第 12 章：张帆涛（江西师范大学）；

　　第 6 章、第 7 章、第 9 章：赵艳（云南农业大学）。

　　本书能顺利出版，首先要感谢学校领导的大力支持和关怀，还有众多同事的帮助。其次，书稿得到了许多专家的指导和意见，在此表示衷心的感谢。撰写时参阅了许多著作和文献资料，在此向有关作者致谢。此外，出版社的工作人员为本书稿的整理打印做了许多工作，感谢你们为本书顺利问世所做的努力。

　　由于能力有限、经验不足，本书在内容的取舍、文字表达以及真实体现科学性、思想性、先进性、启发性及适用性方面尚有一定的不足，书中难免存在错漏之处，恳请各同行专家以及广大读者批评指正。

作者

2014 年 6 月

目　　录

第1章 绪 论

1.1 生物化学的含义与研究内容

1.1.1 生物化学的含义

生物化学(biochemistry)是从分子水平上研究和描述生物体的化学组成、生物体内的化学反应过程及其与生理功能的联系的一门科学,也是生命的化学。人们通常将有关核酸、蛋白质等生物大分子的结构、功能及基因结构、表达与调控的内容,称为分子生物学(molecular biology)。从广义上讲,分子生物学是生物化学的重要组成部分,若从分子水平上揭示生命现象的角度来看,生物化学与分子生物学之间并没有明显的区别。20世纪中叶以来,以DNA双螺旋结构模型的建立为代表的分子生物学飞速发展,为生物化学的发展注入了生机与活力,使生物化学与分子生物学成为生命科学领域中发展最快的前沿学科之一。

生物化学涉及的内容很广,学科分支越来越多。以所研究的生物对象之不同,可分为动物生化、植物生化、微生物生化、食品生化、临床生化等。随着生化的纵向深入发展,学科本身的各个组成部分常常被作为独立的分科,如蛋白质生化、糖的生化、核酸、酶学、能量代谢、代谢调控等。现代科学中非常引人注目的分子生物学,是以研究生物大分子的结构与功能为主要内容的现代生物化学的前沿学科。

生物化学是一门实验科学,其理论的发展与各种实验技术的发明密切相关。生物化学的研究除采用化学的原理与方法外,尚运用物理学、生理学、遗传学等的理论和研究方法。生物化学通过与其他学科的联系与交叉,既促进了本身的发展,也使其成为生命科学各学科之间进行沟通的共同语言。

1.1.2 生物化学的研究内容

生物化学的研究对象及范围涉及整个生物界,依据研究对象的不同,可分为微生物生化、植物生化、动物生化和人体生化(医学生化)等。人体生物化学的研究内容虽然十分广泛,但可归纳为以下几个主要方面:

1. 生物分子的结构与特点

对生物分子的研究,重点是研究生物大分子。所谓生物大分子是指由某些基本结构单位按一定顺序和方式连接而形成的多聚体,分子量一般大于10^4。例如:由核苷酸作为基本组成单位,通过$3',5'$-磷酸二酯键连接形成的多核苷酸链——核酸;由氨基酸作为基本组成单位,通过肽键连接形成多肽链——蛋白质。聚糖也是由一定基本单位聚合而成。生物大分子的重要特征之一是具有信息功能,由此也称之为生物信息分子。

生物大分子种类繁多,结构复杂,功能各异。除了确定生物大分子的一级结构(基本组成单位的种类、排列顺序和方式)外,更重要的是研究其空间结构及其与功能的关系。结构是功能的基础,而功能则是结构的体现。生物大分子的功能还通过分子之间的相互识别和相互作用来实现。例如,蛋白质与蛋白质、蛋白质与核酸、核酸与核酸的相互作用在基因表达调节中起着决定性作用。由此可见,分子结构、分子识别和分子的相互作用是生物信息分子执行功能的基本要素。这一领域的研究是当今生物化学的热点之一。

2.物质代谢及其调节

生物体的基本特征是新陈代谢,即机体与外环境的物质交换及维持其内环境的相对稳定。正常的物质代谢是生命过程的必要条件,推测人的一生中与外界环境进行交换的水约为60000kg、糖类 10000kg、蛋白质 1600kg、脂类 1000kg,其总量约高达人体重量的 1300 余倍。除此之外,其他小分子物质和无机盐类也在不断交换之中,但其数量要少得多。这些物质进入机体后,一方面可作为机体生长、发育、修补、繁殖等需要的原料,进行合成代谢;另一方面又可作为机体生命活动所需的能源,进行分解代谢。

物质代谢中的绝大部分化学反应由酶来催化,酶结构和酶含量的变化对物质代谢的调节起着重要作用。体内各种物质代谢途径之间存在着密切而复杂的关系,为使各种物质代谢途径都能按照一定的规律有条不紊地进行,需要神经、激素等整体性精确的调节来完成此外,细胞信息传递参与多种物质代谢的调节。细胞信息传递的机制及网络是近代生物化学研究的重要课题。

3.基因信息传递及调控

生物体在繁衍个体的过程中,其遗传信息代代相传,这是生命现象的又一重要特征。遗传信息传递涉及遗传、变异、生长、分化等生命过程。现已确定,DNA 是遗传的主要物质基础,基因即 DNA 分子的功能片段,作为基本遗传单位储存在 DNA 分子中。因此,基因信息的研究在生命科学中的作用愈显重要。如今,分子生物学除了进一步研究 DNA 的结构与功能外,更重要的是研究 DNA 复制、转录及蛋白质生物合成等基因信息传递过程的机制和基因表达调控的规律。随着人类基因组计划的最终完成,体内 30000～40000 个基因在染色体上的定位及其核苷酸序列将得以阐明。DNA 重组、转基因、基因敲除、新基因克隆等研究方兴未艾,将大大推动这一领域的研究讲程。

4.人体的物质组成

人体是由以细胞为单位构成的组织器官所组成,而细胞又是由成千上万种化学物质所组成。构成人体的主要物质包括水(占体重的 $55\%\sim67\%$)、蛋白质(占体重的 $15\%\sim18\%$)、脂类(占体重的 $10\%\sim15\%$)、无机盐(占体重的 $3\%\sim4\%$)、糖类(占体重的 $1\%\sim2\%$)等,除此之外,还有核酸、维生素、激素等多种化合物。由于蛋白质、核酸、多糖及复合脂类等都属于体内的大分子有机化合物,故简称生物分子。通常将分子量大于 10^4 的生物分子称为生物大分子,生物大分子的重要特征之一是具有信息功能,故又称为生物信息分子。

1.2　生物化学与医学的关系

综观医学发展史，可清楚地发现生物化学与医学的发展密切相关，并且相互促进。生物化学的理论和技术早已渗透至其他基础医学和临床医学的各个领域，被用以从分子机制层次解决医学各门学科中存在的问题。如糖类代谢紊乱导致的糖尿病，脂类代谢紊乱导致的动脉粥样硬化，胺代谢异常与肝性脑病，胆色素代谢异常与黄疸，维生素缺乏与夜盲症和佝偻病等都早已为世人所公认。体液中各类无机盐类、有机化合物和酶类等的检测，早已成为疾病诊断的常规指标。因此，只有掌握生物化学知识，为进一步学习免疫机制、微生物作用机制、基本病理过程、药物体内代谢过程及作用机制、疾病发生发展的机制和临床检验诊断、治疗在理论和技术上打下良好的基础，才能有望成为合格的医务工作者。随着新知识不断涌现，学科间的相互渗透，逐步出现了一批交叉学科，如分子免疫学、分子病理学、分子药理学、分子病毒学等。

生物化学学科的发展又促进了许多长期危害人类健康的疾病，如肿瘤、遗传性疾病、代谢异常疾病(如糖尿病)、免疫缺陷性疾病等病因、诊断、治疗的研究，同时也取得了不少重大进展。如癌基因的发现，证明它在正常情况下并不引起细胞癌变，只有在某些理化因素或病毒以及情感等因素的作用下，才能被激活而导致细胞癌变，这为最终根治恶性肿瘤奠定了基础。分子病通常是指由于基因突变，导致蛋白质一级结构异常而造成功能障碍的疾病。如镰刀状红细胞性贫血，就是由于血红蛋白β链第6位谷氨酸被缬氨酸取代所造成。由蛋白质构象改变而导致的疾病称为蛋白质构象病，常见的有老年痴呆症、亨廷顿舞蹈症、疯牛病等。由于基因突变，导致遗传性酶缺陷或酶结构和酶活性异常而造成代谢障碍或紊乱的疾病，称为先天性代谢缺陷病。如Ⅰ型糖原累积病，就是缺乏葡萄糖6-磷酸酶所致；苯丙酮尿症，是因缺乏苯丙氨酸羟化酶所致；痛风与自毁容貌征，都是由于缺乏次黄嘌呤鸟嘌呤磷酸核糖转移酶而造成的嘌呤代谢病。先天性代谢缺陷和分子病涉及范围广泛，目前已发现有2000余种，成为种类最多的遗传病。以白化病为例，近亲结婚的子代要比非近亲结婚的子代的发病率高达6倍之多。表兄妹结婚的痴呆儿发生率更是比非近亲结婚高达150倍之多。这是因为近亲结婚，双方携带有相同基因的可能性要明显大于一般群体，随着生物化学的发展，必将对这类疾病的防治产生重要的作用。

基因工程的发展，对临床医学起着极大的促进作用，随着基因芯片、蛋白质芯片、PCR技术和重组蛋白试剂等应用于临床诊断，使疾病的诊断达到了前所未有的高特异性、高灵敏度和简便快捷。基因工程疫苗的生产为解决免疫学难题提供了新的手段。基因治疗目前已成为医学领域的研究热点，随着遗传病基因疗法、传染病基因疗法、肿瘤基因疗法和其他疾病基因疗法的不断完善和广泛应用，基因工程药物的研究开发和大量生产，必将对临床医学、预防医学和军事医学等领域产生重大影响。

生物化学知识应用于中医药学研究也将大大促进中医药学的发展。在中医证候中必然存在着生物化学的变化规律，同时也需要生化指标加以量化。在中药研究方面也是如此，如中药成分对机体代谢及生物大分子的影响等。中医药要面向世界、面向现代化、面向未来，就要与现代科学特别是现代医学相结合，生物化学与分子生物学是实现有机结合的核心。

1.3 生物化学的发展趋势

进入新世纪以来,许多国家逐步开展大规模蛋白质工程计划,通过有控制的基因修饰和基因合成,对现有蛋白质加以改造,设计、构建并最终产生出性能比自然界现有的蛋白质更加优良、更加符合人类需要的新型蛋白质。

20 世纪后半叶,在所有自然科学中,生物学的发展是最为迅速的。尤其生物化学与分子生物学的发展更是突飞猛进,使整个生命科学进入分子时代,开创了从分子水平阐明生命活动本质的新纪元。如果说 19 世纪中期细胞学说的建立从细胞水平证明了生物界的统一性,那么,在 20 世纪中期,生物化学与分子生物学则从分子水平上揭示了生命世界的基本结构和基础生命活动方面的高度一致性。21 世纪上半叶,下列几方面仍是生物化学研究最活跃最重要的领域。

1.大分子结构与功能的关系

生命的基础物质(蛋白质和核酸,现在认为还包括糖)基本上都是大分子,这些大分子结构与功能的关系,仍然是生物化学研究的首要任务。蛋白质是生命活动的主要承担者,几乎一切生命活动都要依靠蛋白质来进行。蛋白质分子结构与功能的研究除了要继续阐明由氨基酸形成的一定顺序的肽链结构(一级结构)外,21 世纪前 30 年将特别重视肽链折叠成的三维空间结构(高级结构),因为蛋白质的生物功能与它空间结构的关系更为密切。

核酸是遗传信息的携带者和传递者,研究核酸的结构与功能,特别是 DNA 及基因的结构,包括人体全套基因的结构,将会给整个生命科学、医学、农学研究带来崭新的面貌。糖类不仅可以作为能源,而且在细胞识别、免疫、信息接收与传递方面具有重要作用。因此,糖的结构与功能的研究也将受到重视。

2.生物膜的结构与功能

生物膜包括细胞的外周质膜和细胞内的具有各种特定功能的细胞器膜。构成生命活动本质的许多基本过程,如物质转运、能量交换、细胞识别、神经传导、免疫、激素和药物的作用等都离不开生物膜的作用,此外,新陈代谢的调节控制,甚至遗传变异、生长发育、细胞癌变等也与生物膜息息相关。因此,深入了解生物膜的结构和功能不仅对认识生命活动的本质具有重要的理论意义,而且在工业、农业、医学和国防工业等方面也有重大的应用价值。在 21 世纪,生物膜的结构、功能、人工模拟与人工合成将是重大的生物化学课题。

3.机体自身调控的分子机理

生物体内的新陈代谢是按高度协调、统一、自动化的方式进行的,一个正常机体其体内各种生命物质既不会缺乏,又不会过多积累,它们之间互相制约、彼此协调,这是由机体内一套高度发达、精密的调节控制机制来实现的,这一调节控制系统是任何非生物系统或现代机器所不能比拟的。现在世界上最先进的计算机与人相比,在计算速度方面人脑可能不如电脑,但在信息处理、加工变换方面电脑远远不如人脑。阐明生物体内新陈代谢调节的分子基础,揭示其自我调节的规律,不仅有助于揭开生命之谜,而且可以将其用于工业体系,实现高效率、自动化生产某些产品。目前,生物的反馈调节原理初步用于发酵工业生产抗生素、氨基酸和核苷酸等产品就是很好的例子。随着生物化学在这一领域的深入研究,其在工业上的应用将更大范围、更大规模地展现出更美好的前景。

4. 生化技术的创新与发明

随着生命科学在分子水平研究的深入,不仅要求生物化学在理论上有所突破,而且要求生物化学技术要不断创新并有新的技术发明,才能真正使生物化学发挥基础和前沿的作用。现在生命科学的某些重要领域其发展受到技术的限制,例如基因工程受到产品分离纯化技术的限制。有的基因工程技术实现了基因筛选、分离、转移,并使基因得以表达,但其产品得不到理想的分离纯化,因此并未达到目的。可见,在这些领域,21 世纪初的首要任务就是要求生物化学在产品的分离纯化技术上有新的突破。在 21 世纪上半叶的一段时间内,生物化学应在蛋白质等物质的分离纯化、微量及超微量生命物质的检测与分析、酶功能基团的修饰、酶的新型抑制剂的筛选、酶的分子改造与模拟酶、生物膜的分离与人工膜制造等技术方面有较大的发展才能适应科学发展的需要,也才能促使生物化学理论和技术在工农业上的应用有大的进步。

5. 生物化学与现代新生物技术

随着人类基因组计划的实施和完成,带动和促进了一批新的生物科学分支学科的诞生和发展,诸如基因细胞学及后基因组学、蛋白质组学、生物信息学和生物芯片技术等。生物化学不仅与这些新的领域紧密相关并在其中大显身手,而且反过来这些新学科的发展必将大大促进生物化学新的革命,并一定会使生物化学以前所未有的速度迅猛发展和进步,为生命科学谱写新的篇章。

第 2 章　蛋白质的结构与功能

2.1　概　述

2.1.1　蛋白质的元素组成

尽管蛋白质的种类繁多,结构各异,但元素组成相似,主要有碳(50%~55%)、氢(6%~8%)、氧(19%~24%)、氮(13%~19%)和硫(0%~4%)。有些蛋白质还含有少量磷、硒或金属元素铁、铜、锌、锰、钴、钼等,个别蛋白质还含有碘。各种蛋白质的含氮量很接近,平均为16%。由于蛋白质是体内的主要含氮物,因此测定生物样品的含氮量就可按下式推算出蛋白质大致含量。

$$每克样品含氮克数×6.25×100＝100克样品中蛋白质的含量$$

2.1.2　蛋白质的分类

对研究的物质进行分类,是为了便于认识和了解它。提出一个简单的分类系统,试图描述各种蛋白质的主要特征或全部变化范围是很困难的。目前常用的蛋白质分类方法有3种,即按蛋白质的分子形状分类、按蛋白质的组成成分分类、按蛋白质的生物学功能分类。

1.按蛋白质的形状分类

根据分子形状的不同,可将蛋白质分为球状蛋白质和纤维状蛋白质两大类。

①球状蛋白质。这类蛋白质分子的长轴与短轴相差不大,整个分子盘曲呈球状或橄榄状。生物界多数蛋白质属球状蛋白,如胰岛素、血红蛋白等。

②纤维状蛋白质。这类蛋白质分子的长轴与短轴相差悬殊,一般长轴比短轴长5倍以上。分子的构象呈长纤维形,多由几条肽链合成麻花状的长纤维,如毛发、指甲中的角蛋白、皮肤、骨、牙和结缔组织中的胶原蛋白和弹性蛋白等。

2.按蛋白质的组成分类

根据蛋白质分子的组成特点,可将蛋白质分为单纯蛋白质和结合蛋白质两大类。

①单纯蛋白质。在蛋白质分子中,除氨基酸外不含有其他组分的蛋白质称为单纯蛋白质。

②结合蛋白质。结合蛋白质是由蛋白质和非蛋白质两部分组成,非蛋白质部分称为结合蛋白质的辅助因子。结合蛋白质又可按辅助因子的不同而分为糖蛋白、核蛋白、脂蛋白、磷蛋白、金属蛋白及色蛋白等。

3.按蛋白质的溶解度分类

根据溶解度可将蛋白质分为下列几类。

①清蛋白。又称白蛋白,是溶于水的,如血清白蛋白、乳清白蛋白等。

②精蛋白。溶于水及酸性溶液,含碱性氨基酸多,呈碱性,如鲑精蛋白。

③组蛋白。溶于水及稀酸溶液,含碱性氨基酸较多,故呈碱性,它们常是细胞核染色质组成成分。

④球蛋白。微溶于水而溶于稀的中性盐溶液,如血清球蛋白、肌球蛋白和大豆球蛋白等。

⑤谷蛋白。不溶于水、醇及中性盐溶液,但溶于稀酸、稀碱,如麦蛋白。

⑥醇溶蛋白。不溶于水,溶于 70%～80%乙醇,如玉米蛋白。

⑦硬蛋白(scleroproteins)。不溶于水、盐、稀酸、稀碱溶液,如胶原蛋白、丝蛋白、毛发及蹄甲中的角蛋白和弹性蛋白等。

2.1.3　蛋白质在生命活动中的重要性

生命是以物质为基础构成的一种特殊形式。现代生物化学与分子生物学的研究与实践表明,蛋白质和核酸是生命活动过程中最重要的物质基础。蛋白质在生命活动中的重要性,主要表现在两个方面。

1.蛋白质是构成生物体的基本成分

蛋白质(protein)在生物界的存在具有普遍性,无论是简单的低等生物,还是复杂的高等生物,如病毒、细菌、植物和动物等,都毫无例外的含有蛋白质。蛋白质不仅是构成一切细胞和组织的重要组成成分,而且也是生物体细胞中含量最丰富的高分子有机化合物。微生物中蛋白质含量亦高,细菌中一般含 50%～80%,干酵母含 46.6%,病毒除少量核酸外几乎都由蛋白质组成,甚至朊病毒(prion)就只含蛋白质而不含核酸;人体内蛋白质含量约占人体总固体量的 45%,肌肉、内脏和血液等都以蛋白质为主要成分;高等植物细胞原生质和种子中也含有较多的蛋白质,如黄豆几乎达 40%。

2.蛋白质具有多样性的生物功能

生物界中蛋白质的种类估计有 10^{10}～10^{12} 种。不同种类的蛋白质是由于氨基酸在肽链中排列的顺序不同。蛋白质肽链中氨基酸排序的差异是蛋白质生物学功能的多样性和物种特异性的结构基础。蛋白质的生物学功能主要有以下几种。

(1)生物催化功能

生命的基本特征是物质代谢,而物质代谢的全部生化反应几乎都需要酶作为生物催化剂,而多数酶的化学本质是蛋白质。正是这些酶类决定了生物的代谢类型,从而才有可能表现出不同生物的各种生命现象。

(2)代谢调节功能

生物体存在精细有效的调节系统以维持正常的生命活动。参与代谢调节的许多激素是蛋白质或多肽,如胰岛素、胸腺素及各种促激素等。胰岛素可调节血糖的水平,若分泌不足可导致糖尿病。

(3)结构功能

结构蛋白建造和维持生物体的结构,保护和支持细胞和组织,是蛋白质的重要功能之一。结构蛋白多数为不溶性纤维状蛋白,如构成动物毛发、蹄、角、指甲的 α-角蛋白,骨、腱、韧带、皮肤中的胶原蛋白。胶原蛋白还与蛋白聚糖等构成动物的胞外基质,后者是细胞的保护性屏障。

（4）转运和贮存功能

体内许多小分子物质的转运和贮存可由一些特殊的蛋白质来完成。如血红蛋白运输氧和二氧化碳；血浆运铁蛋白转运铁，并在肝形成铁蛋白复合物而贮存；不溶性的脂类物质与血浆蛋白结合成脂蛋白而运输；许多药物吸收后也常与血浆蛋白结合而转运。

（5）运动功能

收缩和游动蛋白质可使肌肉收缩和细胞游动，形成细胞收缩系统的肌动蛋白（actin）和肌球蛋白（myosin）以及微管的主要成分——微管蛋白（tubulin）都属于这一类蛋白。细胞有丝分裂或减数分裂过程中的纺锤体以及鞭毛、纤毛等都涉及微管蛋白。另一类运动蛋白质为发动机蛋白（motor protein），如前所述的动力蛋白和驱动蛋白，可驱使小泡、颗粒和细胞器沿微管移动。

（6）控制生成和分化功能

生物体可以自我复制，在遗传信息的复制、转录及翻译过程中，除了作为遗传基因的脱氧核糖核酸起了非常重要的作用外，离开了蛋白质分子的参与是无法进行的，它在其中充当着至关重要的角色。生物体的生长、繁殖、遗传和变异等都与核蛋白有关，而核蛋白是由核酸与蛋白质组成的结合蛋白质。另外，遗传信息多以蛋白质的形式表达出来。有一些蛋白质分子（如组蛋白、阻遏蛋白等）对基因表达有调节作用，通过控制、调节某种蛋白基因的表达（表达时间和表达量）来控制和保证机体生长、发育和分化的正常进行。

（7）防御和保护功能

在具有防御功能的蛋白中，最典型的实例是脊椎动物体内的免疫球蛋白，即抗体。淋巴细胞在抗原（外来蛋白质或其他高分子化合物）刺激下产生抗体，抗体能专一地与相应的抗原结合，以排除外源异种蛋白对生物体的干扰。保护蛋白如血液凝固蛋白、凝血酶原和血纤维蛋白原等参与凝血过程。南极鱼和北极鱼含有抗冻蛋白，可遏制在0℃以下的海水中血液冷凝。

（8）膜功能

生物膜的基本成分是蛋白质和脂类，它和生物体内物质的转运有密切关系，也是能量转换的重要场所。生物膜的主要功能是将细胞区域化，使众多的酶系处在不同的分隔区内，保证细胞正常的代谢。

（9）特殊功能

特殊功能指除具有上述功能以外的蛋白质，如应乐果甜蛋白是尼日利亚的一种植物（coreophyllum cumminisii）果肉中的一种蛋白质，是无毒的非糖天然甜味剂；节肢弹性蛋白是昆虫翅膀的铰合部存在的一种有特殊弹性的蛋白质；胶质蛋白是贝类分泌的一种蛋白质，它可以把贝壳牢固粘在岩石或其他硬表面物上。

总之，蛋白质的生物学功能极其广泛。近来分子生物学研究表明，在高等动物的记忆和识别功能方面，蛋白质也起着十分重要的作用。此外，有些蛋白对人体是有害的，称为毒蛋白，如细菌毒素、蛇毒蛋白、蓖麻子的蓖麻蛋白等，它们侵入人体后可引起各种毒性反应，甚至可危及生命。

2.2　蛋白质的分子结构

2.2.1　蛋白质的一级结构

1. 肽与肽键

氨基酸可相互结合成肽。两分子氨基酸可借一分子的氨基与另一分子的羧基脱去一分子水,缩合成为最简单的肽,即二肽(图 2-1)。

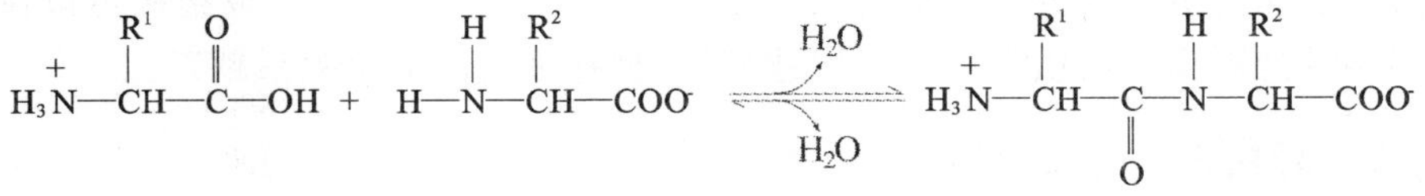

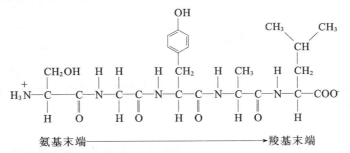

图 2-1　肽与肽链

在这两个氨基酸之间所产生的酰胺键(—CO—NH—)称为肽键。二肽同样能借肽键与另一分子氨基酸缩合成三肽。如此进行下去,依次生成四肽、五肽……多个氨基酸可连成多肽。肽链分子中的氨基酸相互衔接,形成长链,称为多肽链。多肽链中 α-碳原子和肽键的若干重复结构称为主链,而各氨基酸残基的侧链基团为多肽链的侧链。多肽链两端有自由氨基和羧基,分别称为氨基末端或 N 端和羧基末端或 C 端。肽链中的氨基酸分子因脱水缩合而残缺,故被称为氨基酸残基。多肽的命名从 N 端开始指向 C 端。如由丝氨酸、甘氨酸、酪氨酸、丙氨酸和亮氨酸组成的五肽应称为丝氨酰—甘氨酰—酪氨酰—丙氨酰—亮氨酸(图 2-2)。

氨基末端━━━━━━━━━━━━━━━━━━━━➤羧基末端

图 2-2　丝氨酰-甘氨酰-酪胺酰-丙氨酰-亮氨酸(Ser—Gly—Try—Ala—Leu)

2. 蛋白质的一级结构

蛋白质的一级结构反映蛋白质分子的共价键结构。肽键是连接氨基酸的主要共价键,是维持其一级结构的主要化学键,此外分子中还可能存在二硫键等其他共价键。

生物体内各种蛋白质都是用 20 种氨基酸合成的,不同蛋白质所含氨基酸的数量、比例和连接顺序均不相同,因而其结构、性质和活性也不相同。

1921 年,Banting 和 Macloed 等发现了胰岛素,并于 1922 年应用于糖尿病治疗。1953 年,Sanger 报告了胰岛素的一级结构(图 2-3):牛胰岛素由两条肽链构成,A 链有 21 个氨基酸,包括 4 个半胱氨酸;B 链有 30 个氨基酸,包括两个半胱氨酸。6 个半胱氨酸的巯基形成 3 个二硫键,其中两个在 A、B 链之间,1 个在 A 链内。牛胰岛素是第一种被阐明一级结构的蛋白质,也是第一种人工合成的蛋白质。

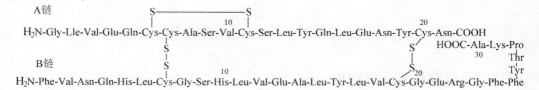

图 2-3　牛胰岛素的一级结构

研究蛋白质一级结构的意义：①一级结构是蛋白质构象的基础，包含了形成特定构象所需的全部信息。②一级结构是蛋白质生物活性的分子基础。③众多遗传病的分子基础是基因突变，导致其所表达的蛋白质的一级结构发生变化。④研究蛋白质的一级结构可以阐明生物进化史，不同物种的同源蛋白质的一级结构越相似，物种之间的进化关系越近。

2.2.2　蛋白质的空间结构

1.蛋白质的二级结构

蛋白质的二级结构表现为多肽链中有规则重负的构象，它仅限于主链原子的局部空间排列，不包括与肽链其他区段的相互关系及侧链构象。常见的二级结构的元件有 α-螺旋、β-折叠、β-转角和无规卷曲等。

（1）α-螺旋

α-螺旋是美国人 L. Pauling 和 R. B. Corey 于 1951 年，根据对角蛋白的 X-射线结果提取出来的。它是蛋白质中最常见、最典型、含量最丰富的二级结构元件。α-螺旋结构的模型要点如下：

①α-螺旋是一种重复结构，螺旋中每个 α-碳的 φ 和 ψ 分别在 $-57°$ 和 $-47°$ 附近。在 α-螺旋中，多肽链的主链围绕一个"中心轴"螺旋上升，每 3.6 个氨基酸残基上升一圈，沿螺旋轴方向上升 0.54nm，称为螺距，每个氨基酸残基绕轴旋转 100°，沿轴上升 0.15nm（图 2-4 (a)）。

②每个氨基酸残基的 N—H 与其前面第 4 个氨基酸残基的羰基间形成相邻螺旋圈之间的链内氢键。氢键的取向几乎与螺旋中心轴平行（氢键的 4 个原子位于一条直线上），是维系 α-螺旋的主要作用力（图 2-4(b)）。

③氨基酸残基的侧链在螺旋的外侧。如果侧链不计在内，螺旋的直径约为 0.6nm。

④天然蛋白质中的 α-螺旋大多数是右手螺旋。

影响 α-螺旋形成和稳定的因素如下：

①氨基酸的组成和排列顺序。一条肽链能否形成 α-螺旋，以及形成 α-螺旋螺旋是否稳定，与其氨基酸的组成和序列有极大关系。

②侧链的大小。如果在 $C_α$ 原子的附近有较大的 R 基，造成空间位阻，也不能形成α-螺旋。

（2）β-折叠

β-折叠是指蛋白质多肽链局部肽段的主链呈锯齿状伸展状态：一个折叠单位含两个氨基酸，其 R 基交替排布在 β-折叠两侧。多数 β-折叠比较短，只含 5～8 个氨基酸，但也有长的，如构成蜘蛛丝、蚕丝的丝心蛋白，其肽链二级结构几乎都是 β-折叠。

同一条肽链或不同肽链上的数段 β-折叠可以平行结合，形成裙褶样结构。结合有同向平行和反向平行两种形式，两种形式构象中折叠单位的长度不同：同向平行的 β-折叠单位为 0.

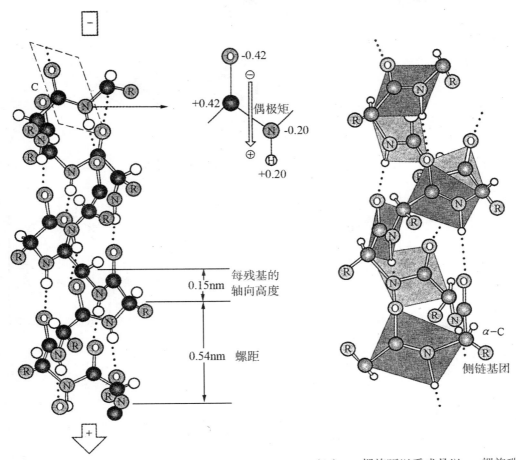

(a) α-螺旋结构（示螺旋参数和偶极距）　　　（b）α-螺旋可以看成是以 α-螺旋碳为交点的肽平面堆叠排列而成，肽平面大体平行于螺旋轴

图 2-4　α-螺旋

65nm,反向平行的 β-折叠单位为 0.7nm(图 2-5)。相邻 β-折叠肽段的肽单元之间形成的氢键是维持 β-折叠稳定性的主要作用力。

　　β-转角是一种简单的二级结构元件,是非重复性结构。在 β-转角中第一个氨基酸残基的 C=O 与第四个氨基酸残基的 N—H 氢键键合,形成二个紧密的环,使 β-转角成为较稳定的结构。图 2-5 给出 β-转角的两种主要类型,它们之间的差别只是中央肽平面旋转了 180°。此外,蛋白质中还有若干种不太常见的 β-转角类型。脯氨酸和甘氨酸经常在 β-转角序列中存在。由于甘氨酸缺少侧链(只有一个 H),在 β-转角中能很好地调整其他残基的空间阻碍,因此是立体化学上最合适的氨基酸,而脯氨酸具有环状结构和固定的 β 角,因此在一定程度上迫使 β-转角形成,促使肽链自身回折。这些回折有助于反平行 β-折叠片的形成。

　　目前发现的 β-转角多数都处在蛋白质分子表面,在这里改变多肽链方向的阻力比较小。β-转角在球状蛋白质中的含量相当丰富,约占全部残基的 1/4。β-转角的构象由第二个残基 α-

碳(图 2-6 中的 α_2)和第三个残基 α-碳(α_3)的二面角决定。

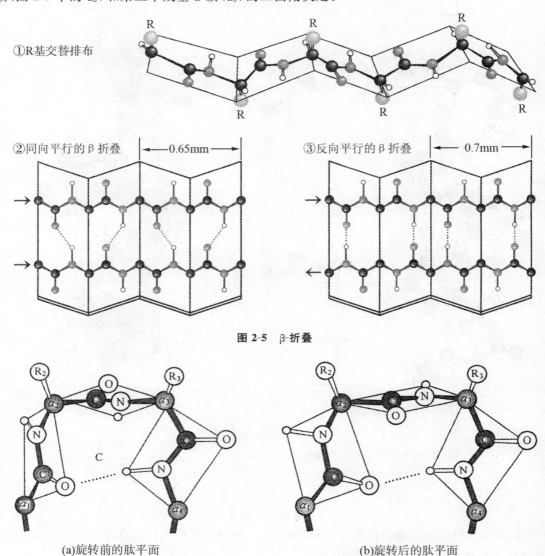

图 2-5　β-折叠

(a)旋转前的肽平面　　　　　　　　　　(b)旋转后的肽平面

图 2-6　β-转角的两种主要类型

(3)无规卷曲

无规卷曲又称为自由回转,是指蛋白质的肽链中没有一定规律的松散肽链结构。这种结构与 α-螺旋β-折叠等结构比起来是不规则的,但对于一些蛋白质来讲,需要一定的无规则卷曲结构,它有利于形成具有特殊生物活性的球状构象,如:酶的功能部位常常处于这种构象的区域。

2.蛋白质超二级结构

在蛋白质中,特别是球状蛋白质中,经常可以看到若干相邻的二级结构单元彼此相互作用,形成有规则的组合体,如图 2-7 显示的螺旋-环-螺旋,卷曲螺旋,螺旋束、βαβ 单元、β-发夹、

β-曲折、希腊钥匙拓扑结构、β-三明治等。这些由若干个相邻二级结构形成的具有一定规律的组合体通称为超二级结构。

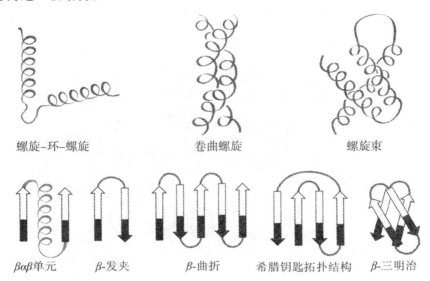

螺旋–环–螺旋　　　　　　卷曲螺旋　　　　　　螺旋束

βαβ单元　　　β-发夹　　　β-曲折　　　希腊钥匙拓扑结构　　　β-三明治

图 2-7　蛋白质超二级结构

超二级结构广泛存在于各类球状蛋白质结构中。在许多纤维状蛋白质分子中,如角蛋白、胶原蛋白和丝心蛋白等,则以超二级结构为基本结构形式,这赋予纤维蛋白特殊的功能。

3. 蛋白质的三级结构

蛋白质的三级结构是指球状蛋白质的多肽链在二级结构的基础上相互配置而形成特定的构象。α-螺旋、β-折叠、β-转角和无规卷曲等二级结构通过侧链基团的相互作用进一步卷曲、折叠,借助次级键的维系形成三级结构,三级结构的形成使肽链中所有的原子都达到空间上的重新排布,它是建立在二级结构、超二级结构和结构域基础上的球状蛋白质的高级空间结构。

蛋白质三级结构的特点为:①含多种二级结构单元;②有明显的折叠层次;③为紧密的球状或椭球状实体;④分子表面有一空穴(活性部位);⑤疏水侧链埋藏在分子内部,亲水侧链暴露在分子表面。

1963 年 J. Kendrew 等用 X-射线衍射法阐明了抹香鲸肌红蛋白的三级结构(图 2-8)。肌红蛋白分子多肽链由 8 段直的长短不等的 α-螺旋组成,最长的 α-螺旋含 23 个残基,最短的 7 个残基,分子中约 80% 的氨基酸残基在 α-螺旋区内,此 8 段螺旋分别命名为 A、B、C、D、E、F、G、H。相应的非螺旋区肽段称为 NA、AB、BC、…、FG、GH、HC。8 个螺旋段大体上组装成两层,构成肌红蛋白的结构域。拐弯是由 1～8 个残基组成的无规卷曲,在 C-末端也有一段 5 个残基的松散肽链。肌红蛋白中 4 个 Pro 残基各处在一个拐弯处,处于拐弯处的残基还有 Ser、Thr、Asn 和 Ⅱe,如果它们在肽链上紧挨排列,那么由于其侧链形状或体积的影响而不利于形成 α-螺旋。整个分子十分致密结实,分子内部只有一个容纳 4 分子 H_2O 的空间。含亲水基团侧链的氨基酸残基几乎全部分布在分子的外表面,疏水侧链的氨基酸残基几乎全部埋在分子内部,不与水接触。在分子表面的侧链亲水基团正好与水分子结合,使肌红蛋白成为可溶性蛋白质。辅基血红素处于肌红蛋白分子表面的一个空穴内,通过 His 残基与分子内部连接。球状蛋白质分子表面的空穴(也称裂沟、凹槽或口袋)常是结合底物、效应物等配体并行使生物功能的活性部位。空穴约能容纳 1~2 个小分子配体或大分子配体的一部分。空穴周围分布着许多疏水侧链,为底物等发生化学反应营造疏水环境(低介电区域)。

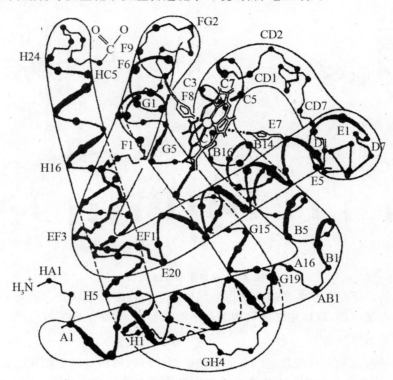

图 2-8　抹香鲸肌红蛋白的三级结构

稳定三级结构的作用力有氢键、二硫键、离子键、疏水作用和范德华力,其中以疏水作用为主。

4.蛋白质的四级结构

蛋白质分子的二、三级结构,一般只涉及由一条多肽链卷曲而成的蛋白质。体内许多蛋白质分子含有两条或两条以上多肽链,每一条多肽链都有完整的三级结构,称为亚基,亚基与亚基之间呈特定的三维空间排布,并以非共价键相连接。蛋白质的四级结构是指蛋白质分子中各亚基的空间排布及亚基接触部位的相互作用。

在四级结构中,各亚基间的结合力主要是氢键和盐键。亚基的结构可以相同,也可以不同。如血红蛋白为 $\alpha_2\beta_2$ 四聚体,即含两个 α 亚基和两个 β 亚基(图 2-9)。含有四级结构的蛋白质,单独的亚基一般没有生物学功能,只有完整的四级结构才有生物学功能。有些蛋白质虽然由两条或两条以上多肽链组成,但肽链间通过共价键(二硫键)相连,这种结构不属于四级结构,如胰岛素。

2.2.3　维持蛋白质构象的作用力

氨基酸通过肽键形成肽链,肽链进一步卷曲折叠形成各种构象,维持蛋白质构象的作用力

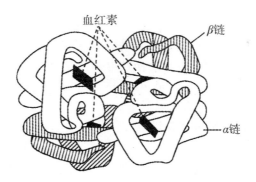

图 2-9　血红蛋白分子的四级结构

主要是疏水作用、氢键、范德华力、离子键等非共价键,此外还有二硫键(图 2-10)。

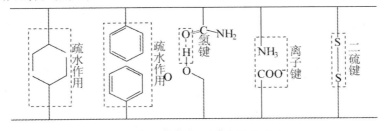

图 2-10　维持蛋白质构象的作用力

1. 疏水作用

疏水作用(hydrophobic interaction)是指疏水性分子或基团,为减少与水的接触而彼此聚集的一种相对作用力。疏水作用对稳定蛋白质构象非常重要,蛋白质分子内部主要聚集了疏水性氨基酸。

2. 二硫键

如果一个蛋白质分子内含有多个半胱氨酸,其巯基就可以通过氧化脱氢形成二硫键(disulfide bond),反之二硫键也可以通过还原断开。二硫键对稳定蛋白质三级结构起重要作用。

$$\underset{\substack{COOH \\ NH_2}}{HC}-CH_2-SH + \underset{\substack{NH_2 \\ COOH}}{HC}-CH_2-CH \xrightleftharpoons[+\ 2H]{-\ 2H} \underset{\substack{COOH \\ NH_2}}{HC}-CH_2-S-S-CH_2-\underset{\substack{NH_2 \\ COOH}}{CH}$$

蛋白质分子内的半胱氨酸不都形成二硫键,巯基在蛋白质中还有其他重要功能。实际上,只有膜蛋白质分子暴露于细胞膜外的部分和分泌蛋白才含有二硫键。

3. 氢键

与 O 或 N 以共价键结合的 H 与另一个 O 或 N 结合所形成的化学键称为氢键(hydrogen bond)。氢键是蛋白质分子内数量最多的非共价键。

4. 范德华力

范德华力(Vander Wals interaction)是任何两个原子保持范德华半径距离时都存在的一种作用力。

5.离子键

蛋白质分子内包含有可解离基团,碱性氨基酸 R 基带正电荷,酸性氨基酸 R 基带负电荷。带电基团之间存在着离子相互作用,表现为同性电荷排斥,异性电荷吸引。存在于带异性电荷的基团之间的吸引力称为离子键(ionic bond,也称为盐键、盐桥)。两个带同性电荷的基团或离子可以与带异性电荷的第三个基团或离子形成离子键而间接结合,如两个羧基可以同时与一个 Ca^{2+} 或其他二价金属离子形成离子键。

2.3 蛋白质结构与功能的关系

2.3.1 蛋白质的一级结构与功能的关系

蛋白质的一级结构决定其空间结构,而蛋白质的空间结构直接影响蛋白质的生物活性,因此蛋白质的一级结构在生物活性中发挥重要的作用。

1.一级结构不同、生物学功能各异

不同蛋白质和多肽具有不同的功能,根本的原因是它们的一级结构各异,有时仅微小的差异就可表现出不同生物学功能。如加压素与缩宫素都是由垂体后叶分泌的九肽激素,它们分子中仅两个氨基酸差异,但两者的生理功能却有根本的区别。加压素能促进血管收缩,升高血压及促进肾小管对水的重吸收,表现为抗利尿作用;而缩宫素则能刺激平滑肌引起子宫收缩,表现为催产功能。其结构如下:

加压素　H₂N–半胱–酪–苯丙–谷胺–天胺–半胱–脯–精甘–CO–NH₂
　　　　　　　　　　　　　|———S——S———|

缩宫素　H₂N----------亮------------异亮---------
　　　　　　　　　　　　3　　　　　　　8

2.一级结构"关键"部分变化,其生物活性也改变

多肽的结构与功能的研究表明,改变多肽中某些重要的氨基酸,常可改变其活性。近年来应用蛋白质工程技术,如选择性的基因突变或化学修饰等,定向改造多肽中一些"关键"的氨基酸,可得到自然界中不存在的功能更优的多肽或蛋白质,这对研究多肽类新药具有重要意义。

3.一级结构中"关键"部分相同,其功能也相同

促肾上腺皮质激素(ACTH)是由垂体前叶分泌的39肽激素。研究表明:其 1～24 肽段是活性所必需的关键部分,若 N 端 1 位丝氨酸被乙酰化,活性显著降低,仅为原活性的 3.5%;若切去 25～39 片段仍具有全部活性。不同动物来源的 ACTH,其氨基酸顺序差异主要在 25～33 位,而 1～24 位的氨基酸顺序相同表现出相同的生化功能。这表明:一些蛋白质或多肽的生物功能并不要求分子的完整性。它启示我们用化学法合成 ACTH 时,不必合成整个 39 肽,而仅合成其活性所必需的关键部分。

1 ---------------- 24 ------- 33 ------ 39	来源	31	33
ACTH 活性必需部分　　种属特异性	人	丝	谷
	猪	亮	谷
	牛	丝	谷胺

2.3.2　蛋白质的空间结构与功能的关系

蛋白质的特定空间结构与其特殊的功能有着密切的关系。如角蛋白含有大量 α-螺旋结构,与富含角蛋白组织的坚韧性和弹性直接相关。又如丝心蛋白含有大量 β-折叠结构,致使蚕丝具有伸展和柔软的特性。

血红蛋白是由 2 个 α 亚基和 2 个 β 亚基组成的四聚体($α_2β_2$),其 α 和 β 亚基的一级结构和空间结构与肌红蛋白十分相似,都能结合和运输氧。具有四级结构的血红蛋白是成熟红细胞中的主要功能蛋白。血红蛋白(Hb)的功能是运输 O_2。未结合 O_2 时,Hb 的 4 个亚基之间靠盐键连接,结构较为紧密,称为紧张态。随着 O_2 的结合,4 个亚基之间的盐键断裂,其空间结构发生变化,使 Hb 的结构显得相对松弛,称为松弛态(R 态)(图 2-11)。T 态 Hb 对氧亲和力低,不易与 O_2 结合,R 态对氧亲合力高,是 Hb 结合 O_2 的形式。在肺毛细血管,O_2 分压高,促使 T 态转变成 R 态,在组织毛细血管,O_2 分压低,促使 R 态转变成 T 态。

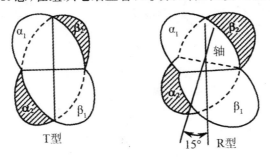

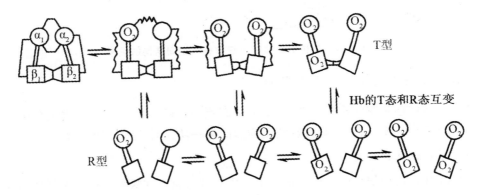

图 2-11　Hb 氧合与脱氧构象转换示意图

核糖核酸酶是 124 个氨基酸残基组成的单链蛋白质,依靠分子内 4 个二硫键及其他非共价键维系其构象稳定。用蛋白质变性剂 8M 尿素(破坏氢键)和 β-巯基乙醇(破坏二硫键)处理核糖核酸酶,使其构象完全被破坏,但一级结构仍不改变,此时此酶失去了催化活性。若应用透析方法,将尿素和 β-巯基乙醇变性剂除去,使核糖核酸酶分子中的巯基缓慢地氧化形成二硫键,其构象得到恢复,可重现其酶活性(图 2-12)。此经典的实验结果充分证明,特定的蛋白质构象,以其一级结构为基础,与其生物功能存在密切的关系。

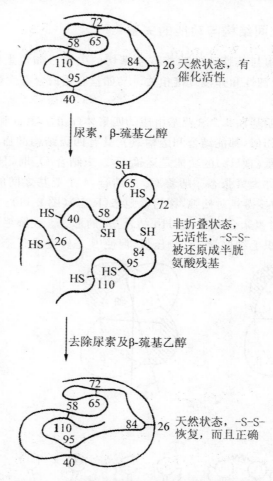

图 2-12 牛核糖核酸酶一级结构与空间结构的关系

2.3.3 蛋白质结构的改变与疾病

无论一级结构还是空间构象的变化,都会引起蛋白质功能的变化。若发生结构改变的蛋白质,其作用重要,且无可替代,直接影响生物体的某一功能时,常可引起疾病。

1.蛋白质一级结构改变与疾病

镰刀状红细胞贫血是一种血红蛋白分子结构异常的遗传性疾病。由于患者体内血红蛋白 β 链基因的遗传密码发生突变,导致血红蛋白 β 链第 6 个氨基酸残基由正常人的谷氨酸取代为缬氨酸。仅 1 个氨基酸的微小变化,致使患者血中红细胞在氧分压较低的情况下呈镰刀状并极易聚集溶血,严重影响 Hb 携带氧的功能,导致贫血发生。类似这种由遗传物质 DNA 突变或缺失导致某一蛋白质一级结构变化而致病的疾病已发现有数百种,习惯称之为分子病。

2.蛋白质构象改变与疾病

有些蛋白质错折叠后相互聚集,常形成抗蛋白水解酶的淀粉样纤维沉淀,产生毒性而致病,表现为蛋白质淀粉样纤维沉淀的病理改变,这类疾病包括人纹状体脊髓变性病、老年痴呆症、亨丁顿舞蹈病(Huntington disease)、疯牛病等。

　　疯牛病是由朊病毒蛋白(PrP)引起的一组人和动物神经的退行性病变,这类疾病具有传染性、遗传性或散在发病的特点。其在动物间传播是由 PrP 组成的传染性颗粒(不含核酸)完成的。正常动物和人 PrP 的分子量为 33～35kD,其水溶性强、对蛋白酶敏感以及二级结构为多个 α-螺旋,称为 PrP^c。PrP^c 在某种未知蛋白质的作用下可转变成对蛋白酶不敏感,水溶性差,且对热稳定,可相互聚集,全为 β-折叠的 PrP 致病分子,称为 PrP^{Sc}。但 PrP^c 和 PrP^{Sc} 两者的一级结构完全相同。可见 PrP^c 转变成 PrP^{Sc} 涉及蛋白质分子 α-螺旋重新排布成 β-折叠的过程。外源性或新生的 PrP^{Sc} 可以作为模板,通过复杂的机制使含有 β-螺旋的 PrP^c 重新折叠成为仅含 β-折叠的 PrP^{Sc},最终形成淀粉样纤维沉淀而致病。

2.4　蛋白质的理化性质

1.氨基酸的两性电离和等电点

　　氨基酸的结构特征为含有氨基和羧基。氨基可接受质子而形成 NH_3^+,具有碱性;羧基可释放质子而解离成 COO^-,具有酸性,因此氨基酸具有两性解离的性质。在酸性溶液中,氨基酸易解离成带正电荷的阳离子,在碱性溶液中,易解离成带负电荷的阴离子。当氨基酸解离成阴、阳离子趋势相等,净电荷为 0 时,此时溶液的 pH 值称为氨基酸的等电点(pI)。

$$^+H_3N-\overset{\overset{\displaystyle R}{|}}{C}H-COOH \underset{+H^+}{\overset{-H^+}{\rightleftharpoons}} {}^+H_3N-\overset{\overset{\displaystyle R}{|}}{C}H-COO^- \underset{+H^+}{\overset{-H^+}{\rightleftharpoons}} H_2N-\overset{\overset{\displaystyle R}{|}}{C}H-COO^-$$

阳离子	两性离子	阴离子
pH< pI	pH= pI	pH> pI

2.蛋白质的沉降特性

　　如果溶液中蛋白质分子颗粒的密度大于溶剂的密度,在受到强大的离心力作用时,蛋白质分子就会下沉,称为蛋白质的沉降作用(sedimentation)。沉降速度与蛋白质分子的大小、蛋白质分子的密度、分子形状、溶剂的密度和黏度有关,且在单位离心力下的沉降速度为一常数,该常数称为沉降系数(sedimentation coefficient)。沉降系数的单位为 S,$1S=10^{-13}$ 秒。

　　在同样条件下,大颗粒比小颗粒在离心场中沉降得快,沉降系数也大,因此沉降系数与蛋白质颗粒大小呈正相关。

3.蛋白质的胶体性质

　　蛋白质是高分子化合物,分子量多在 10000～100000kD 之间,球状蛋白质的颗粒大小已达胶体颗粒 1～100nm,故蛋白质具有胶体性质。

　　存在于溶液内的蛋白质大多能溶于水或稀盐溶液。水溶性蛋白质分子大多呈球状分子中疏水性的 R 基团借疏水键聚合并掩藏在分子内部,亲水性的 R 基团多位于分子表面,与周围水分子产生水合作用,使蛋白质分子表面有多层水分子包围,形成比较稳定的水化膜,将蛋白质颗粒彼此隔开。同时,亲水 R 基团大都能解离,使蛋白质分子表面带有一定量的相同电荷,而互相排斥,防止了蛋白质颗粒聚沉。因此,蛋白质表面的水化膜和电荷的排斥作用使蛋白质不易聚沉,稳定地分散在水中,成为稳定的亲水胶体。当去掉其水化膜,中和电荷时,蛋白质就可从溶液中沉淀出来（图 2-13）。

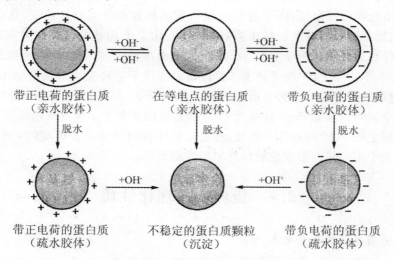

图 2-13 蛋白质胶体颗粒的沉淀

4.氨基酸呈色反应

氨基酸与茚三酮共热时,可显示紫色。不同氨基酸其紫色的深浅可不同。这也是氨基酸或蛋白质定性、定量的常用方法之一。

含有多个肽键的蛋白质和肽在碱性溶液中加热可与 Cu^{2+} 作用生成紫红色内络盐。此反应除用于蛋白质、多肽的定量测定外,由于氨基酸不呈现此反应,还可用于检查蛋白质水解程度。

蛋白质分子中酪氨酸残基在碱性条件下能与酚试剂(磷钨酸与磷钼酸)反应生成蓝色化合物。该反应的灵敏度比双缩脲反应高 100 倍。

5.芳香族氨基酸的紫外吸收性质

酪氨酸、色氨酸等芳香族氨基酸在 280nm 波长处具有特征性吸收峰,由于大多数蛋白质含有酪氨酸和色氨酸残基,所以测定蛋白质溶液 280nm 的光密度值,是蛋白质含量分析的简便方法。

6.蛋白质的变性与复性

蛋白质变性是指在某些理化因素的作用下,天然蛋白质分子的空间结构遭到破坏,因而其理化性质发生改变,生物活性丧失。一些变性蛋白质在一定条件下可以恢复空间结构及生物活性,这一过程称为蛋白质复性。

蛋白质变性主要由分子中非共价键和二硫键断裂所致,不涉及肽键的破坏。蛋白质变性时肽链从高度折叠状态转变为伸展状态,疏水基团外露,溶解度降低,不对称性增加,失去结晶能力,生物活性丧失,易被蛋白酶水解。导致蛋白质变性的常见因素有高温、超声波、强酸、强碱、重金属盐、有机溶剂、尿素、盐酸胍、表面活性剂等,很多因素导致蛋白质变性的同时也使蛋白质沉淀。

蛋白质变性的可逆性与导致变性的因素、蛋白质的种类以及蛋白质分子结构的破坏程度有关。胰蛋白酶在酸性条件下短时间加热会变性,但缓慢冷却后可以复性。

2.5　蛋白质的分离、纯化与测定

蛋白质的分离与纯化是研究蛋白质化学组成、结构及生物学功能等的基础。在生化制药工业中,酶、激素等蛋白质类药物的生产制备也涉及分离和不同程度的纯化问题。蛋白质在自然界是存在于复杂的混合体系中,而许多重要的蛋白质在组织细胞内的量又极低。因此要把所需蛋白质从复杂的体系中提取分离,又要防止其空间构象的改变和生物活性的损失,显然是有相当难度的。目前,蛋白质分离与纯化的发展趋向是精细而多样化技术的综合运用,但基本原理均是以蛋白质的性质为依据。实际工作中应按不同的要求和可能的条件选用不同的方法。

2.5.1　蛋白质分离纯化的一般原理及其步骤

1. 一般原理

根据蛋白质的性质来设计分离纯化方法应遵循:①分离纯化所用原料的来源要方便,成本要低;目的蛋白质含量、相对活性要高;可溶性和稳定性要好;基因分子背景如何,重组 DNA 的表达系统、表达水平、表达方式都要明确。②破碎细胞的条件要尽可能温和(使用极端条件要以目的蛋白质的活性和功能不受损害为原则);尽可能多地去除各种杂质、脂类、核酸及毒素,双液相蛋白质萃取技术可同时去除这些杂质。③分离纯化的大部分操作是在溶液中进行的。操作缓冲液中物质成分要慎重考虑,避免随意性;还要考虑蛋白水解酶和核酸酶的抑制剂、抑制微生物生长的杀菌剂、蛋白质构象稳定剂和酶活性的还原剂及金属离子等。④建立灵敏、特异、精确的检测方法。

2. 基本步骤

(1)材料的预处理及细胞破碎

材料的选择要求新鲜,含量高,在提取的过程中,始终要避免引起蛋白质变性的一切因素。除体液外,一般材料都要破碎,使蛋白质从细胞中释放出来。常用的破碎方法有:①研磨法;②组织捣碎器法;③冻融法;④超声波法;⑤化学处理法;⑥生物酶降解法。

(2)提取

根据蛋白质的性质选用适当溶剂抽提,如清蛋白可用水抽提,球蛋白可用中性盐抽提,谷蛋白可用稀酸、稀碱抽提,醇溶蛋白可用适当浓度的乙醇抽提。抽提蛋白质必须在低温下进行,此外溶液 pH、离子强度、有机溶剂的浓度等因子影响抽提效果,这些因子若掌握得当,对蛋白质抽提过程是有益的。

(3)分离

分离是一种粗分,其方法简便,处理量大,既能除去大量杂质又能浓缩蛋白质溶液。

(4)结晶

分离提纯的蛋白质常要制成晶体,结晶也是进一步纯化的步骤。结晶的最佳条件是使溶液略处于过饱和状态,可通过控制温度、加盐盐析、加有机溶剂或调节 pH 值等方法来实现。

（5）鉴定、分析

对所制得的蛋白质产品还需进行蛋白质的纯度、含量、相对分子质量等理化性质的鉴定和分析测定，主要方法有电泳法、色谱法、定氮法及分光光度法等。

2.5.2 蛋白质分离与纯化的方法

1.根据溶解度的不同进行分离的方法

在一定条件下，蛋白质溶解度的差异主要取决于它们的分子结构，如氨基酸组成、极性基团和非极性基团的多少等。因此，恰当地改变这些影响因素，可选择性地造成其溶解度的不同而分离。

（1）盐析

大多数蛋白质是水溶性的，其溶解度与它们自身的理化性质、蛋白质的溶剂环境有关。高浓度的盐可降低蛋白质的溶解度，这是因为高浓度的盐既争夺了蛋白质分子中的水膜层，降低了环境中水的含量，又中和了蛋白质表面的电荷。不同蛋白质因所带电荷和水化程度不同而在不同的盐浓度下分别沉淀析出，可达到分级分离的目的。

（2）等电点沉淀

由于蛋白质分子在等电点时净电荷为零，减少了分子间的静电斥力，因而容易聚集而沉淀，此时溶解度最小。当蛋白质混合物的 pH 值被调到其中一种成分的等电点时，该蛋白质大部分或全部沉淀下来，其他等电点高于或低于该蛋白质等电点的蛋白质则仍留在溶液中。这样沉淀出来的蛋白质保持着天然构象，能再溶解。

（3）低温有机溶剂沉淀法

有机溶剂的介电常数较水低，如 20℃时，水为 79、乙醇为 26、丙酮为 21。因此，在一定量的有机溶剂中，蛋白质分子间极性基团的静电引力增加，而水化作用降低，促使蛋白质聚集沉淀。此法沉淀蛋白质的选择性较高，且不需脱盐，但温度高时可引起蛋白质变性，故应注意低温条件。如用冷乙醇法从血清分离制备人体清蛋白和球蛋白。

2.依据分子大小不同的分离纯化方法

蛋白质是大分子物质，但不同蛋白质分子大小各异，利用这个性质可以在混合蛋白中分离各组分。

（1）超滤法

利用压力或离心力，使水和其他小的溶质分子通过半透膜，而蛋白质分子留在膜上。此法适于蛋白质和酶的浓缩或脱盐，并具有成本低，操作方便，条件温和，能较好地保持生物大分子的活性，回收率高等优点。应用超滤法关键在于膜的选择，通过选择不同孔径的滤膜截留不同相对分子质量的蛋白质。

（2）分子排阻层析

分子排阻层析（molecular－exclusion chromatography）又名分子筛层析（molecular sieve chromatography）、凝胶过滤（gel filtration）。这是一种简便而有效的生化分离方法之一。其原理是利用蛋白质分子量的差异，通过具有分子筛性质的凝胶而被分离（图 2-14）。

常用的凝胶有葡聚糖凝胶（dextran gel）、聚丙烯酰胺凝胶（polyacrylamide gel）和琼脂糖

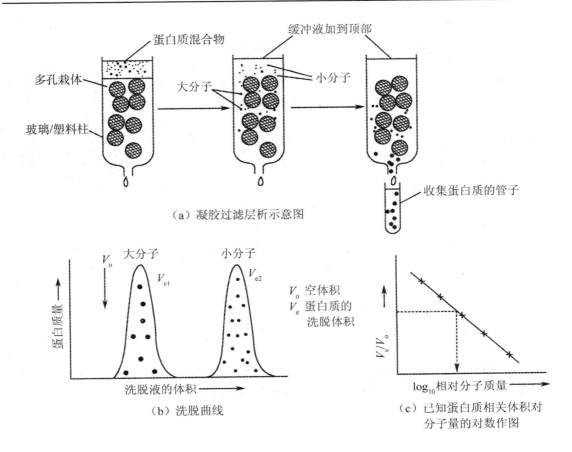

（a）凝胶过滤层析示意图

（b）洗脱曲线

（c）已知蛋白质相关体积对
分子量的对数作图

图 2-14　凝胶过滤层析

凝胶(agarose gel)等。葡聚糖凝胶是以葡聚糖与交联剂形成有三维空间的网状结构物,两者的比例和反应条件决定其交联度的大小,即孔径大小,用 G 表示。G 越小、交联度越大、孔径越小。当蛋白质分子的直径大于凝胶的孔径时,被排阻于胶粒之外;小于孔径者则进入凝胶。在层析洗脱时,大分子受阻小而最先流出;小分子受阻大而最后流出。结果使大小不同的物质分离。

3. 根据配基特异性的分离纯化法

亲和层析法(affinity chromatography)又名选择层析、功能层析或生物特异吸附层析。蛋白质能与其相对应的化合物(称为配体)具有特异结合的能力,即亲和力。这种亲和力具有:①高度特异性。如抗原与抗体、Protein A 与抗体、酶与底物或抑制剂、RNA 与其互补的 DNA之间等,它们相互结合具有高度的选择性。②可逆性。上述化合物在一定条件下可特异结合形成复合物,当条件改变时又易解开。如抗原与抗体的反应,一般在碱性时两者结合,而酸性时则解离。

亲和层析法具有简单、快速、得率和纯化倍数高等显著优点,是一种具有高度专一性的分离纯化蛋白质的有效方法(图 2-15)。

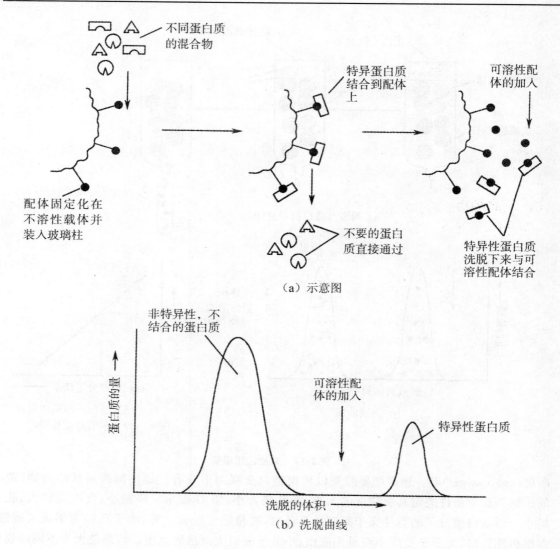

图 2-15 亲和层析

2.5.3 蛋白质的含量测定

1. 凯氏定氮法

凯氏定氮法是测定蛋白质含量的经典方法。其原理是蛋白质具有恒定的含氮量,平均为16%,因此测定蛋白质的含量即可计算其含量;含氮量的测定是使蛋白质经硫酸消化为$(NH_4)_2SO_4$,碱性时蒸馏释出NH_3用定量的硼酸吸收,再用标准浓度的酸滴定,求出含氮量即可计算蛋白质的含量。

2. 双缩脲法

在碱性条件下,蛋白质分子中的肽键与Cu^{2+}可生成紫红色的络合物,可用比色法定量。此法简便,受蛋白质氨基酸组成影响小;但灵敏度小、样品用量大,蛋白质浓度范围为

$0.5 \sim 10mg/ml$。

3. 福林—酚试剂法（Lowry 法）

福林—酚试剂法是测定蛋白质浓度应用最广泛的一种方法。其原理是在碱性条件下蛋白质与 Cu^{2+} 生成复合物，还原磷钼酸、磷钨酸试剂生成蓝色化合物，可用比色法测定。此法优点是操作简便、灵敏度高、蛋白质浓度范围是 $25 \sim 250mg/ml$。但此法实际上是蛋白质中酪氨酸和色氨酸与试剂的反应，因此它受蛋白质的氨基酸组成的影响，即不同蛋白质中此两种氨基酸量不同使显色强度有所差异；此外，酚类等一些物质的存在可干扰此法的测定，导致分析的误差。

4. BCA 比色法

BCA 比色法原理是在碱性溶液中，蛋白质将 Cu^{2+} 还原为 Cu^+ 再与 BCA 试剂（$4,4'$-二羧酸-$2,2'$-二喹啉钠）生成紫色复合物，于 $5620nm$ 有最大吸收，其强度与蛋白质浓度成正比。此法的优点是单一试剂、终产物稳定，与 Lowry 法相比几乎没有干扰物质的影响。尤其在 TritonX-100、SDS 等表面活性剂中也可测定。其灵敏度范围一般在 $10 \sim 1200 \mu g/ml$。

5. 紫外分光光度法

蛋白质分子中常含有酪氨酸等芳香族氨基酸，在 $280nm$ 处有特征性的最大吸收峰，可用于蛋白质的定量。此法简便、快速、不损失样品，测定蛋白质的浓度范围是 $0.1 \sim 0.5mg/ml$。若样品中含有其他具有紫外吸收的杂质（如核酸等），可产生较大的误差，故应适当校正。

蛋白质品种中含有核酸时，可按下列公式计算蛋白质的浓度：

$$蛋白质的浓度(mg/ml) = 1.55A_{280} - 0.75A_{260}$$

A 为 $280nm$ 和 $260nm$ 时的吸收值。

2.5.4　蛋白质结构鉴定技术

蛋白质结构鉴定主要包括两部分：物理分析和化学分析。

1. 物理分析

①质谱法。该法被认为是测定小分子分子量最精确、最灵敏的方法。近年来，随着各项技术发展，使质谱所能测定的分子量范围大大提高。基质辅助的激光解吸电离飞行时间质谱成为测定生物大分子尤其是蛋白质、多肽分子量和二级结构的有效工具。目前质谱主要测定蛋白质一级结构，包括分子量、肽链氨基酸排序及多肽或二硫键数目和位置。

②红外光谱法。该法是近年发展起来的一种新型分析测试技术。研究人员利用红外光谱酰胺Ⅲ带测定蛋白质二级结构。

③X 线晶体衍射法。X 线晶体衍射法是测定蛋白质结构的主要方法。迄今为止，完整而精细的晶态蛋白质分子三维结构的测定，几乎完全依赖于 X 线晶体衍射法。这种技术可以测定晶态蛋白质分子的三维结构，但不能测定溶液中蛋白质分子的三维结构。此外，中子衍射法在测定蛋白质分子的三维结构方面，近年来已初露锋芒。它可以测出多肽链上所有原子的空间排布。

④磁共振法。多维磁共振波谱技术成为确定蛋白质和核酸等生物分子溶液三维空间结构

的唯一有效手段。近几年来异核磁共振方法迅速发展,已可用于确定分子量为 15~25kD 蛋白质分子溶液的三维空间结构。

⑤荧光光谱法。研究蛋白质分子构象的一种有效方法,它能提供激光光谱、发射光谱及荧光强度、量子产率等物理参数,这些参数从各个角度反映了分子的成键和结构情况。

⑥激光拉曼光谱。该光谱是基于拉曼散射和瑞利散射的光谱,当前两个主要发展方向是傅里叶变换拉曼光谱和紫外共振拉曼光谱。

2.化学分析

①氨基酸分析。该法是对肽键全部水解后的蛋白质样品进行的,它可给出混合物中各氨基酸的总量,用 RP-HPLC 对氨基酸衍生物进行分离,色谱柱选用 C18 硅胶柱。

②序列分析。用氨基酸分析并不能得到氨基酸序列信息,因此,用 Edman 反复降解法对氨基酸进行部分序列分析,再用 cDNA 的推导来完善该序列。

第3章 核酸的结构与功能

3.1 概 述

3.1.1 核酸研究的主要标志性成果

1868 年 Fridrich Miescher 从脓细胞中提取"核素";1944 年 Avery 等人证实了 DNA 是遗传物质;1953 年 Watson 和 Crick 发现 DNA 的双螺旋结构;1968 年 Nirenberg 发现遗传密码;1975 年 Temin 和 Baltimore 发现逆转录酶;1981 年 Gilbert 和 Sanger 建立 DNA 测序方法;1985 年 Mullis 发明 PCR 技术;1990 年美国启动人类基因组计划(HGP);1994 年中国人类基因组计划启动;2001 年美、英等国完成人类基因组计划基本框架。

自从 1944 年证明了核酸是遗传物质后,人们对核酸的研究进入快速发展的阶段。其中 1953 年 DNA 双螺旋结构模型的提出被认为是 20 世纪在自然科学中的重大突破之一。它揭开了分子生物学研究的序幕,为分子遗传学的研究奠定了基础。此后,分子生物学所取得的突飞猛进的发展与 DNA 双螺旋结构模型的建立是分不开的。

3.1.2 核酸的分布

核酸是生物体内相对分子量很大的重要生物大分子。根据戊糖 $2'$ 位上氧原子的有无分为两大类:脱氧核糖核酸(deoxyribonucleic acid,DNA)和核糖核酸(ribonucle-ic acid,RNA)。它们存在于从病毒、细菌到人的所有生物中。病毒有的含 DNA,有的含 RNA,目前还未发现既含 DNA 又含 RNA 的病毒;细菌等原核细胞中的 DNA,除主要以染色体(chromosome)DNA 的形式存在外,还以质粒(plasmid)DNA 的形式存在,此外,其胞质中还含有 RNA;动物细胞中的 DNA 主要以核 DNA、线粒体 DNA 的形式存在,在蛋白质合成中起重要作用的功能,RNA(tRNA、rRNA 和 mRNA)主要分布在胞质中;而高等植物细胞比动物细胞还多一种 DNA 存在形式——质体 DNA。在包括动植物等所有的真核细胞中,除了三种功能 RNA,还有大量目前尚未完全知晓其功能的 RNA 存在于其细胞核中,如核酶(ribozyme)和 siRNA、miRNA 等。

从上述核酸的种类及其在生物中的分布情况可见,在病毒和细菌等低等生物中,RNA 和 DNA 分别存在于不同类型的病毒中,但却共同存在于细菌细胞中。那么在还未进化出最低等的病毒以前,RNA 和 DNA 在地球上的分布又是谁占优势呢?现代生命科学研究表明,在生物进化还未到来的有机进化阶段,地球上曾经存在过一段长达大约 3 亿年的 RNA 世界。现在的地球上已经进化出包括人在内的高等真核生物。在真核细胞内,DNA 既可以高效地自我复制,又可以高效地转录为 RNA,然后通过复杂的加工过程变成各种 RNA 分布到细胞的各个功能部位,转录后 RNA 加工过程的复杂性部分地反映了原始地球上 RNA 的进化历程,是我们研究核酸种类与分布的"活化石"。

3.1.3　核酸的组成及结构

1.核酸的组成成分

包括了核糖、碱基和磷酸三种化合物。核酸分子的主要组成元素有碳、氢、氧、氮、磷等。其中磷在各种核酸中的含量比较接近和恒定,DNA 的平均含磷量为 9.9%,RNA 的平均含磷量为 9.4%。

2.核酸的构建方式

核糖与碱基结合生成核苷,核苷与磷酸结合生成核苷酸。核苷酸是组成核酸的基本结构单位。基本结构单位包括四种核苷酸,与蛋白质相比,核酸分子的化学组成相对简单,但核酸通过利用在多核苷酸中连续的三联密码,同样可以达到 20 种氨基酸能表达的信息,根据排列组合理论,四种核苷酸碱基的三联密码总数有 24 种,三联密码携带信息量可达到甚至超过 20 种天然氨基酸携带的信息量。

3.核酸的结构

核酸的一级结构其实就是由四种基本的核苷酸(或脱氧核苷酸)通过磷酸二酯键组成的多核苷酸链;再在一级结构的基础上通过盘旋、折叠形成 α-螺旋、β-折叠等二级结构;再进一步盘旋、卷曲形成复杂的三维空间结构。

3.2　DNA 的结构与功能

3.2.1　DNA 分子的一级结构

DNA 是脱氧多核苷酸链,是生物分子化合物。组成 DNA 的基本结构单位是 4 种基本的脱氧单核苷酸(dNMP)。脱氧单核苷酸(dNMP)之间通过上一个核苷酸分子的 3′-羟基和下一个核苷酸分子的 5′-脱水缩合,形成 3′,5′-磷酸二酯键,连接可形成脱氧多核苷酸长链。由许多脱氧核苷酸(dNMP)借助于磷酸二酯键相连形成的化合物称为脱氧多核苷酸。如果分子中包含的脱氧核苷酸残基很多,形成链状化合物,称为脱氧多核苷酸链。图 3-1 为脱氧多核苷酸长链分子结构的一个片段。

DNA 的一级结构是由数量极其庞大的四种脱氧核糖核苷酸通过 3′,5′-磷酸二酯键连接起来的链状或环状多聚体。

在直链脱氧核苷酸链一端的戊糖上有一个 C3′游离的羟基,称为 3′-羟基末端(3′-末端或 3′-端),而另一端 5′-脱氧核苷酸上磷酸是连接在戊糖 C5′上,称为 5′-磷酸末端(5′-末端或 5′-端)。在脱氧核苷酸链中,磷酸戊糖部分在脱氧核苷酸链中变成了主链,碱基作为相对独立的侧链,排列在主链一侧。为了表示脱氧多核苷酸分子中主链和侧链的结构,在书写脱氧多核苷酸链时要表明两端和其中的碱基顺序,一般将 5′-端写在左边,3′-端写在右边。因此可将脱氧多核苷酸分子中主链和侧链写成线条式,仅表明碱基的排列顺序,如图 3-2 所示。

核酸分子中核苷酸排列顺序的书写方法,习惯上将 5′-末端作为多核苷酸链的"头"写在左端,将 3′-末端作为"尾"写在右端,按 5′→3′的方向书写。图中的垂直线表示戊糖的碳相同的戊糖、磷酸构成，只是碱基顺序不同，故简写式中的 A，G，C，T 既可代表碱基，也可以代表核酸中的核苷酸。

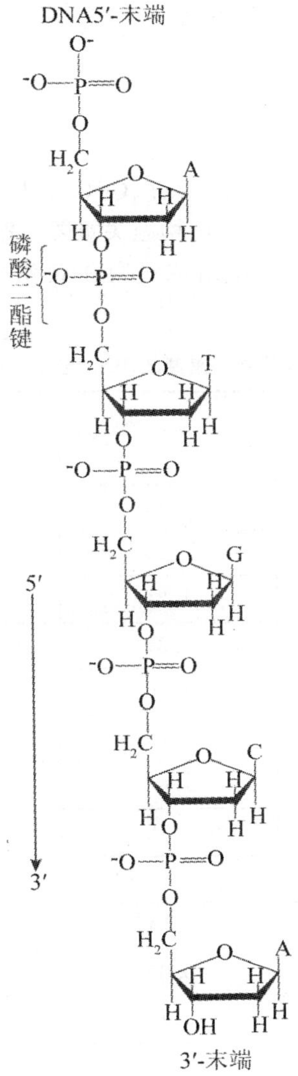

DNA5′-末端
磷酸二酯键
5′
3′
3′-末端

图 3-1　脱氧多核苷酸的片段

A
T
G
C
A
P
3′
OH
5′-pApTpGpCpA-3′
5′-pA-T-G-C-A-OH-3′
5′-ATGCA-3′

图 3-2　脱氧多核苷酸链的表示方法

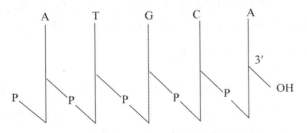

DNA 分子内的核苷酸排列顺序即是遗传信息,蛋白质的氨基酸排列顺序最终是由 DNA 的核苷酸序列所决定的。由于生物遗传信息储存于 DNA 的核苷酸序列中,了解各种 DNA 的一级结构对认识生命活动本质具有重要意义。

3.2.2 DNA 分子的二级结构

1. DNA 的碱基组成——Chargaff 定律

在 DNA 分子中含有四种脱氧核苷酸 A、T、G、C,在核酸结构的早期研究中,测定这四种核苷酸的含量比例对于洞悉 DNA 的分子结构至关重要。20 世纪 50 年代初,Chargaff 用纸层析对多种不同生物的 DNA 分子的碱基组成进行了定量分析(表 3-1),得到了两个重要的结论。

表 3-1　各种不同来源的 DNA 分子的碱基比例

来源 \ 碱基比例	A/G	T/C	A/T	G/C
牛(平均)	1.29	1.43	1.04	1.00
牛胸腺	1.31	1.24	1.01	0.95
牛脾	1.23	1.24	1.02	1.03
牛精子	1.29	1.24	1.05	1.01
人	1.56	1.75	1.00	1.00
母鸡	1.45	1.29	1.06	0.91
鲑	1.43	1.43	1.02	1.02
小麦	1.22	1.18	1.00	0.97
酵母	1.67	1.92	1.03	1.20
嗜血杆菌	1.74	1.54	1.07	0.91
大肠杆菌 K_2	1.05	0.95	1.09	0.99
鸟结核杆菌	0.40	1.40	1.09	1.08
黏质沙雷氏菌	0.70	0.70	0.95	0.86

①几乎所有生物 DNA 的腺嘌呤(A)和胸腺嘧啶(T)的摩尔数量相等,鸟嘌呤(G)和胞嘧啶(C)的摩尔数相等。因此,嘌呤碱基的总摩尔数等于嘧啶碱基的总摩尔数:

$A+G=T+C$ 即 $\frac{A+G}{T+C}=1$,这叫做碱基当量定律。

②对于不同生物品种的 DNA 分子,其 $\frac{A}{G}$ 和 $\frac{T}{C}$ 比值差别较大。因此 $\frac{A+T}{G+C}$ 比值因物种而异,即随亲缘关系的远近而变化,称做不对称比率。但该比值与生物个体内部的诸因素(如营养、年龄、器官等)的差异无关。因此,DNA 的碱基组成只与物种本身有关。

这两个重要的结论统称为 Chargaff 定律。它暗示着各种不同生物的 DNA 分子虽然具有各自特有的脱氧核苷酸序列,但它们都可能具有相同的二级结构。

2.DNA 的双螺旋结构

在 Chargaff 定律发现后不久,Franklin 和 Wilkins 得到了 DNA 钠盐的 X 射线衍射图(图 3-3),该图可以确定 DNA 是双链周期性螺旋结构,第一周期为 0.34nm,第二周期为 3.4nm。在这些工作的基础上,1953 年 Watson 和 Crick 推导出能解释 X 射线衍射图和满足 Chargaff 定律的,后来得以证明是基本正确的 DNA 双螺旋结构模型(图 3-4)。其要点是:

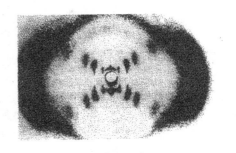

图 3-3　DNA 的 X 射线衍射图

在中心形成交叉的许多衍射点,表明:DNA 具有螺旋结构,左右两端的深颜色带是由重复出现的碱基造成的。

①DNA 是反向平行双链结构。DNA 分子由两条平行且方向相反的多聚脱氧核糖核苷酸链组成,一条链为 $3'\rightarrow5'$ 走向,另一条链为 $5'\rightarrow3'$ 走向,以一共同轴为中心缠绕成右手螺旋。双螺旋表面形成深沟和浅沟,这些沟状结构是蛋白质识别 DNA 的碱基序列并发生相互作用的结构基础。

②严格的碱基配对使双链结构互补。在 DNA 双链结构中,亲水的脱氧核糖基和磷酸基骨架位于双链的外侧,而碱基位于内侧,两条链的碱基之间以氢键相结合。由于碱基结构的不同,其形成氢键的能力不同,因此产生了固有的配对方式,即 A—T 配对,形成两个氢键;G—C 配对,形成三个氢键。这种配对关系也称为碱基互补(图 3-5),因而每个 DNA 分子中的两条链互为互补链。

③疏水力和氢键维系 DNA 双螺旋结构的稳定。双螺旋结构的稳定横向依靠两条链互补碱基间的氢键维系,纵向则靠碱基平面间的疏水性堆积力维持。从总能量意义上来将,纵向的碱基堆积力对于双螺旋的稳定性更为重要。

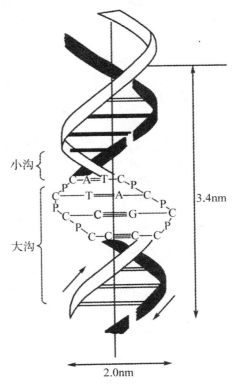

图 3-4　DNA 双螺旋结构和碱基配对示意图

④螺旋的直径为 2.37nm,由磷酸及脱氧核糖交替相连而成的亲水骨架位于螺旋的外侧而疏水的碱基对则位于螺旋的内侧,各碱基平面与螺旋轴垂直,相邻碱基之间的堆积距离 0.34nm,并有一个 36° 的旋转夹角;因此,螺旋旋转一圈刚好为 10.5 个碱基对,螺距为 3.54nm。

DNA 右手双螺旋结构模型的提出具有划时代的意义,不仅阐明了 DNA 储存和复制遗传信息的机理,又为 DNA 遗传信息储存和表达奠定了分子生物学基础。

由于自身序列、温度、溶液的离子强度或相对湿度不同,DNA 螺旋结构的沟的深浅、螺距、

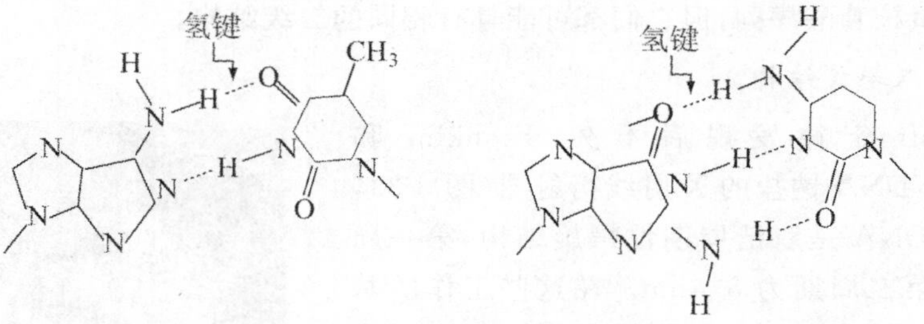

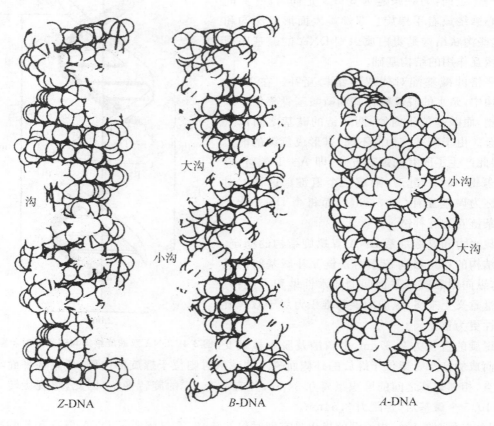

图 3-5 DNA 中碱基互补示意图

旋转角等都会发生一些变化。因此,双螺旋结构存在多样性,DNA 的右手双螺旋结构不是自然界 DNA 的唯一存在方式。生理条件下绝大多数 DNA 均以 B 构象存在,即 Watson 和 Crick 所提出的模型结构。1979 年 Rich 等人发现人工合成 DNA 片段主链呈 Z 字型左手螺旋,故称 Z—DNA。后续实验证明这种结构在天然 DNA 分子中同样存在,另外还有 A—DNA 的存在(图 3-6)。生物体内不同构象的 DNA 在功能上有所差异,这对基因表达的调节和控制是非常重要的。

Z-DNA   B-DNA   A-DNA

图 3-6 不同类型的 DNA 双螺旋结构

3. 某些其他类型的 DNA 二级结构

DNA 分子中某些区段存在着回文序列，也叫回文结构。所谓回文序列是指 DNA 序列中，以某一中心区域为对称轴，其两侧的碱基序列正读和反读都相同的双螺旋结构，即对称轴一侧的片段旋转 180° 后，与另一侧片段对称重复（图 3-7(a)），它是分布在两条链上的反向重复。回文结构在某些因素作用下，可形成茎环式的十字形结构（图 3-7(b)）和发夹结构（图 3-7(c)、(d)），这些结构形式都可以互相转变。回文结构普遍存在于细胞的 DNA 分子中，它们与遗传信息表达调控和基因转移有关。

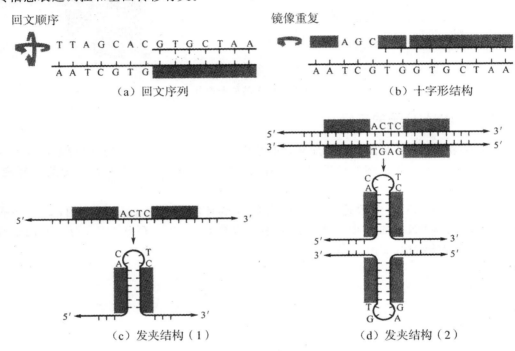

图 3-7　回文序列及其几种结构形式

回文顺序具有 2 倍对称性，而镜像重复是碱基顺序在每条链的颠倒重复

有些 DNA 区段的反向重复存在于同一条链上，这种序列叫镜像重复（图 3-7(b)）。镜像重复在各单股中呈现相同碱基的颠倒重复，没有互补序列，不能形成十字形或发夹结构。

在细胞中，DNA 分子以 *B*-型为主，其他类型都是在 *B*-DNA 分子上的局部结构，而且大多数是暂时的、动态的结构。

4. DNA 分子的局部构象

虽然，Watson 和 Crick 提出的 DNA 双螺旋结构模型就是 *B*-DNA 型，但是结构模型与 *B*-DNA 在局部构象还存在差别。首先是碱基对的平面。按照模型，碱基对的两个碱基处于同一平面，但是天然 *B*-DNA 中由于碱基堆积产生的空间阻碍，使得碱基对的两个碱基平面形成了 4°～12° 的夹角（图 3-8(a)）。其次是碱基对的旋转角。按照模型，双螺旋旋转一圈是 10 对碱基，即碱基对的旋转角为 36°，但是在天然 *B*-DNA 中，由于嘌呤分子比较大，当它们处于相邻碱基对一侧时，由于空间阻碍，其旋转角就会大一些，反之就小一些，所以 *B*-DNA 中碱基对的旋转角在 28°～45° 之间（图 3-8(b)）。

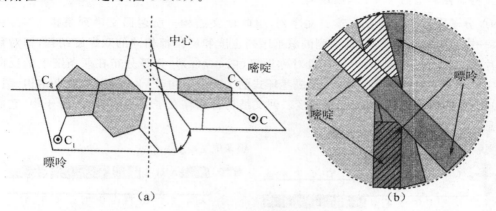

（a）　　　　　　　　　　（b）

图 3-8　DNA 的局部构象

3.2.3　DNA 分子的三级结构

DNA 双螺旋进一步盘曲形成更加复杂的结构称为 DNA 的三级结构，即超螺旋结构（surpercoiled structure）。超螺旋的形成如果是由双螺旋绕数减少所引起的就称为负超螺旋，反之称为正超螺旋。

原核生物的 DNA 大多数是以共价闭合的双链环状形式存在于细胞内，如有些病毒 DNA、某些噬菌体 DNA、细菌染色体和细菌中的质粒 DNA 等。环状 DNA 分子常因盘绕不足而形成负超螺旋结构（如图 3-9）。

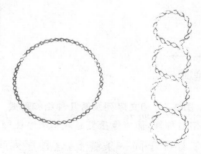

图 3-9　环状 DNA 结构示意图

线性 DNA 分子或环状 DNA 分子中有一条链有缺口时均不能形成超螺旋结构。真核生物染色体（chromosome）DNA 成线性，其三级结构是 DNA 双链进一步盘绕在以组蛋白（H2A，H2B，H3，H4 分子）为核心的结构表面构成核小体（nucleosome）（如图 3-10）。许多核小体连接成串珠状，再经过反复盘旋折叠最后形成染色单体（chromatid）。染色质纤维经过几次卷曲折叠后，DNA 形成复杂的多层次超螺旋结构，其长度大大压缩。

超螺旋可能有两方面的生物学意义：①超螺旋 DNA 比松弛型 DNA 更紧密，使 DNA 分子体积变得更小，对其在细胞的包装过程更为有利；②超螺旋能影响双螺旋的解链程序，因而影响 DNA 分子与其他分子（如酶、蛋白质）之间的相互作用。

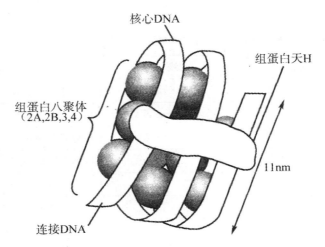

图 3-10　核小体及染色体的结构示意图

3.2.4　DNA 分子的功能

　　DNA 是遗传的物质基础,DNA 分子是遗传信息的载体。DNA 的基本功能是携带遗传信息,并作为复制和转录的模板。基因(gene)从结构上定义,是指 DNA 分子中的功能性片段,即能编码有功能的蛋白质或合成 RNA 所必需的完整序列,是核酸的功能单位。DNA 的基本功能一方面是以自身遗传信息序列为模板复制自身,将遗传信息保守地传给后代,这一过程称为基因遗传;另一方面是 DNA 将基因中的遗传信息通过转录传递给 RNA,再由 RNA 作为模板通过翻译指导合成各种有功能的蛋白质,称为基闪表达(gene expression)。

　　生物体的全部基因序列称为基因组(genome),包含了所有编码 RNA 和蛋白质的序列及所有的非编码序列,也就是 DNA 分子的全序列。生物越进化,遗传信息含量越大,基因组越复杂。SV_{40} 病毒的基因组仅含 5100bp,大肠杆菌基因组为 577kb,人的基因组则由大约 3.0×10^9 bp 组成,可编码极为大量的遗传信息。目前,人类基因组的全部碱基序列测定工作已告完成,这一宏伟工程为基因功能的进一步研究奠定了无与伦比的基础。

3.3　RNA 的结构与功能

3.3.1　RNA 的概述

　　RNA 含 AMP、GMP、CMP、UMP 四种核苷酸,由磷酸二酯键相连成单链,其核苷酸序列为 RNA 的一级结构。RNA 同样是遗传信息的载体分子,RNA 和蛋白质共同参与基因的表达和表达过程的调控。绝大多数 RNA 为线形单链,但 RNA 分子内相邻区段的可配对碱基间能以氢键连接,形成局部双螺旋结构;而区段间不配对的碱基区则膨胀形成凸出或突环,这种短小的双螺旋区域或突环被称为发夹结构(hairpin)。发夹结构是 RNA 中最普遍的二级结构形式,二级结构进一步折叠形成三级结构。RNA 只有在具有三级结构时才能成为有活性的分子。与 DNA 相比,RNA 分子较小,仅含数十个至数千个核苷酸,RNA 的功能多样有不同种类(表 3-2)。

表 3-2 动物细胞内主要 RNA 的种类及功能

	细胞核和胞液	线粒体	功　能
核糖体 RNA	rRNA	mt rRNA	核糖体组成成分
信使 RNA	mRNA	mt mRNA	蛋白质合成模板
转运 RNA	tRNA	mt tRNA	转运氨基酸
不均一核 RNA	hnRNA		成熟 mRNA 的前体
核小 RNA	snRNA		参与 hnRNA 的剪接、运转
核仁小 RNA	snoRNA		rRNA 的加工和修饰
胞质小 RNA	scRNA		蛋白质内质网定位合成的信号识别体的组成成分

3.3.2 信使 RNA

遗传信息从 DNA 分子被抄录 RNA 分子的过程称为转录(transcription)。从 DNA 分子转录的 RNA 分子中,有一类可作为蛋白质生物合成的模板,称为信使 RNA(messenger RNA,mRNA)。mRNA 约占细胞 RNA 总量的 1%~5%。mRNA 种类很多,哺乳类动物细胞总计有几万种不同的 mRNA。mRNA 的分子大小变异非常大,小到几百个核苷酸,大到近 2 万个核苷酸。mRNA 一般都不稳定,代谢活跃,更新迅速,寿命较短。原核生物和真核生物的 mRNA 结构是有区别的,在以下的内容中将会分别介绍。

1. 真核生物 mRNA 结构特点

①5′末端有帽子(cap)结构。所谓帽子结构就是 5′端第 1 个核苷酸都是甲基化鸟嘌呤核苷酸,它以 5′端三磷酸酯键与第 2 个核苷酸的 5′端相连,而不是通常的 3′,5′-磷酸二酯键(图 3-11)。帽子结构中的核苷酸大多数为 7-甲基鸟苷(m^7G),但也有少量的 2,2,7-三甲基鸟苷($m_3^{2,2,7}G$)或 $m_2^{2,7}G$。在第 2 和第 3 个核苷酸的核糖第 2 位羟基上有时也有甲基化。因此通常帽子结构可见 3 种类型,即帽子 O 型 $m^7G(5′)ppp(5′)Np$、帽子 1 型 $m^7G(5′)ppp(5′)NmpNp$ 和帽子 2 型 $m^7G(5′)ppp(5′)NmpNmpNp$,其中 N 指核苷酸。帽子结构的功能是保护 mRNA 免受核酸酶从 5′端开始对它降解,并且在翻译中起重要作用。

②3′端绝大多数均带有多聚腺苷酸尾(3′polyadenylate tail,poly A tail),其长度为 20~200 个腺苷酸。Poly A 尾是以无模板的方式添加的,因为在基因的 3′端并没有多聚腺苷酸序列。Poly A 尾可以增加 mRNA 的稳定性、维持 mRNA 作为翻译模板的活性。

③分子中可能有修饰碱基,主要是甲基化,如 m^6A。

④分子中有编码区与非编码区。非编码区(untranslated region,UTR)位于编码区的两端,即 5′端和 3′端。真核 mRNA5′UTR 的长度在不同的 mRNA 中差别很大。5′非编码区有翻译起始信号。有些 mRNA3′端 UTR 中含有丰富的 AU 序列,这些 mRNA 的寿命都很短。因此推测 3′端 UTR 中丰富的 AU 序列可能与 mRNA 的不稳定有关。

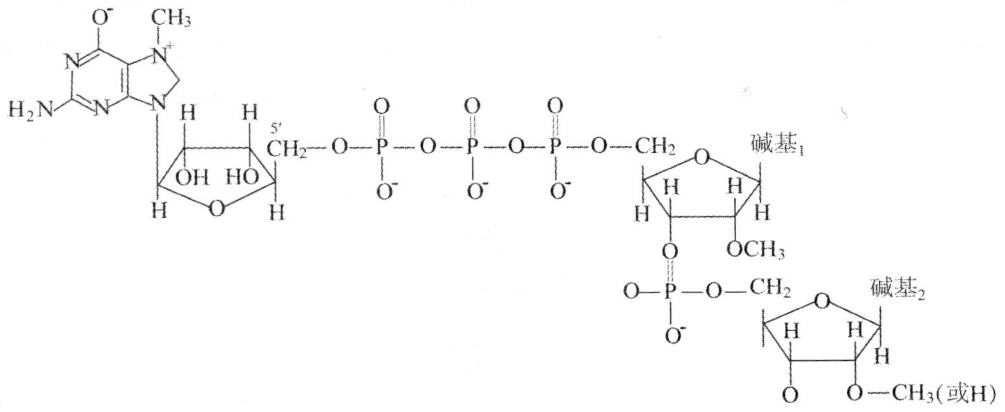

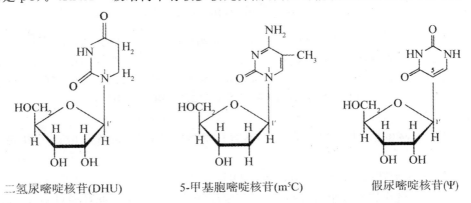

图 3-11　mRNA 的 5′帽子结构

2. 原核生物 mRNA 结构的特点

①原核生物 mRNA 往往是多顺反子,即每分子 mRNA 带有编码几种蛋白质的遗传信息（来自几个结构基因）。在编码区的序列之间有间隔序列,间隔序列中含有核糖体识别、结合部位。在 5′端和 3′端也有非编码区。

②mRNA 5′端无帽子结构,3′端一般无多聚 A 尾。

③mRNA 一般没有修饰碱基,其分子链完全不被修饰。

3.3.3　转运 RNA

转运 RNA(transfer RNA,tRNA)的功能是作为各种氨基酸的运载体,在蛋白质合成中活化与转运氨基酸的作用。大多数 tRNA 都由 70～90 个核苷酸构成,在三类 RNA 中分子量最小。

tRNA 分子中含有较多的稀有碱基或稀有核苷,如二氢尿嘧啶、5-甲基胞嘧啶、假尿嘧啶核苷和其他甲基化的核苷,数目 7～15 不等(图 3-12),3′-末端皆为 CCA 序列,5′-末端多为 pG(也有的是 pC)。tRNA 一级结构中有较多彼此分隔、而又可能相互配对的保守序列。

二氢尿嘧啶核苷(DHU)　　　5-甲基胞嘧啶核苷(m^5C)　　　假尿嘧啶核苷(Ψ)

图 3-12　三种常见稀有碱基和核苷的结构

一级结构的 tRNA 单链通过自身反向折叠,根据 A＝U、G≡C 配对原则,形成发夹结构,进而形成链内小双螺旋区。折叠后,有些未配对的碱基部分形成环状突起,称为突环,这种具有发夹结构及小螺旋区的结构称为 RNA 的二级结构。迄今已知 tRNA 几乎都具有三叶草形的二级结构。图 3-13 为酵母丙氨酸 tRNA 的二级结构模式图。tRNA 分子内形成螺旋的区段称为臂,不能配对的区段形成突环。tRNA 三叶草形二级结构由四臂四环构成:

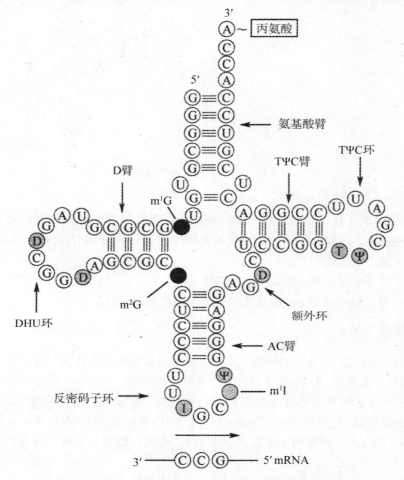

Ⅰ.次黄嘌呤核苷(inosine);D.二氢尿嘧啶核苷(dihydrouridine);

m¹G.1-甲基鸟嘌呤核苷(methylguanosine);m²G.2-甲基鸟嘌呤核苷(dimethylguanosine);

m¹Ⅰ.1-甲基次黄嘌呤核苷(methylinosine);GCC.密码子(codon);IGC.反密码子(anticodon)

图 3-13　酵母丙氨酸 tRNA 的二级结构(三叶草形)

(1)氨基酸臂

相当于三叶草的柄,由 7 对碱基组成,富含鸟嘌呤。3′-CCA 的腺苷酸 3′-OH 是活化氨基酸的结合位点。

(2)二氢尿嘧啶环(dihydrouridine loop,DHU)

由 8~12 个核苷酸残基组成,内含 2 个二氢尿嘧啶核苷残基。此环通过由 3~4 对碱基组成的二氢尿嘧啶臂(简称 D-臂)与 tRNA 分子的其余部分相连。

(3)反密码环

由 7 个核苷酸残基组成,其碱基顺序是:5′-嘧啶-嘧啶-X-Y-X-修饰嘌呤-不同碱基-3′,其中,-X-Y-Z-组成反密码子。该序列构成的反密码环通过由 5 对碱基组成的双螺旋区(反密码臂,简称 AC 臂)与 tRNA 的其余部分相连。反密码子专一性识别 mRNA 上的密码子。

（4）额外环

通常由 3～18 个核苷酸残基组成,各类不同的 tRNA 在这个环中的核苷酸残基数目变化很大,因此也称为可变环,是 tRNA 分类的标志。

（5）TΨC 环

它由 7 个核苷酸残基组成环,因含 TΨC 而得名,5 对碱基组成臂(TΨC 臂),与 tRNA 其他部分相连。TΨC 环与核糖体的结合有关。

三叶草形结构中约有一半的碱基相互配对形成碱基对,表明 tRNA 分子内部有足量的链内氢键稳定其三级结构。tRNA 的三叶草形结构进一步扭曲折叠形成倒 L 形构象,即 tRNA 的三级结构（图 3-14）。

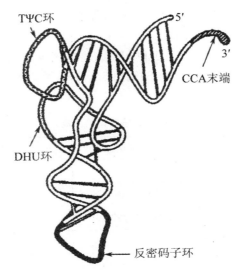

图 3-14　酵母丙氨酸 tRNA 的三级结构（倒 L 形）

该结构的特点是:

①氨基酸臂和 TΨC 臂形成一个连续的双螺旋区,构成倒 L 的一横;D 臂和 AC 臂也形成一个近似连续的双螺旋区,构成倒 L 的一竖。氨基酸的受体部位 $3'$-CCA 位于一横的端部,反密码子位于一竖的端部,两者相距约 70nm。

②DHU 环和 TΨC 环构成倒 L 形结构的拐角,它们和额外环一起形成的构象可能决定着氨酰-tRNA 合成酶对其识别的专一性。这种专一性对于具有特定反密码子的 tRNA 特异性地与相应氨基酸的结合至关重要。

③稳定三级结构的力量对氨基酸臂和反密码环的束缚不甚牢固,这使得 tRNA 结合氨基酸和阅读 mRNA 时可发生一定程度的构象变化,产生所谓的"变偶"现象。

倒 L 形结构是 tRNA 的功能结构。具有特定反密码子的 tRNA 可专一性地结合相应的特定氨基酸,并将所带的氨基酸运送到核糖体上,按 mRNA 密码子的指令定位。可见 tRNA 的结构是与其功能相统一的。

我国生物化学工作者,于 1981 年完成了酵母丙氨酸的 tRNA 的人工合成,合成产物显示了 tRNA 的生物活性。这是继我国在世界上第一次人工全合成牛胰岛素后,取得的又一重大成就,它对于进一步研究 tRNA 结构与功能的关系具有重要意义。

3.3.4 核糖体 RNA

核糖体 RNA(ribosomalRNA,rRNA)在细胞含量最多,约占 RNA 总流量的 80% 以上。rRNA 的功能是与核蛋白体蛋白组成核蛋白体或称为核糖体(ribosome),在细胞质为蛋白质提供合成场所,充当"装配机"。原核生物和真核生物的核糖体均由易于解聚的大、小两个亚基组成。rRNA 在蛋白质生物合成中作用很重要,不同 rRNA 能与 mRNA、tRNA 相结合,并促进大小亚基结合。

原核生物共有 5S、16S、23S 三种 rRNA(S 为沉降系数,可间接反映分子量的大小)。其中核糖体的小亚基(30S)由 16S rRNA 与 20 多种蛋白质构成,大亚基(50S)则由 5S 和 23S rRNA 共同与 30 余种蛋白质构成。

真核生物有 28S、5.8S、5S 和 18S 四种 rRNA。真核生物的核糖体小亚基(40S)由 18S rRNA 及 30 余种蛋白质构成;大亚基(60S)则由 5S、5.8S 及 28S 三种 rRNA 加上近 50 种蛋白质构成(表 3-3)。

表 3-3　核糖体的组成

	原核生物(以大肠杆菌为例)		真核生物(以小鼠肝为例)	
小亚基	30S		40S	
rRNA	16S	1542 个核苷酸	18S	1874 个核苷酸
蛋白质	21 种	占总重量的 40%	33 种	占总重量的 50%
大亚基	50S		60S	
rRNA	23S	2904 个核苷酸	28S	4718 个核苷酸
	5S	120 个核苷酸	5.8S	160 个核苷酸
			5S	120 个核苷酸
蛋白质	31 种	占总重量的 30%	49 种	占总重量的 35%

核糖体的这些 rRNA 以及蛋白质折叠成特定的结构,并具有许多短的双螺旋区域(如图 3-15)。

根据各种 rRNA 的碱基序列测定结果,可推测 rRNA 二级结构的特点是含有大量茎-环结构,可作为核糖体蛋白的结合和组装的结构基础。如原核生物的 16S rRNA 和 23S rRNA 的三级结构分别与 30S 和 50S 两个亚基形状基本吻合,可作为小、大亚基的结构骨架。因此,核糖体立体结构的组装可能是以 rRNA 为主导的。核糖体是细胞合成蛋白质的场所,核糖体中的 rRNA 和蛋白质共同为肽链合成所需要的 mRNA、tRNA 以及多种蛋白因子提供了相互结合的位点和相互作用的空间环境。

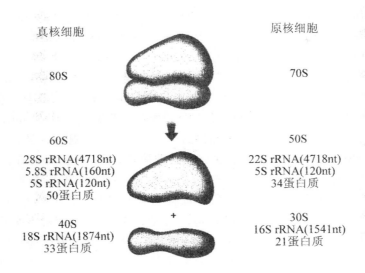

真核细胞　　　　　　　　　　　原核细胞

80S　　　　　　　　　　　　　　70S

60S　　　　　　　　　　　　　　50S
28S rRNA(4718nt)　　　　　　　22S rRNA(4718nt)
5.8S rRNA(160nt)　　　　　　　5S rRNA(120nt)
5S rRNA(120nt)　　　　　　　　34蛋白质
50蛋白质

40S　　　　　　　　　　　　　　30S
18S rRNA(1874nt)　　　　　　　16S rRNA(1541nt)
33蛋白质　　　　　　　　　　　21蛋白质

图 3-15　真核细胞和原核细胞 rRNA 的结构

3.3.5　其他 RNA

1. 具有催化活性的 RNA

Thomas Cech 和他的同事在研究四膜虫 26S rRNA 的剪接成熟过程中发现,在没有任何蛋白质(酶)存在的条件下,26S rRNA 前体的 414 个碱基的内含子也可以被剪切掉而成为成熟的 26S rRNA。他们进而证实 rRNA 前体本身具有酶样的催化活性,这种具有催化活性的 RNA 被命名为核酶(ribozyme)。

2. 不均一核 RNA

不均一核 RNA(heterogeneous nuclear RNA,hnRNA)实际上是真核细胞 mRNA 的前体。这类 mRNA 前体经过一系列复杂的加工处理,变成有活性的成熟 mRNA,进入细胞质发挥其模板功能。这种加工过程的主要环节包括:①5′-端加帽;②3′-端加尾;③内含子的切除和外显子的拼接;④分子内部的甲基化修饰;⑤核苷酸序列的编辑作用。hnRNA 的代谢极为活跃,其半衰期仅为 0.4h。大约仅有 10% 的 hnRNA 经过剪切后能够成为成熟的 mRNA,然后被转运至细胞质。

3. 小分子非编码 RNA

在真核细胞核内和胞浆内有一组小分子 RNA,长度可以在 300 个碱基以下,称为核小 RNA(small nuclear RNA,snRNA)和质内小 RNA(small cytoplasmic RNA,scRNA)。这些 RNA 通常与多种特异的蛋白质结合在一起,形成核小核蛋白颗粒(small nuclear ribonucleo-protein particle,snRNP)和质内小核蛋白颗粒(small cytoplasmic ribonucleoprotein particle, scRNP)。不同的真核生物中同源 snRNA 的序列高度保守。由于序列中尿嘧啶含量较高,因此又用 U 命名,称为 U—RNA。U1、U2、U4、U5 和 U6 位于核质内,以 snRNP 的形式和其他蛋白因子一起参与 mRNA 的剪接、加工。U16 和 U24 主要存在于核仁,又称为核仁小 RNA (small nucleolar RNA,snoRNA),仅 70～100 核苷酸,与 rRNA 前体的甲基化修饰有关。

scRNA 是一组功能比较复杂的小分子 RNA,目前对其功能还不是完全清楚。

还有一些非编码 RNA 被称为微小 RNA(microRNA,miRNA)和小干扰 RNA(small-interfering RNA,siRNA)。miRNA 是一大家族小分子非编码单链 RNA,长度为 20~25 个碱基,由一段具有发夹环结构、长度为 70~90 个碱基的单链 RNA 前体(pre-miRNA)经 Dicer 酶剪切后形成。成熟的 miRNA 与其他蛋白质一起组成 RNA 诱导的沉默复合体(RNA-induced silencingcomplex,RISC),通过与其靶 mRNA 分子的 3′端非编码区域(3′-untranslated region,3′-UTR)互补匹配,抑制该 mRNA 分子的翻译。siRNA 是细胞内一类双链 RNA(double-stranded RNA,dsRNA),在特定情况下通过一定的酶切机制,转变为具有特定长度(21~23 个碱基)和特定序列的小片段 RNA。双链 siRNA 参与 RISC 的组成,与特异的靶 mRNA 完全互补结合,导致靶 mRNA 降解,阻断翻译过程。如果同源程度不高(pre-miRNA 产生的 miRNA 多是这种情形),则 RISC 与同源 mRNA 识别结合后,对其降解不明显,而主要是抑制其翻译过程,也同样产生 RNAi 现象。这种由 siRNA 介导的基因表达抑制作用被称为 RNA 干扰(RNA interference,RNAi)。RNAi 的分子机理是现代生命科学的前沿研究热点之一;其主要过程如图 3-16 所示。

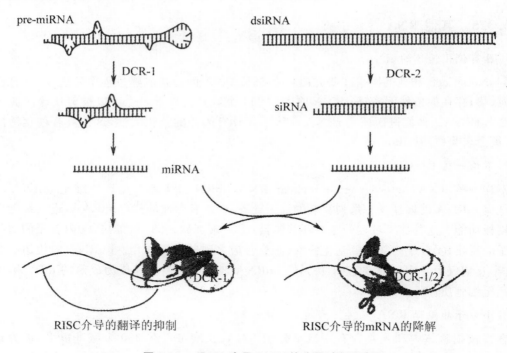

图 3-16   siRNA 介导 RNAi 的分子过程示意图

3.4　核酸的理化性质

3.4.1　核酸的一般理化性质

1.核酸的物理性质

（1）核酸的相对分子质量大小

核酸是大分子化合物。DNA 的相对分子质量特别大，一般在 $10^6 \sim 10^{10}$ 之间。RNA 的相对分子质量变动范围很大，比 DNA 小得多，在数百至数百万之间。RNA 中 rRNA 相对分子质量较大，为 $(0.6 \sim 1) \times 10^6$；其次是 mRNA，相对分子质量为 0.5×10^6 左右；而 tRNA 相对分子质量最小，为 10^4 左右。

（2）核酸的溶解性

经过纯化的 DNA 为白色纤维状物固体，RNA 的纯品呈白色粉末状或结晶。DNA 和 RNA 都是极性化合物，一般都溶于水，而不溶于乙醇、氯仿、乙醚等有机溶剂。因此，常用浓度为 70％的乙醇从溶液中沉淀核酸。

DNA 和 RNA 在生物体内大多数与蛋白质结合成核蛋白，它们的溶解度受盐溶液浓度的影响。DNA 蛋白的溶解度在低浓度盐溶液中随盐浓度的增加而增大，在 1mol/L 的 NaCl 溶液中溶解度要比在纯水中高 2 倍，可是在 0.14mol/L 的 NaCl 溶液中溶解度最低，几乎不溶；而 RNA 蛋白在盐溶液中溶解度受盐浓度的影响较小，在 0.14mol/L 的 NaCl 溶液中溶解度较大。因此，常用此法分别提取这两种核蛋白，然后再用蛋白变性剂（SDS）去除蛋白质。

（3）核酸的黏度

核酸是分子量很大的高分子化合物，高分子溶液比普通溶液黏度要大得多，高分子形状的不对称性愈大，其黏度也就愈大，不规则线团分子比球形分子的黏度大，线形分子的黏度更大。由于 DNA 分子极为细长，因此即使是极稀的溶液也有极大的黏度，RNA 的黏度要小得多。当核酸溶液因受热或在其他作用下发生变性或降解时，分子长短、直径比例减小，即分子不对称性降低，黏度下降。因此可用溶液黏度的测定作为 DNA 变性的鉴定指标。

2.核酸的酸碱性质

核酸分子中既含有碱性基团，又含有酸性基团，是两性电解质。又因磷酸基的酸性远远强于碱基的碱性，这一方面使核酸的等电点较低，低至 pH2～2.5，另一方面使核酸表现出明显的酸性。生理 pH 条件或近中性的缓冲液的 pH 值均大大高于核酸的等电点，使核酸带上了负电荷，可在电场中向阳极泳动，这种现象称为电泳。

核酸电泳现象已发展成为核酸的重要分离与分析方法。目前，通常使用琼脂糖凝胶电泳和聚丙烯酰胺凝胶电泳（polyacrylamide gel electrophoresis，PAGE）来研究核酸。前者一般是水平潜水式电泳，常用于大片段 DNA 的分离与分析；后者一般是垂直式电泳，常用于小片段 DNA 或 RNA 的分离与分析。电泳后，核酸在凝胶中的相对位置由溴化乙锭染色检测，溴化乙锭很容易插入碱基对之间，经紫外光照射后可发射出红橙色荧光。

3.4.2 核酸的紫外吸收特性

核酸分子中的嘌呤碱和嘧啶碱具有共轭双键,可强烈吸收 260～290nm 的紫外光,最大吸收峰波长大约在 260nm 处,而蛋白质的最大吸收峰波长大约在 280nm 处。不同的核苷酸具有不同的吸收特性,利用这一特性可用紫外分光光度计对核酸加以定量测定,另外还可以鉴别核酸样品有无杂质蛋白质。DNA 的紫外吸收光谱如图 3-17 所示。

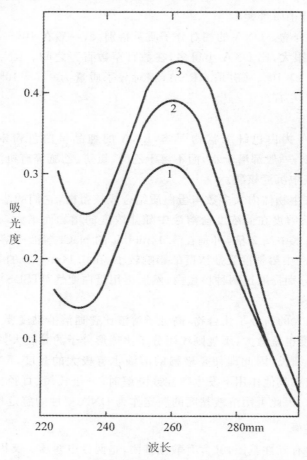

1—天然 DNA;2—变性 DNA;3—核苷酸总吸收值

图 3-17 DNA 的紫外吸收光谱

1. 鉴定 DNA 和 RNA 的纯度

待测 DNA 或 RNA 样品的纯度,可以用它们的 A_{260}/A_{280} 的比值来判断,纯 DNA 溶液的 A_{260}/A_{280} 的比值是 1.8,而纯 RNA 溶液的 A_{260}/A_{280} 的比值为 2.0,样品中若含有蛋白质或酚,则 A_{260}/A_{280} 的比值下降。

2. DNA 和 RNA 的定量测定

对于 DNA 和 RNA 制品,可以用分光光度计通过比色法测出制品溶液的 A_{260} 值,从而计算出含量。在溶液 pH 为 7.0,比色杯厚度为 1cm 的情况下,浓度为 $1\mu g/mL$ 的天然 DNA 溶液,A_{260}＝0.020。浓度为 1μg/mL 的天然 RNA 溶液,A_{260}＝0.022,所以有计算公式如下:

$$DNA(\mu g/mL)＝A_{260}/0.020$$
$$RNA(\mu g/mL)＝A_{260}/0.022$$

此外,各种核苷酸对不同波长的紫外光吸收特性不同,通过不同波长处吸光度的比值可以鉴定常见的核苷酸和核苷。近年来,应用自动记录分光光度计,可以直接扫描出核苷酸溶液的光密度—波长曲线,根据曲线的特征形状,也可以快速鉴定出是何种核苷酸。对核苷酸制品,还可以通过测定其溶液在最大吸收峰时的光密度,然后根据该核苷酸在最大吸收峰时的摩尔消光系数,即可计算出该制品中核苷酸的百分含量。

3.4.3　核酸的变性、复性

1.核酸的变性

双螺旋的稳定靠碱基堆积力和氢键的相互作用共同维持。如果因为某种因素破坏了这两种非共价键力,导致 DNA 两条链完全解离,就称为变性(denaturation)。导致变性的因素可以有温度过高、盐浓度过低及酸或碱过强等。DNA 变性是二级结构的破坏、双螺旋解体的过程,碱基对氢键断开,碱基堆积力遭到破坏,但不伴随共价键的断裂,这有别于 DNA 一级结构破坏引起的 DNA 降解过程。

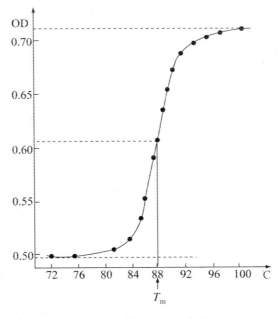

图 3-18　核酸的解链曲线

DNA 变性常伴随一些物理性质的改变,如黏度降低,浮力、密度增加,尤其重要的是光密度的改变。如前所述,核酸分子中碱基杂环的共轭双键使核酸在 260nm 波长处有特征性光吸收。在双螺旋结构中,平行碱基堆积时,相邻碱基之间的相互作用会导致双螺旋 DNA 在波长 260nm 的光吸收比相同组成的游离核苷酸混合物的光吸收值低 40%,这种现象称为减色效应(hypochromic effect)。DNA 变性后立即引起这一效应的降低,与未发生变性的相同浓度

DNA 溶液相比,变性 DNA 在波长 260nm 的光吸收增强,这一现象称为增色效应(hyperchromic effect)。

利用增色效应可以在波长 260nm 处监测温度变化引起的 DNA 变性过程(图 3-18)。DNA 的变性发生在一定的温度范围内,这个温度范围的中点称为解链温度(melting temperature),用 T_m 表示。当温度达到解链温度时,DNA 分子内 50% 的双螺旋结构被破坏。T_m 值与 DNA 的碱基组成和变性条件有关。DNA 分子的 GC 含量越高,T_m 值也越大。T_m 值还与 DNA 分子的长度有关,DNA 分子越长,T_m 值越大。此外,溶液离子浓度增高也可以使 T_m 值增大。

2. 核酸的复性

一定条件下,DNA 的变性是可逆的。变性 DNA 在适当条件下,两条彼此分开的单链可借助碱基对,重新形成链间氢键,连接成双螺旋结构,这个过程成为复性。图 3-19 为 DNA 分子热变性与复性示意图。热变性的 DNA 经缓慢冷却即可复性,这一过程也称为退火。最适宜的复性温度比 T_m 值约低 25℃,这个温度又叫退火温度。

复性后 DNA 分子的某些理化性质及生物活性可以得到部分或全部恢复。复性过程中,紫外吸收值降低,此现象称为减色效应。

复性反应与许多因素有关。首先,复性时的降温速度必须缓慢,如果热变性 DNA 从变性高温迅速冷却至低温(4℃以下),此过程为淬火,淬火处理后 DNA 不能复性。此外,DNA 溶液的浓度越大,互补 DNA 片段碰撞机会越多,也就容易复性。DNA 片段长度越大,DNA 内部的顺序复杂,互补碱基相遇的机会也越小,复性也越难。

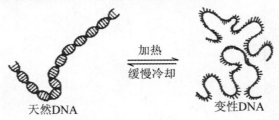

图 3-19　DNA 分子的热变性与复性示意图

3.4.4　核酸的杂交和分子探针

在核酸变性后的复性过程中,具有一定互补序列的不同 DNA 单链,或 DNA 单链与同源 RNA 序列,在一定条件下按碱基互补原则结合在一起,形成异源双链的过程称为核酸分子杂交(hybridization)。分子杂交技术以核酸的变性与复性为基础,可发生在 DNA－DNA、RNA－RNA 和 DNA－RNA 之间。分子杂交是分子生物学研究中常用的技术之一。例如,将一段寡核苷酸用放射性同位素或其他化合物进行标记作为探针,在一定条件下和变性的待测 DNA 一起温育,如果寡核苷酸探针与待测 DNA 有互补序列,可发生杂交,形成的杂交双链可被放射性自显影或化学方法检测,用于证明待测 DNA 是否与探针序列有同源性(图 3-20),这一技术称为探针技术。分子杂交和探针技术在分析基因组织的结构、定位和基因表达及临床诊断等方面都有着十分广泛的应用。

E. Southern 发展了一种很有用的方法可以用来鉴定具特定顺序的 DNA。这个方法称作

Southern blot(DNA 印迹),DNA 印迹法可以扩展用于特定 RNA 的鉴定。

　　将 RNA 采用与 DNA 印迹类似的程序,可以用互补的、具放射性标记的 RNA 或 DNA 探针与其杂交。为了与 DNA 印迹法相区别,一语双关地把这种检测 RNA 的方法叫做 Northern Blot(RNA 印迹)。

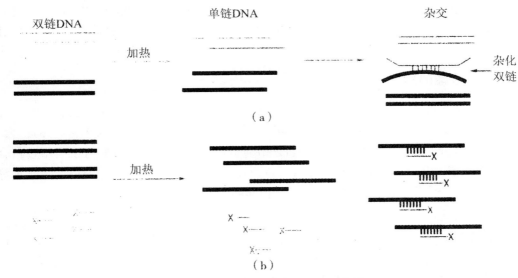

图 3-20　核酸分子杂交原理示意图

(a)DNA(细线表示)和异源 DNA(粗线表示)在热变性后的复性过程中可以形成杂化双链

(b)同位素标记的寡核苷酸探针(X—)变性后的单链 DNA 结合

3.5　核酸的分离、纯化与测定

3.5.1　核酸的分离

　　核酸属于大分子化合物,具有复杂的空间三维结构,为了使得到的核酸保持天然状态,在提取分离时要注意避免强酸、强碱对核酸的降解,避免高温、机械剪切力对核酸空间结构的破坏,操作时在溶液中加入核酸酶抑制剂,整个操作过程要在低温(0℃左右)条件下进行,同时还要注意避免剧烈的搅拌。

　　1. 核蛋白的提取

　　核酸在自然状态下往往以核蛋白的形式存在。根据 DNA 蛋白和 RNA 蛋白在不同浓度的氯化钠溶液中溶解度不同的特点,可将它们从细胞匀浆中提取出来并把它们分离。在 1～2mol/L 氯化钠溶液中 DNA 蛋白溶解度很高,而在 0.14mol/L 氯化钠溶液中,DNA 蛋白几乎不溶解;对于 RNA 蛋白来说则刚好相反。因此,可用 1～2mol/L 氯化钠溶液和 0.14mol/L 氯化钠溶液从细胞匀浆中分别将 DNA 蛋白和 RNA 蛋白提取出来。

　　2. 核蛋白中蛋白质的去除

　　提取到核蛋白后,还要除去其分子中的蛋白质成分,才能得到游离的核酸。去除核蛋白中的蛋白质成分常用的方法有变性法和酶解法。变性法常用氯仿-戊醇混合液、苯酚、十二烷基磺酸钠(SDS)等作为蛋白质的变性剂,蛋白质发生变性后,经沉淀与核算分离出来。酶解法常选用广谱蛋白酶催化蛋白质水解,使核酸游离于溶液中。

在提取过程中,为了防止核酸酶对核酸的降解,常加入核酸酶的抑制剂。如提取 DNA 时,则加入乙二胺四乙酸(EDTA)、柠檬酸、氟化物等来抑制脱氧核糖核酸酶的活性。提取 RNA 时,则加入硅藻土作为酶的抑制剂,抑制核糖核酸酶的活性。作用机制是硅藻土可吸附核糖核酸酶,将其从溶液中除去。

3.5.2 核酸的纯化

极高纯度的核酸常用超速离心法获得。核酸分子在大小和密度两方面存在着差异,大小不会因结构和构象的不同而变化,而密度则会因结构和构象不同而变化。对于密度相近、大小差别较大的核酸分子(或其他生物大分子),常采用沉降速度法进行分析;而对于大小近似、密度差异较大者,常采用沉降平衡法进行分析。这两种方法都需要先用介质(如蔗糖、氯化铯等)在离心管中制备一个连续的密度梯度(density gradient)。

1. 沉降速度法

沉降速度法又叫速度—区带离心法。在待沉降分离的样品中,因为各分子密度相近而大小不同,所以他们在具有密度梯度的介质中进行离心运动时,将按自身大小所决定的沉降速度下沉。所谓沉降速度是指单位时间(以秒计)内样品分子在离心管中下降的距离,大小相同的分子以相同的沉降速度下降,形成清楚的沉降界面。当沉降样品中含有几种大小不同的颗粒时,就会出现几个沉降界面,用特殊的光学系统可以观测这些沉降界面的沉降速度。

2. 沉降平衡法

沉降平衡法又叫等密度梯度离心法。氯化铯(CsCl)密度梯度平衡离心法常用于分子大小相同而密度不同的核酸的分离、纯化和研究。将 DNA 溶于接近于自身密度的 CsCl 溶液中,离心直到平衡,将建立一个密度梯度范围为 $1.66 \sim 1.76 g/cm^3$ 的稳定密度梯度,各待分离的核酸组分在离心过程中按其自身的密度分别漂浮于与其密度相等的 CsCl 溶液密度层中,此密度层所代表的密度称做该组分的浮力密度。例如,用此方法很容易将不同构象的 DNA、RNA 及蛋白质分开,蛋白质漂浮在最上面,RNA 沉于管底,超螺旋 DNA 沉降较快,开环及线形 DNA 沉降较慢。收集各区带的 DNA,经抽提、沉淀,可得到纯度相当高的 DNA。此方法是目前实验室中纯化高质量质粒 DNA 最常用的方法(图 3-21)。

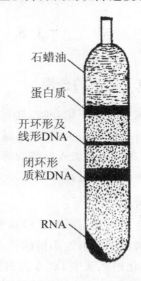

石蜡油

蛋白质

开环形及
线形DNA

闭环形
质粒DNA

RNA

图 3-21 经染料—氧化铯密度梯度离心后,质粒 DNA 及各种杂质的分布

3.5.3 核酸的测定

1. 核酸含量的测定

根据对象的不同核酸含量的测定方法有定磷法、定糖法和紫外吸收法。

(1)定磷法

核酸分子中磷的含量比较接近和恒定,DNA 的平均含磷量为 9.9%,RNA 的平均含磷量为 9.4%。故可通过测定核酸样品的含磷量计算出核酸的含量。

用强酸将核酸样品分子中的有机磷转变为无机磷酸,无机磷酸与钼酸反应生成磷钼酸,磷钼酸在还原剂如抗坏血酸、氯化亚锡等的作用下,还原成钼酸。反应式如下:

$$(NH)_4MoO_4 + H_2SO_4 \rightarrow H_2MoO_4 + (NH_4)SO_4$$

钼酸铵   钼酸

$$12H_2MoO_4 + H_3PO_4 \rightarrow H_3PO_4 \cdot 12H_2MoO_3 + 12H_2O$$

磷钼酸

$$H_3PO_4 \cdot 12H_2MoO_3 \rightarrow (MoO_2 \cdot 4MoO_3)_3 \cdot H_3PO_4 \cdot 4H_2O$$

钼蓝

钼蓝于 660nm 处有最大吸收值,在一定浓度范围内,钼蓝溶液的颜色深浅和无机磷酸的含量成正比,可用比色法测定。

(2)定糖法

核酸中的戊糖在浓硫酸或浓盐酸的作用下可脱水生成醛类化合物,醛类化合物与某些呈色剂缩合反应生成有色化合物,可用比色法或分光光度法测定其溶液的吸收值。在一定浓度范围内,溶液的吸收值与核酸的含量成正比。

①脱氧核糖的测定。DNA 分子中的脱氧核糖在浓硫酸的作用下可脱水生成 ω-羟基-γ-酮基戊醛,该化合物可与二苯胺反应生成蓝色化合物,反应物在 595nm 处有最大吸收值,用比色法测定,光吸收值与 DNA 浓度成正比。反应式如下:

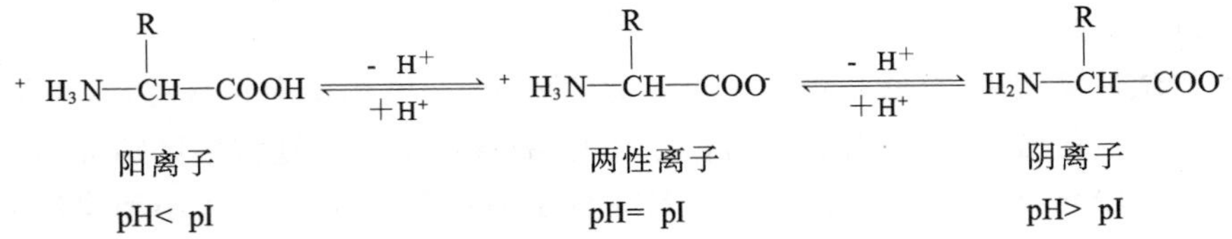

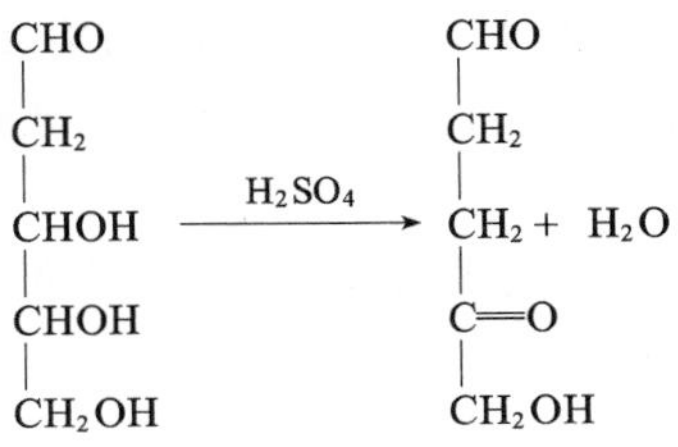

阳离子   两性离子   阴离子
pH< pI   pH= pI   pH> pI

脱氧核糖   ω-羟基-γ-酮基戊醛

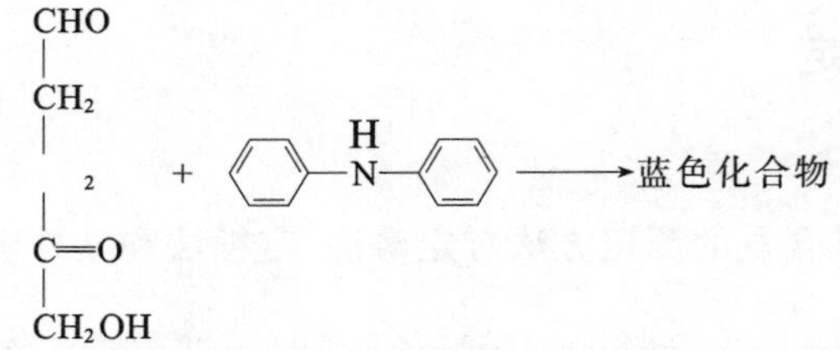

②核糖的测定。RNA 分子中的核糖和浓硫酸作用可脱水生成糠醛,糠醛与某些酚类化合物缩合生成有色化合物。如糠醛与地衣酚缩合生成绿色化合物。反应物在 670nm 处有最大吸收值,光吸收值与 RNA 浓度成正比。反应式如下:

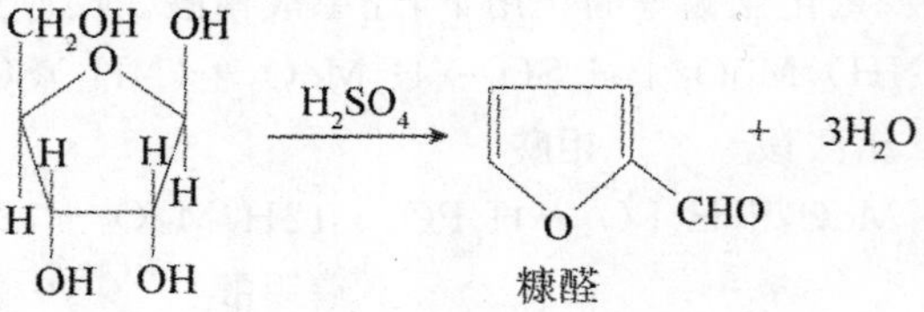

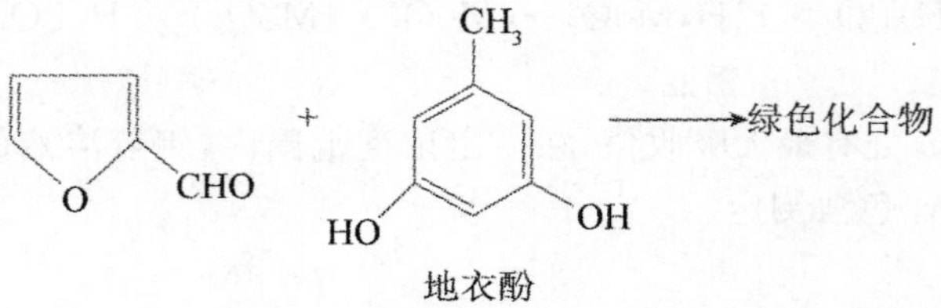

③紫外吸收法。对于 DNA 和 RNA 制品,可以用分光光度计通过比色法测出制品溶液的 A_{260} 值,从而计算出含量(详见本书 3.4.2 中的"DNA 和 RNA 的定量测量"部分内容)。

2.核酸纯度的测定

(1)紫外吸收法

详见本书 3.4.2 中的"鉴定 DNA 和 RNA 的纯度"部分内容。

(2)凝胶电泳法

在中性或碱性溶液中,核酸是带均匀负电荷的分子,在电场中向正极移动,不同大小和构象的核酸分子的电荷密度大致相同,在自由泳动时,各核酸分子的迁移率区别很小,难以分开。以适当浓度的凝胶介质作为电泳支持介质,具有分子筛效应,使得分子大小和构象不同的核酸分子泳动率出现较大差异,达到分离的目的。此为分离、鉴定、纯化核酸片段及核酸纯度检测的标准方法。用低浓度的荧光嵌入染料溴化乙锭(EB)进行染色,可直接在紫外灯下确定 DNA 在凝胶中的位置。

在凝胶电泳中,纯的 DNA 样品电泳后呈现出单一区带;如果电泳后呈现出多条区带,则说明 DNA 样品不纯。

第4章 维生素与微量元素

4.1 概　述

1. 维生素的代谢特点

维生素(vitamin)是机体维持正常生理功能所必需,但在体内不能合成或合成量很少,必须由食物供给的一组低分子量有机物质。这类化合物天然存在于食物中,在物质代谢过程中发挥各自特有的生理功能。维生素的每日需要量甚少,它们既不是构成机体组织的成分,也不是体内供能物质。但机体缺乏某种维生素时,可发生物质代谢的障碍并出现相应的维生素缺乏症。

维生素的代谢具有以下特点:

①人体所需的维生素主要存在于天然食物中,除了其本身形式,还有可被机体利用的前体化合物形式。

②维生素的生理功能主要是参与体内代谢过程的调节控制,但非机体结构成分,也不提供能量。

③维生素一般不能在人体内合成或合成量太少(维生素 D 除外),必须由食物提供。

④人体只需少量维生素即可满足生理需要,但绝不能缺少,否则可引起相应的维生素缺乏症。

2. 维生素的命名与分类

(1)命名

维生素有三种命名系统,一是按其被发现的先后顺序,以拉丁字母命名,如维生素 A、B、C、D、E、K 等;二是根据其化学结构特点命名,如视黄醇、硫胺素、维生素 B_2 等;三是根据其生理功能和治疗作用命名,如抗干眼病维生素、抗癞皮病维生素、抗坏血酸维生素等。有些维生素在最初被发现时认为是一种,后经证明是多种维生素混合存在,命名时便在其原拉丁字母下方标注 1、2、3 等数字加以区别,如维生素 B_1、B_2、B_6、B_{12} 等。

(2)分类

维生素种类很多,化学结构差异很大。习惯上根据维生素的溶解性可将其分为脂溶性维生素(lipid-soluble vitamin)和水溶性维生素(water-soluble vitamin)两大类。脂溶性维生素包括维生素 A、D、E、K 四种,水溶性维生素包括 B 族维生素和维生素 C 两类。B 族维生素又包括维生素 B_1、B_2、B_6、B_{12},维生素 PP,泛酸,叶酸,生物素等。

3. 维生素的需要量

维生素的需要量(vitamin requirement)是指能保持人体健康、达到机体应有的发育水平和能充分发挥效率地完成各项体力和脑力活动的、人体所需要的维生素的必需量。人体每天对维生素的需要量很少,常以毫克或微克计。

维生素需要量的确定可通过人群调查验证和实验研究两种方式。对临床上有明显维生素缺乏症或不足症的人,通过食物补充,使之营养状况得以恢复,以此估计人体需要量。如维生素 A 人体需要量的确定即通过此方式。水溶性维生素需要量的确定往往通过饱和实验为依据,以人体饱和量为需要量。

4.维生素缺乏的原因

引起维生素缺乏病的常见原因如下:

(1)维生素的摄入量不足

膳食构成或膳食调配不合理、严重的偏食、食物的烹调方法和储存不当均可造成机体某些维生素的摄入不足。如做饭时淘米过度、煮稀饭时加碱、米面加工过细等都可造成维生素 B_1 缺乏;新鲜蔬菜、水果储存过久或炒菜时先切后洗,可造成维生素 C 的丢失和破坏。

(2)机体的吸收利用率降低

某些原因造成的消化系统吸收功能障碍,如长期腹泻、消化道或胆道梗阻、胃酸分泌减少等均可造成维生素的吸收、利用减少。胆汁分泌受限可影响脂类的消化吸收,使脂溶性维生素的吸收大大降低。

(3)食物以外的维生素供给不足

长期服用抗生素可抑制肠道正常菌群的生长,从而影响某些维生素如维生素 K、B_6、叶酸、PP、生物素、泛酸、B_{12} 等的产生。日光照射不足,可使皮肤内维生素 D_3 的产生不足,易造成小儿佝偻病或成人软骨病。

(4)维生素的需要量相对增加

不同的人群,维生素的需要量也有所不同。在某些条件下,机体对维生素的需要量会相对增加。如孕妇、哺乳期妇女、生长发育期的儿童、某些疾病(长期高热、慢性消耗性疾病等)等均可使机体对维生素的需要量相对增加。

4.2　脂溶性维生素

脂溶性维生素的共同特点是:①脂溶性维生素不溶于水,易溶于脂肪及有机溶剂。②在食物中脂溶性维生素常与脂类共存。③当脂类吸收不足时脂溶性维生素的吸收也相应减少,甚至出现缺乏症。④脂溶性维生素可以在肝脏内储存,如果摄入过多会出现中毒症状。

4.2.1　维生素 A

1.维生素 A 的化学本质、性质及来源

维生素 A 又称抗干眼病维生素,是具有 β-白芷酮环的不饱和一元醇。天然的维生素 A 有 A_1 及 A_2 两种形式 A_1 又称视黄醇(retinol),存在于哺乳动物及咸水鱼的肝脏中;A_2 即3-脱氢视黄醇,存在于淡水鱼的肝脏中。植物中不存在维生素 A,但含有称作维生素 A 原(pro Vitamin A)的多种胡萝卜素(carotene),其中 β-胡萝卜素可在小肠黏膜由 β-胡萝卜素加氧酶作用,加氧断裂,生成 2 分子视黄醛(retinal),再经还原形成视黄醇,部分视黄醛进一步氧化形成视黄酸(retinoic acid)。维生素 A 在体内的活性形式包括视黄醇、视黄醛和视黄酸的结构如下:

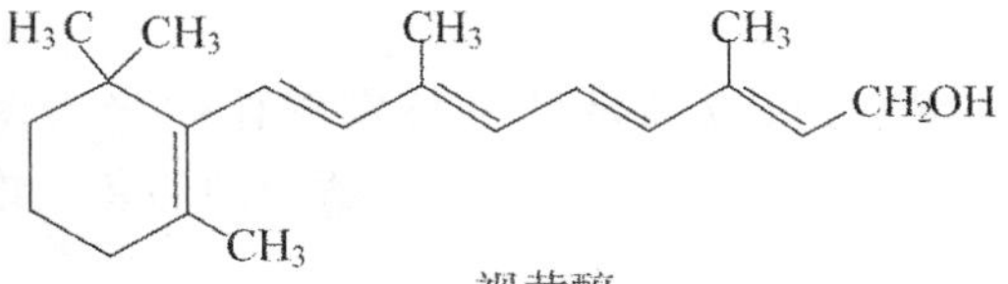

维生素 A 极易氧化,遇热和光更易氧化。烹调时,由于加热及接触空气而氧化损失部分维生素 A;冷藏食品可保持大部分维生素 A,而日光暴晒过的食品中维生素 A 大量被破坏。

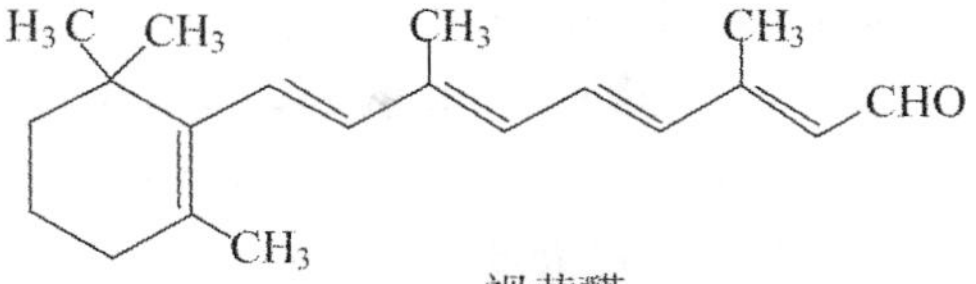

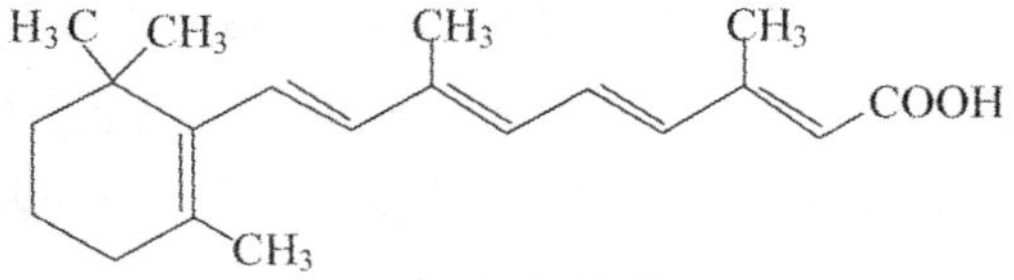

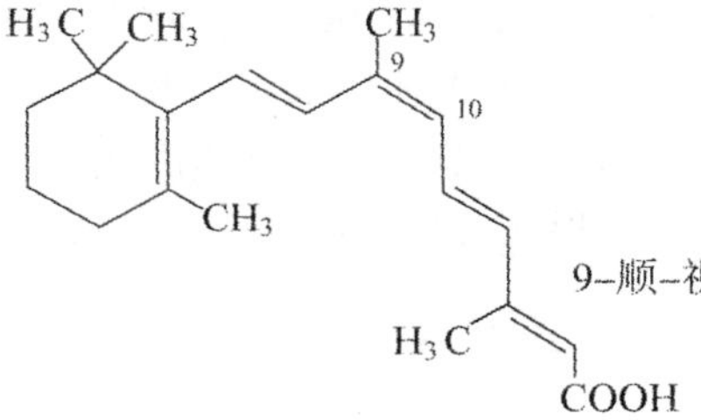

动物性食品,如肝、肉类、蛋黄、乳制品、鱼肝油是维生素 A 的丰富来源。植物中不存在维生素 A,但含有称作维生素 A 原(pro Vitamin)的多种胡萝卜素(carotenoids),其中以 β-胡萝卜素(β-carotene)最为重要。β-胡萝卜素可在小肠黏膜内的 β-胡萝卜素加氧酶的作用下,加氧断裂为 2 分子的视黄醇。胡萝卜、菠菜、番茄、枸杞子等都含有丰富的胡萝卜素。

2. 维生素 A 的生理功能及缺乏症状

(1)维持正常视觉

在感受弱光或暗光的视网膜杆状细胞内,维生素 A_1 转变成的 11-顺视黄醛与视蛋白(opsin)结合生成视紫红质。当视紫红质(rhodopsin)感光时,11-顺视黄醛迅速在光异构作用下转变成为全反型视黄醛,并引起视蛋白变构。视蛋白是 G 蛋白偶联跨膜受体,通过一系列反应产生视觉神经冲动。此后,视紫红质被分解,全反型视黄醛和视蛋白分离。

当从亮处到暗处,最初视物不清,是因为杆状细胞内视紫红质被光照分解,待重新合成后感弱光,方能看清弱光下的物体,这一过程称为暗适应。当缺乏维生素 A 时,视紫红质合成减少,对弱光敏感性降低,暗适应时间延长,严重时会发生"夜盲症"。

(2)维持上皮组织的功能和促进生长发育

维生素 A 缺乏易引起夜盲症、毛囊角化过度症、儿童呼吸道感染、干眼病、机体不同组织上皮干燥、增生及角化等;呼吸、消化、泌尿、生殖上皮细胞角化变性,容易遭受细菌侵入,引起感染。特别是儿童、老人容易引起呼吸道炎症,严重时可引起死亡。另外,维生素 A 缺乏还会引起血红蛋白合成代谢障碍,免疫功能低下,儿童生长发育迟缓。孕妇缺乏维生素 A 可引胎儿宫内发育迟缓,骨骼发育不良,低体重儿出生率增加。

(3)抗癌作用

动物实验表明维生素 A 可诱导细胞分化和减轻致癌物质的作用。缺乏维生素 A 的动物,对化学致癌物诱发的肿瘤更为敏感。

(4)抗衰老

维生素 A 和胡萝卜素在氧分压较低的条件下,能直接消灭自由基,有助于控制细胞膜和富含脂质组织的脂质过氧化,是有效的抗氧化剂。

推荐摄入量(recommended nutrient intake,RNI)可以满足某一特定群体中绝大多数(97%~98%)个体的需要。长期摄入推荐摄入量水平,可以维持组织中有适当的储备。维生素 A 的 RNI 为每天 $600\sim700\mu g$。

维生素 A 过多摄入可引起急性毒性、慢性毒性及致畸毒性。急性毒性产生于一次或多次连续摄入成人膳食参考摄入量(RNI)的 100 倍,或儿童大于其 RNI 的 20 倍。慢性中毒比急性中毒常见,维生素 A 使用剂量为其 RNI 的 10 倍以上时可发生。表现为疲倦、厌食、毛发脱落、指甲变脆、骨或关节疼痛、肝脾肿大等,孕妇在妊娠早期每天大剂量摄入($7500\sim45000mg$ RE),娩出畸形儿相对风险度为 25.6。

4.2.2 维生素 D

1. 维生素 D 的化学本质、性质及来源

维生素 D 又称为抗佝偻病维生素,维生素 D 和维生素 D 原都是类固醇化合物,其母核为环戊烷多氢菲。

维生素 D 是固醇类化合物,主要有维生素 D_2、维生素 D_3、维生素 D_4、维生素 D_5。其中维生素 D_2 和维生素 D_3 活性最高。在生物体内,维生素 D_2 和维生素 D_3 本身不具有生物活性。它们在肝脏和肾脏中进行羟化后,形成 1,25-二羟基维生素 D。其中 1,25-二羟基维生素 D_3 生物活性最强。

维生素 D 主要存在于肝脏、鱼肉、乳制品和蛋黄中,以鱼肝油中的含量最为丰富。

皮肤中胆固醇生成的 7-脱氢胆固醇,在紫外光照射下,可转变成维生素 D_3,适当的户外光照足以满足人体对维生素 D 的需要;酵母和植物油中的麦角固醇不能被人体吸收,在紫外光照射后转变为可被吸收的维生素 D_2,故 7-脱氢胆固醇和麦角固醇称为维生素 D 原。

2. 维生素 D 的生理功能及缺乏症状

$1,25-(OH)_2-D_3$ 可促进肠道黏膜合成钙结合蛋白,使小肠对钙和磷的吸收增加,同时可促进肾小管对钙、磷的重吸收,从而维持血浆中钙、磷浓度的正常水平。$1,25-(OH)_2-D_3$ 还具有促进成骨细胞形成和促进钙在骨质中沉积成磷酸钙、碳酸钙等骨盐的作用,有助于骨骼和牙齿的形成。在体内维生素 D、甲状旁腺素及降钙素等共同调节并维持机体的钙、磷平衡。

维生素 D 缺乏可引起自身免疫性疾病。$1,25-(OH)_2-D_3$ 具有对抗 1 型和 2 型糖尿病的作用,对某些肿瘤细胞还具有抑制增殖和促进分化的作用。

缺乏维生素 D 的婴儿,肠道钙、磷的吸收发生障碍,使血液中钙、磷含量下降,骨、牙不能正常发育,临床表现为手足搐搦,严重者导致佝偻病。成人则发生软骨病。服用过量的维生素 D 可引起高钙血症、高钙尿症、高血压及软组织钙化等。

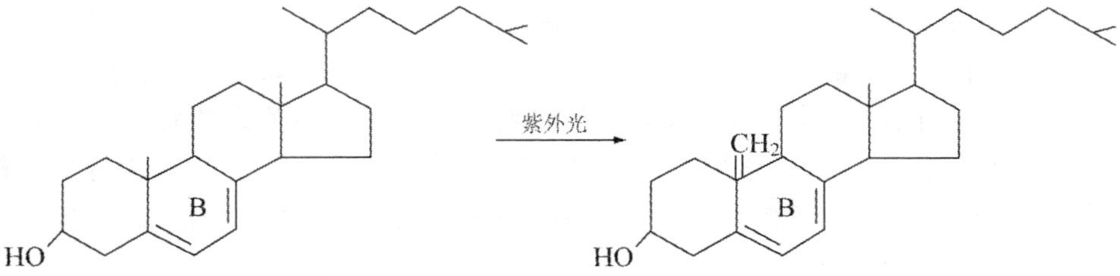

7-脱氢胆固醇　　　紫外光→　　维生素D₃

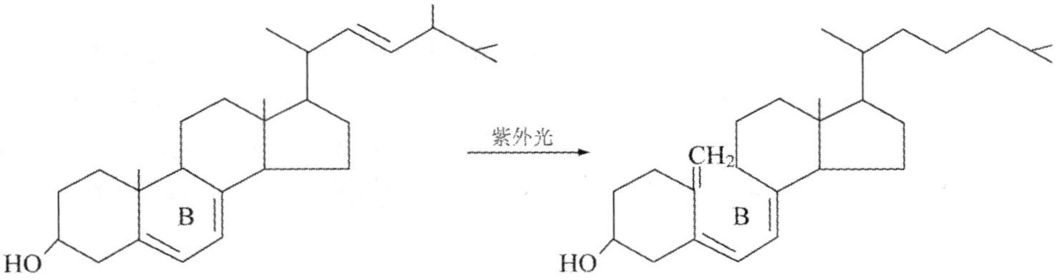

麦角固醇　　　紫外光→　　维生素D₂

4.2.3　维生素 E

1. 维生素 E 的化学本质及性质

维生素 E 又称为抗不育维生素,是一类由生育酚组成的脂溶性维生素。天然存在的维生素 E 有 8 种:α、β、γ、δ、ξ_2、η、ε、ξ_1 一般所指的为其中的 α 生育酚。如果将 α 生育酚的生物活性定为 100,那么 β 生育酚的相对活性为 $25\sim50$,γ 生育酚为 $10\sim35$。维生素 E 对氧十分敏感,极易被氧化而保护其他物质不被氧化,是动物和人体中最有效的抗氧化剂。如保护线粒体膜上的磷脂、有抗自由基的作用。

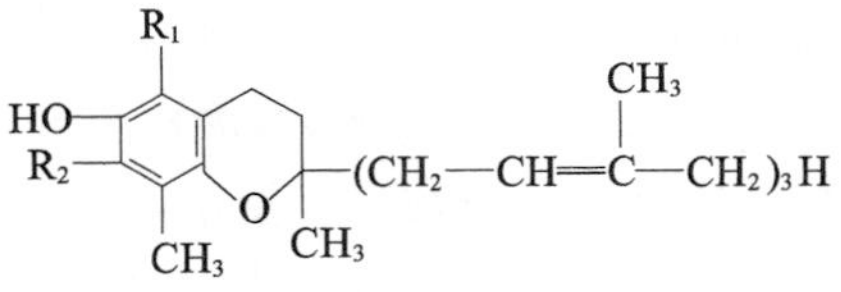

生育酚 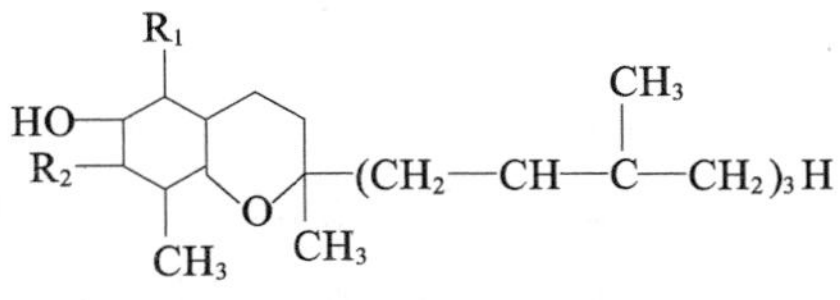　　　生育三烯酚

在自然界,维生素 E 广泛分布于动植物油脂、蛋黄、牛奶、水果、莴苣叶等食品中,在麦胚油、玉米油、花生油、棉子油中含量更丰富。维生素 E 的 RNI 为 14mg。

2. 维生素 E 的生理功能及缺乏症状

维生素 E 具有抗不育作用,俗称生育酚,动物缺乏维生素 E 时其生殖器官发育受损甚至不育,但人类尚未发现因维生素 E 缺乏所致的不育症。临床上常用维生素 E 治疗先兆流产及习惯性流产。

维生素 E 是体内最重要的抗氧化剂,能清除生物膜脂质过氧化所产生的自由基,保护生物膜的结构与功能。维生素 E 的作用是捕捉自由基,如超氧阴离子(O_2^-)过氧化物(ROO^-)及羟自由基(OH^-)等,形成生育酚自由基,生育酚自由基进一步与另一自由基反应生成非自由基产物——生育醌。维生素 E 与谷胱甘肽、维生素 C、硒等抗氧化剂协同作用,可更有效地清除自由基。

维生素 E 能提高血红素合成的关键酶 δ-氨基-γ-酮戊酸（ALA）合酶和 ALA 脱水酶的活性，促进血红素合成。新生儿由于组织维生素 E 的储备较少或小肠吸收能力较差，可引起轻度溶血性贫血，这可能与血红蛋白合成减少及红细胞寿命缩短有关。孕妇及哺乳期的妇女及新生儿应注意补充维生素 E，正常成人每日对维生素 E 的需要量为 $8 \sim 12\alpha$-生育酚当量。维生素 E 一般不易缺乏，在某些脂肪吸收障碍等疾病时可引起缺乏，表见为红细胞数量减少，寿命缩短，体外实验可见红细胞脆性增加等贫血症，偶可引起神经障碍。

4.2.4　维生素 K

维生素 K 又称凝血维生素，均是 2-甲基 1,4-萘醌的衍生物。在自然界主要以维生素 K_1、K_2 两种形式存在，维生素 K_1 又称植物甲萘醌或叶绿醌（phylloquinone），主要存在于深绿色蔬菜和植物油中；维生素 K_2 又称多异戊烯甲基萘醌（multiprenylmenaquinone），是肠道细菌的代谢产物。临床上应用的是人工合成的水溶性 K_3 和 K，其活性高于 K_1 和 K_2。

维生素 K 在肝、鱼、肉和绿叶蔬菜中含量丰富，主要在小肠吸收，经淋巴入血，并转运至肝储存。

维生素 K 的作用是促使肝脏合成凝血酶原，促进血液凝固，所以维生素 K 也称为凝血维生素。人类每天的维生素 K 需要量为 $60 \sim 80\mu g$。动物缺乏维生素 K，血凝时间延长，可引起创伤流血不止。成人一般不易缺乏维生素 K，因为自然界绿色植物中含量丰富，而且人的肠道中的某些细菌可以合成维生素 K，供给宿主。有时新生儿或胆管阻塞病人会因维生素 K 的缺乏而凝血时间延长。故维生素 K 制剂在临床上可用于止血。引起维生素 K 缺乏的原因可能是胰腺疾病、胆管疾病、小肠黏膜萎缩等，长期应用抗生素也可引起维生素 K 缺乏。

4.3　水溶性维生素

水溶性维生素包括 B 族维生素和维生素 C。水溶性维生素与脂溶性维生素不同，在化学结构上相互差别很大。它们在体内无储存，当血中浓度超过肾阈值时，即从尿排出。因此必须从膳食中不断供应，也少有中毒现象出现。

除维生素 C 外，其余水溶性维生素均作为辅酶或辅基的组成成分，参与代谢和造血过程中的许多生化反应。B 族维生素有维生素 B_1、维生素 B_2、PP、维生素 B_6、泛酸、生物素、叶酸和维生素 B_{12} 等。这些维生素缺乏时可造成机体生长的障碍，在许多情况下，由于需要量较多或维生素的特殊效用,常影响到神经组织的功能。造血过程所需要的维生素有叶酸、维生素 B_{12} 等,缺乏时可导致不同类型的贫血。

4.3.1　维生素 C

1. 维生素 C 的化学本质与性质

维生素 C 又称为抗坏血酸(ascorbic acid),是水溶性的维生素。分子结构中 C_2 和 C_3 形成二烯醇的形式,极易释放 H^+,因而呈酸性,且具有很强的还原性,易被氧化成氧化型抗坏血酸。氧化型抗坏血酸易溶于水,遇碱、热、氧易破坏。食物中氧化酶、Cu^{2+}、Fe^{3+} 可加速其氧化破坏。氧化型抗坏血酸接受两个 H^+ 再转变为抗坏血酸。

2. 维生素 C 的生理功能及缺乏症状

(1)作为多种羟基化酶的辅助因子,参与体内多种羟基反应

①促进胶原蛋白的合成。维生素 C 维持胶原脯氨酸羟化酶及胶原赖氨酸羟化酶活性所必需的辅助因子,参与羟化反应,促进胶原蛋白的合成。胶原蛋白是体内结缔组织、骨及毛细血管的重要构成成分,也是创伤愈合的前提。所以维生素 C 可影响血管的通透性,增强对感染的抵抗力。维生素 C 的缺乏会导致牙齿易松动,毛细血管破裂及创伤不易愈合等。

②参与芳香族氨基酸的代谢。在苯丙氨酸转变为酪氨酸,酪氨酸转变为对羟苯丙酮酸及尿黑酸的反应中,都需维生素 C。维生素 C 缺乏时,尿中大量出现对羟苯丙酮酸。维生素 C 还参与酪氨酸转变为儿茶酚胺,色氨酸转变为 5-羟色胺等反应。

③参与胆固醇的转化。维生素 C 是胆汁酸合成的限速酶——7α-羟化酶的辅酶,肾上腺皮质类固醇合成中的羟化也需要维生素 C。维生素 C 的缺乏直接影响胆固醇转化,引起体内胆固醇增多,成为动脉硬化的危险因素。

(2)具有增强机体免疫力的作用

维生素 C 能促进淋巴细胞的增殖和趋化作用,提高吞噬细胞的吞噬能力,促进免疫球蛋白的合成,因此能提高机体免疫力。临床上用于心血管疾病、病毒性疾病等的支持性治疗。

(3)参与体内氧化还原反应

①维生素 C 能保护巯基酶的-SH 处于还原状态,维持巯基酶的活性。维生素 C 也可在谷胱甘肽还原酶作用下,促使氧化型谷胱甘肽(G-S-S-G)还原为还原型(G-SH)(图 4-1)。还原型 G-SH 能使细胞膜的脂质过氧化物还原,起保护细胞膜的作用。

②维生素 C 能使红细胞中的高铁血红蛋白(MHb)还原为血红蛋白(Hb),使其恢复对氧的运输能力。维生素 C 还能将 Fe^{3+} 还原成 Fe^{2+},因而可使食物中的铁易于吸收,体内的铁重

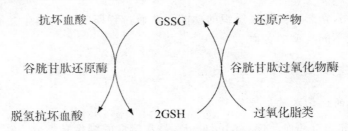

图 4-1　微生素 C 保护巯基作用

新利用,促进造血功能。

③维生素 C 能保护维生素 A、E 及 B 免遭氧化,还能促使叶酸还原,转变成为有活性的四氢叶酸。

4.3.2　维生素 B₁

1. 维生素 B₁ 的化学功能与性质

维生素 B₁ 又名硫胺素,由含硫的噻唑环和含氨基的嘧啶环通过甲烯基连接而成。其纯品多以盐酸盐形式存在,为白色晶体,耐热,酸溶液中稳定,碱性条件下加热易破坏,在有氧化剂存在时易被氧化产生脱氢硫胺素,后者在紫外光照射下呈现蓝色荧光,这一性质可用于维生素 B₁ 的定性和定量分析。焦磷酸硫胺素(thiamine pyrophosphate,TPP)为其体内的活性形式,结构如下:

硫胺素

焦磷酸硫胺素

维生素 B₁ 在植物中广泛分布,谷类、豆类的种皮中(例如米糠)含量很丰富,酵母中含量尤多。维生素 B₁ 极易溶于水,故淘米时不宜多洗,以免损失维生素 B₁,烹调食物时加碱会使其水解破坏,维生素 B₁ 在 pH 3.5 以下加热到 120℃亦不被破坏。

2. 维生素 B₁ 的生理功能与缺乏症状

(1)焦磷酸硫胺素为羧化酶的辅酶

维生素 B₁ 被小肠吸收后,经血液循环主要在肝及脑组织中生成焦磷酸硫胺素(TPP),焦磷酸硫胺素噻唑环上的硫和氮之间的碳原子十分活泼,易释放 H⁺ 离子而形成具有催化功能的亲核基团——焦磷酸硫胺素负离子,即负碳离子。负碳离子与 α-酮酸羧基结合使其发生脱羧基反应。在微生物中,丙酮酸脱羧变为乙醛而放出 CO₂;参与乙酰羧基的合成,乙酰羧酸是合成支链氨基酸(缬氨酸、异亮氨酸等)的中间体;作为磷酸戊糖中转酮酶的辅酶,参与糖代谢;作为 α-酮脱氢酶(如丙酮酸、α-酮戊二酸)系统中的辅酶。

（2）硫胺素与心脏功能的关系

维生素 B_1 缺乏可引起心脏功能失调，这不是直接的作用，可能是由于维生素 B_1 缺乏使血流入到组织的量增多，使心脏输出增加负担过重，或由于维生素 B_1 缺乏，心肌能量代谢不全。

（3）维生素 B_1 在神经生理上的作用

维生素 B_1 通过影响丙酮酸的氧化脱羧反应而影响乙酰辅酶 A 的生成，乙酰辅酶 A 参与体内乙酰胆碱的合成，因而维生素 B_1 可间接影响神经传导如可影响消化液的分泌和肠蠕动等。另外，一个神经冲动可以使维生素 B_1 磷酸化合物去磷酸，并使其在膜上位移，Na^+ 得以自由通过膜，但尚不能确定有神经生理活性的维生素 B_1 衍生物是焦磷酸衍生物还是三磷酸衍生物，对大脑功能的作用可能是由于对 5-羧色胺的纳入及磷脂合成有影响。

成人维生素 B_1 每天需要量为 $1.0 \sim 1.5\text{mg}$，孕妇与乳母的供应量增加 0.3mg。饮酒过量者维生素 B_1 需要量增加，长期饮酒者可以导致不良饮食习惯或者干扰肠对维生素 B_1 的吸收。

缺乏维生素 B_1 时可致酮酸氧化脱羧反应和磷酸戊糖代谢障碍，导致脚气病和末梢神经炎。临床表现为多发性神经炎、心脏扩大、肌肉萎缩、组织水肿、循环失调及胃肠症状。缺乏的原因是长期食用精白米、精面；烹调方法不当，特别是煮稀饭为了黏稠和松软加入少量的碱，破坏了维生素 B_1；还有偏食等。此外，还有疾病引起进食减少，也可造成维生素 B_1 摄取不足；妇女妊娠和哺乳、儿童生长发育、成人剧烈活动等生理状态、代谢率增加的疾病（如甲状腺机能亢进）、一些慢性消耗性疾病、吸收或利用障碍、长期腹泻或经常服用泻剂以及胃肠道梗阻均可造成吸收不良。

4.3.3　维生素 B_2

1. 维生素 B_2 的性质

维生素 B_2 又称核黄素。其化学本质是核糖醇和 6,7-二甲基异咯嗪的缩合物。在 N1 位和 N10 位之间有两个活泼的双键，此 2 个氮原子可反复接受或释放氢，因而具有可逆的氧化还原性。

维生素 B_2 在酸性环境中较稳定，且不受空气中氧的影响，碱性条件下或暴露于光照下均不稳定，故在烹调时不宜加碱。维生素 B_2 的水溶液具绿黄色荧光，利用这一性质可作定性或定量分析。

维生素 B_2 广泛存在于动植物中。奶与奶制品、肝、蛋类和肉类等是维生素 B_2 的丰富来源。

2. 维生素 B_2 的生理功能与缺乏症状

维生素 B_2 的主要功能是以黄素单核苷酸（flavin mononucleotide，FMN）和黄素腺嘌呤二核苷酸（flavin adenine dinucleotide，FAD）（图 4-2）构成体内许多黄素酶中的辅助因子。FMN 或 FAD 与酶蛋白结合，一般是通过第 8 位上的亚甲基与酶蛋白上的半胱氨酸、组氨酸相联结。这些酶是电子传递系统中的氧化酶及脱氢酶，氧化酶使还原型的辅酶与分子氧直接起作用，生成过氧化氢，作用较快。脱氢酶所催化的反应是 FMN 或 FAD 直接接受了底物脱下的一对氢原子，形成还原型的 $FMNH_2$ 或 $FADH_2$，再经呼吸链传递被分子氧所氧化生成水。

维生素 B_2 富含于动物性食品（如乳类、肉类、肝、蛋等）和新鲜蔬菜中，如果由于经济条件差、食物供应困难或偏食习惯等，上述食物受限制时，容易缺乏。酗酒也是维生素 B_2 缺乏最常

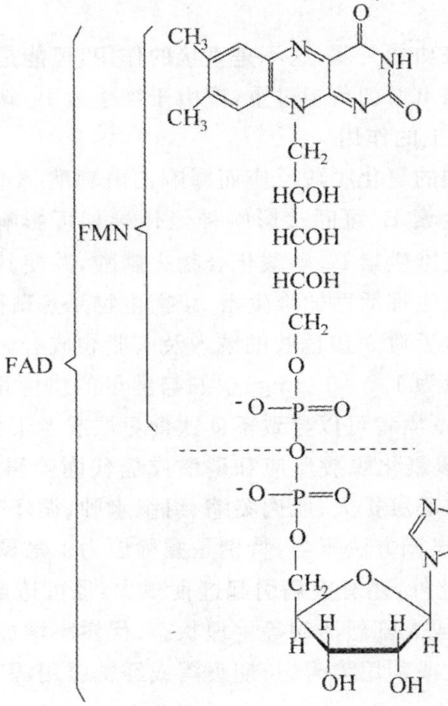

图 4-2　FMN、FAD 的结构式

见的原因。有 40 多种酶需要维生素 B₂ 做辅基,因此,它对人体生理功能影响较大,涉及范围也较广,故缺乏病的症状也是多种多样,常见的是口腔和阴囊的病变,即所谓口腔—生殖系综合征。另外,缺乏维生素 B₂ 还可表现为脂溢性皮炎和眼睛症状,如有球结膜充血,角膜周围血管形成并侵入角膜;角膜与结膜相连处有时发生水疱;严重缺乏时,角膜下部有溃疡,眼睑边缘糜烂以及角膜混浊等。

　　维生素 B₂ 每日最低需要量为 1.5mg,维生素 B₂ 的需要量与热量及劳动强度没有关系,但与蛋白质需要量有关系,迅速生长、创伤恢复、怀孕与哺乳期蛋白质需要增加,维生素 B₂ 需要量也增加。

4.3.4　维生素 PP

1. 维生素 PP 的性质

　　维生素 PP 又称抗癞皮病维生素,包括尼克酸(nicotinic acid,又称烟酸)及尼克酰胺(nicotinmide,又称烟酰胺),两者均属吡啶衍生物,在体内可相互转化。维生素 PP 广泛存在于自然界动植物中,肝内能将色氨酸转变成维生素 PP,但转变率较低,60mg 色氨酸仅能转变成 1mg 尼克酸,人体的维生素 PP 主要从食物中摄取。维生素 PP 的结构如下:

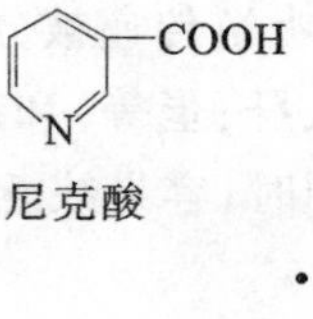

尼克酸 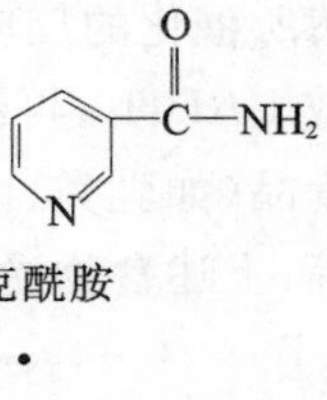　　　　尼克酰胺

2.维生素 PP 的生理功能与缺乏症状

尼克酰胺为辅酶Ⅰ和辅酶Ⅱ的组成成分。辅酶Ⅰ为尼克酰胺腺嘌呤二核苷酸(nicoti-namideadenine dinucleotide,NAD$^+$或 DPN$^+$),辅酶Ⅱ为尼克酰胺腺嘌呤二核苷酸磷(nicoti-namideadenin dinucleotide phosphate,NADP$^+$或 TPN$^+$)(图 4-3)。它们都是脱氢酶的辅酶,氢的传递在尼克酰胺 4 位碳原子上进行(图 4-4),作为脱氢酶的辅酶,在催化底物时通过氧化态与还原态的互变而传递氢。

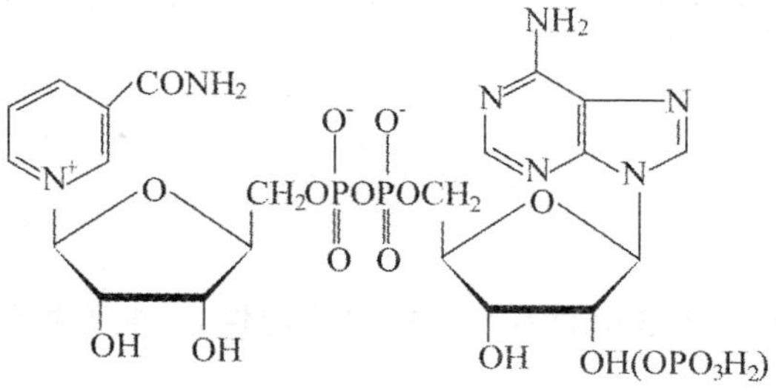

图 4-3　NAD(NADP)的结构式 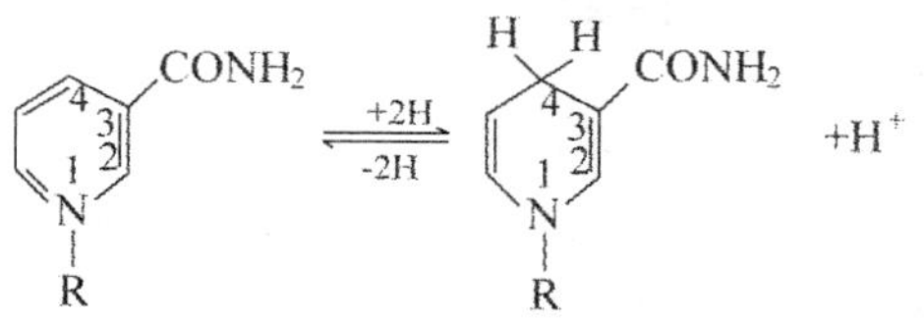　　　图 4-4　尼克酰胺上氢的传递

需要辅酶Ⅰ、辅酶Ⅱ的脱氢酶有数百种,这些脱氢酶从底物中提取一个氢、两个电子。以NAD$^+$为辅酶的脱氢酶主要参与呼吸作用,即参与从底物到氧的电子传递作用的中间环节。而以 NADP$^+$为辅酶的脱氢酶类,主要将分解代谢中间物上的电子转移到生物合成中需要电子的中间物上。

尼克酸缺乏时引起癞皮病,患者常有一般工作能力减退、记忆力差、疲劳乏力和失眠等症状。如不及时治疗,可出现下列典型症状:皮肤炎、腹泻和抑郁或痴呆。由于这 3 种症状英文名词的开头字母均为 D,故又称为三 D 症状。抗结核药物异烟肼的结构与维生素 PP 相似,二者有颉颃作用,长期服用可能引起维生素 PP 的缺乏。

4.3.5　生物素

1.生物素的性质

生物素(biotin)是由噻吩环和尿素结合形成的双环化合物,侧链是戊酸。自然界存在的生物素至少有两种:α-生物素和 β-生物素。生物素为无色针状结晶。耐酸而不耐碱,常温稳定,高温或氧化剂可使其失活。

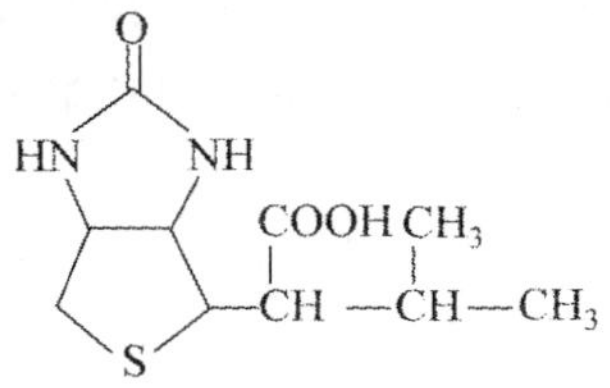

α-生物素 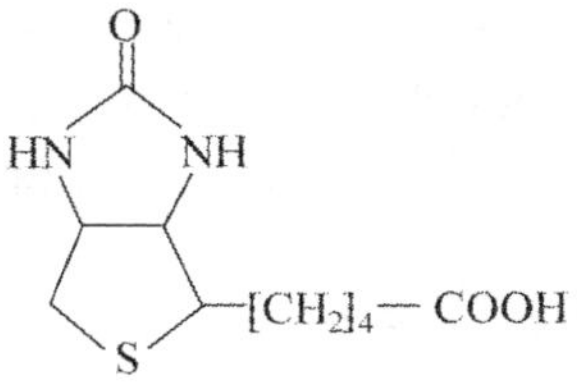　　　　　　　　　　　β-生物素

2.生物素的生理功能

生物素是体内多种羧化酶的辅基,参与体内 CO_2 固定过程,与糖、脂肪、蛋白质和核酸的

代谢有密切关系。体内主要的羧化酶有丙酮酸羧化酶、乙酰辅酶 A 羧化酶、丙酰辅酶 A 羧化酶等,在反应中羧基结合在生物素的氮原子上。

近年研究证明,生物素还参与细胞信号转导和基因表达,影响细胞周期、转录和 DNA 损伤的修复。

生物素来源广泛,人体肠道细菌也能合成,很少出现缺乏症。新鲜鸡蛋清中有一种抗生物素蛋白,它能与生物素结合而不能被吸收,蛋清加热后这种蛋白遭破坏而失去作用。长期吃生鸡蛋或使用抗生素可造成生物素的缺乏,主要症状是疲乏、食欲不振、恶心、呕吐、皮炎及脱屑性红皮病等。

4.3.6　泛酸

1. 泛酸的化学性质

泛酸(pantothenic acid)又名遍多酸,在中性溶液中具有很强的热稳定性,一般不被氧化剂破坏。但遇酸碱易被破坏。

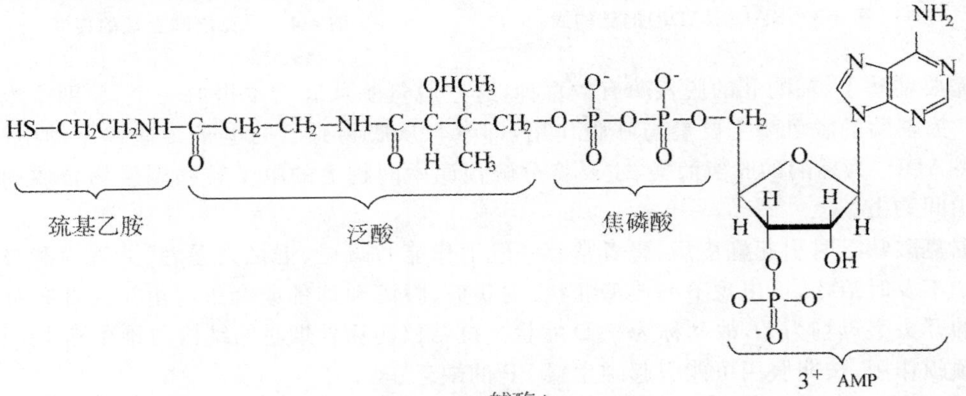

辅酶A

泛酸分布广泛,在肝脏、酵母、谷物和豆类中含量丰富。

2. 泛酸的生理功能及缺乏症状

泛酸是构成辅酶 A(coenzyme A,CoA)和酰基载体蛋白(acyl carrier protein,ACP)的成分,泛酸吸收后经磷酸化并获得巯基乙胺而成为 4-磷酸泛酰巯基乙胺,后者是 CoA 和 ACP 的组成成分。

CoA 及 ACP 是体内 70 多种酶的辅酶,广泛参与糖、脂类、蛋白质代谢及肝的生物转化作用。CoA 携带酰基的部位在-SH 基上,故常以 HSCoA 表示。如携带乙酰基后形成 CH_3CO-SCoA,称为乙酰辅酶 A。泛酸缺乏症很少见。

4.3.7　维生素 B_{12}

1. 维生素 B_{12} 的性质

维生素 B_{12} 又称钴胺素(cobalamin),其结构中含有一个金属钴离子,是唯一含金属元素的维生素。维生素 B_{12} 在体内因结合的基团不同,可有多种存在形式,如氰钴胺素、羟钴胺素、

甲钴胺素和 $5'$-脱氧腺苷钴胺素,后两者是维生素 B_{12} 的活性型,也是血液中存在的主要形式。羟钴胺素的性质比较稳定,是药用维生素 B_{12} 的常用形式,且疗效优于氰钴胺素。甲钴胺素和 $5'$-脱氧腺苷钴胺素具有辅酶的功能,又称辅酶 B_{12}。

维生素 B_{12} 多存在于动物的肝中,肾、瘦肉、肝、鱼及蛋类食物中的含量较高,人和动物的肠道细菌均能合成。食物中的维生素 B_{12} 常与蛋白质结合而存在,在胃中要经酸或在肠内经胰蛋白酶作用与蛋白质分开,然后在一种由胃壁细胞分泌的高度特异的糖蛋白——称为内因子(intrinsic factor,IP)的协助下,才能在回肠被吸收。B_{12} 与 IP 的结合物通过小肠黏膜时,B_{12} 与 IP 分开,再与一种称之为转钴胺素 Ⅱ(transcobalamin Ⅱ,TC Ⅱ)的蛋白结合存在于血液中。B_{12}-TC Ⅱ 复合物与细胞表面受体结合进入细胞,在细胞内转变成羟钴胺素、甲钴胺素或进入线粒体转变成 $5'$-脱氧腺苷钴胺素。肝内还有一种转钴胺素 Ⅰ(transcobalamin Ⅰ,TC Ⅰ),B_{12} 与 TC Ⅰ 结合后而贮存于肝内。内因子产生不足或胃酸分泌减少可影响维生素 B_{12} 的吸收。

2. 维生素 B_{12} 的生理功能及缺乏症状

体内催化半胱氨酸甲基化生成蛋氨酸的蛋氨酸合成酶的辅基是维生素 B_{12} 参与甲基转移,缺乏维生素 B_{12} 不利于蛋氨酸的生成,也抑制四氢叶酸的再生,进而影响核酸的生物合成,影响细胞分裂,可导致巨幼细胞性贫血;D 型半胱氨酸的堆积可造成同型半胱氨酸尿症。$5'$-脱氧腺苷钴胺素是 L-甲基丙二酰 CoA 变位酶的辅酶,催化琥珀酰 4-磷酸泛酰巯基乙胺 CoA 的生成。当缺乏维生素 B_{12} 时,L-甲基丙二酰 CoA 大量堆积,L-甲基丙二酰 CoA 是脂肪酸合成的中间产物丙二酰 CoA 的类似物,所以影响脂肪酸的正常合成,同时影响髓鞘质的转换,导致神经系统的疾患,神经系统的症状起初为隐性的,先由周围神经开始,手指有刺痛感,后发展至脊柱后侧及大脑,记忆力减退,嗅味觉不正常,易激动,运动也不正常等。其主要原因为神经脱离了髓鞘。

维生素 B_{12} 在动物食品中存在广泛,正常膳食者少见缺乏症,但偶见于严重吸收障碍疾病患者及长期素食者。

4.3.8　叶酸

1. 叶酸的性质

叶酸(folic acid)因在绿叶中含量丰富而得名,是由 2-氨基-4-羟基-6-甲基蝶呤与对氨基苯甲酸及谷氨酸合成,又称蝶酰谷氨酸(pteroylglutamic acid)。叶酸对光和酸敏感,食物中的叶酸在室温下很容易被破坏。

叶酸在绿叶植物中含量丰富,也存在于肉类、肝脏和肾脏等动物性食物中。

2. 叶酸的生理功能及缺乏症状

四氢叶酸是体内一碳单位的载体参与体内许多重要物质如嘌呤、嘧啶、核苷酸、丝氨酸、甲硫氨酸等的合成过程中。当叶酸缺乏时,DNA 合成必然受到抑制,骨髓幼红细胞 DNA 合成减少,细胞分裂速度降低,细胞体积变大,造成巨幼红细胞贫血。

叶酸在肉及水果、蔬菜中含量较多,肠道的细菌也能合成,所以一般不发生缺乏症。孕妇及哺乳期因快速分裂细胞增加或因生乳而致代谢较旺盛,应适量补充叶酸。长期口服避孕药、抗惊厥药或肠道抑菌药物,会干扰叶酸的吸收及代谢,可造成叶酸缺乏。

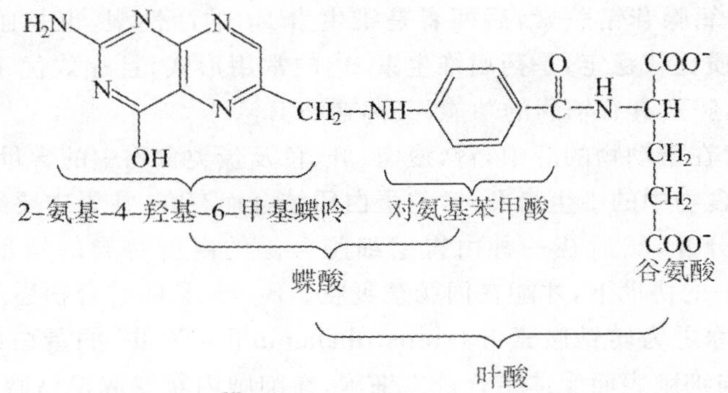

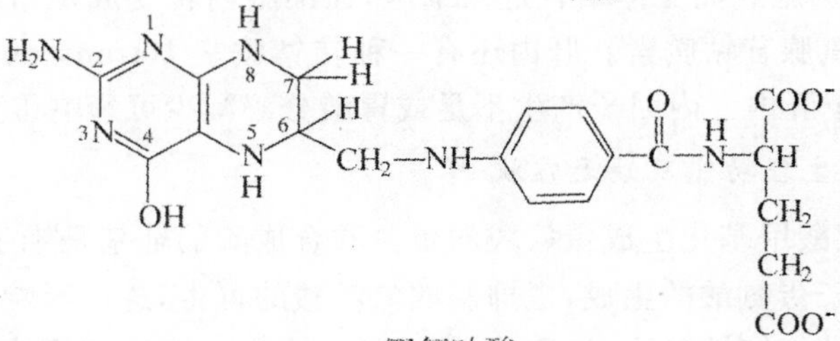

2-氨基-4-羟基-6-甲基蝶呤　　对氨基苯甲酸　　　　谷氨酸

蝶酸

叶酸

四氢叶酸

抗癌药物甲氨蝶呤因结构与叶酸相似,能抑制二氢叶酸还原酶的活性,使四氢叶酸合成减少,进而抑制体内胸腺嘧啶核苷酸的合成,因此有抗癌作用。

4.3.9　α-硫辛酸

1. α-硫辛酸的化学性质

硫辛酸(1ipoic acid)的化学结构是一个含硫的八碳酸,以氧化型和还原型两种形式存在,氧化型在 6、8 位上由二硫键相连,又称 6,8-二硫辛酸。

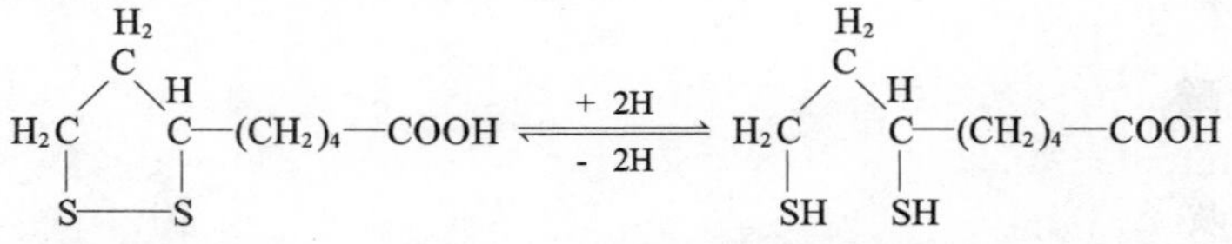

硫辛酸(氧化型)　　　　　二氢硫辛酸(还原型)

硫辛酸不溶于水,而溶于脂溶剂,故有人将其归为脂溶性维生素。在食物中常和维生素 B_1 同时存在。

2. α-硫辛酸的生理功能

二氢硫辛酸是二氢硫辛酸乙酰转移酶的辅酶,参与糖代谢中 α-酮酸的氧化脱羧作用。硫辛酸还具有抗脂肪肝和降低血胆固醇的作用;此外,它很容易进行氧化还原反应,故可保护巯基酶免受金属离子的损害。

4.3.10　维生素 B_6

1. 维生素 B_6 的化学性质

维生素 B_6 包括吡哆醇(pyridoxine)、吡哆醛(pyridoxal)、吡哆胺(pyridoxamine),在体内

以磷酸酯的形式存在。磷酸吡哆醛和磷酸吡哆胺可以相互转变,均为活性形式。吡哆醇的相对分子质量为 205.6,系白色板状结晶,溶于水,在酸性溶液中稳定,在碱性溶液中易被光所破坏。

$$\underset{\text{吡哆醇}}{\text{(structure)}} \xrightarrow{[O]} \underset{\text{吡哆醛}}{\text{(structure)}} \rightleftharpoons \underset{\text{吡哆胺}}{\text{(structure)}}$$

2. 维生素 B_6 的生理功能

①氨基转换作用。转氨酶主要为谷草转氨酶与谷丙转氨酶,转氨酶中都有磷酸吡哆醛为辅酶。

②侧链分解作用。含羟基的苏氨酸或丝氨酸可分解为甘氨酸及乙醛或甲醛,催化此反应的酶为丝氨酸转羧甲基酶,该酶能够催化丝氨酸或苏氨酸两种氨基酸发生醇醛分裂反应。该酶的辅酶为磷酸吡哆醛。

③脱羧基作用。氨基酸脱羧形成伯胺,脱羧酶的专一性很高,一种氨基酸脱羧酶只对一种 α 氨基酸起作用。除组氨酸脱羧酶不需要辅酶外,各种脱羧酶都以磷酸吡哆醛为辅酶。

④作为血红素合成限速酶的辅酶。维生素 B_6 可在肠中由细菌合成,但不能满足需要。在食物中普遍存在,肉、二谷类、硬果、水果和蔬菜中都有,肉中维生素 B_6 含量较丰富。大鼠维生素 B_6 缺乏可以导致生长不良、脂肪肝、惊厥、贫血、肌肉萎缩、生殖系统功能破坏、水肿及肾上腺增大。人类未发生维生素 B_6 缺乏症,但异烟肼能与磷酸吡哆醛结合,使其失去辅酶的作用,所以结核病人在服用异烟肼时,应补充维生素 B_6。

4.4　微量元素

微量元素是指含量占人体体重万分之一以下,每日需要量在 100mg 以下的元素。主要包括铁、碘、铜、锌、锰、硒、氟、钼、钴、铬等,虽然机体所需甚微,但对维持机体正常生理功能起重要作用。

1. 铁

铁在微量元素中是体内含量最多的一种,鱼、猪肝、黑木耳、海带、大豆、蛋黄等含铁比较丰富。成年男子每公斤体重平均约含 50mg,成年女子则为 35mg。儿童、成年男子及绝经期妇女每日铁的生理需要量约 1mg,育龄妇女约需 1.2mg。体内的铁约 75% 左右存在于铁卟啉化合物中,其余存在于非铁卟啉化合物中,主要有含铁的黄素蛋白、铁硫蛋白、运铁蛋白等。

体内的铁有两个来源:食物中摄入的铁和铁卟啉化合物破坏后释放出的铁,以后者为主。二价铁(Fe^{2+})比三价铁(Fe^{3+})易于吸收,维生素 C 可使 Fe^{3+} 还原为 Fe^{2+},有利于铁的吸收;铁的吸收部位主要在十二指肠和空肠上段—只有溶解状态的铁才能被吸收。胃酸可促进食物中的有机铁分解为铁离子或结合较疏松的有机铁,因此可促进食物铁的吸收。磷酸盐、草酸盐、植酸等与铁形成不溶性的盐。碱性药物也能降低铁的溶解度,因此这些物质摄入过多会妨碍铁的吸收。

血浆中铁与运铁蛋白结合而运输。约75%的铁参与各种含铁蛋白质的构成,铁是人体合成血红蛋白、肌红蛋白、细胞色素、过氧化物酶和过氧化氢酶等含铁蛋白质的原料。其中血红蛋白中所含的铁量最多。铁参与体内氧的运输、生物氧化及相应酶的催化作用。机体铁量不足可造成缺铁性或营养性贫血。

2.碘

成人体内含碘(iodine)20~50mg,其中大部分(15mg)集中在甲状腺内,用于合成甲状腺素,其余以非激素的形式分散于甲状腺外。按国际上推荐的标准,成人每日需碘100~300mg,儿童则按每日每千克体重$1\mu g$计算。

碘的吸收部位主要在小肠,吸收后的碘有70%~80%被摄入甲状腺细胞内贮存、利用。机体在碘的利用、更新的同时,每日约有相当于肠道吸收量的碘排出,主要排出途径为尿碘,约占总排泄量的85%,其他经汗腺排出。

碘在人体内的主要作用是参与甲状腺素的合成,因适量的甲状腺素有促进蛋白质合成、调节能量的转换、加速机体生长发育、利用和稳定中枢神经系统的结构和功能等重要作用,故碘对人体的功能极其重要。缺碘可引起地方性甲状腺肿,严重可致发育停滞、痴呆,如胎儿期缺碘可致呆小病;若摄入碘过量又可致高碘性甲状腺肿,表现为甲状腺功能亢进及一些中毒症状。碘是抗氧化作用,在含碘细胞中H_2O_2和过氧脂质存在时,碘可作为电子供体发挥作用。碘可与活性氧竞争细胞成分和中和羟自由基,防止细胞遭受破坏。碘还可以与细胞膜多不饱和脂肪酸的双键接触,使之不易产生自由基,因此,碘在预防癌症方面有一定的积极作用。

3.铜

成人体内含铜100~150mg,其中50%~70%存在于肌肉和骨骼中,20%左右存在于肝脏,5%~10%分布在血液。人体每日需要量1.5~2.0mg,富含铜的食品是牡蛎、蛤类、小虾及动物肝肾等。食物中的铜主要在十二指肠吸收,吸收后运至肝脏,在肝脏中参与铜蓝蛋白的组成。肝脏是调节体内铜代谢的主要器官。铜可经胆汁排出,极少部分由尿排出。

体内大部分铜与蛋白质结合或作为酶的组成成分,小部分铜以游离状态存在。铜是体内多种酶的辅基,如细胞色素氧化酶等。铜离子在将电子传递给氧的过程中是不可缺少的。此外抗坏血酸氧化酶、酪氨酸酶、单胺氧化酶、超氧化物歧化酶等也是含铜的酶。铜参与动员铁由贮存场所进入骨髓,并加速血红蛋白和铁卟啉的合成以及红细胞的成熟与释放。

铜缺乏时,会影响一些酶的活性,如细胞色素氧化酶活性下降,氧化磷酸化受阻,导致能量代谢障碍。铜缺乏也可导致血红蛋白合成障碍引起贫血。

4.锌

锌(zinc)在人体内的含量仅次于铁,约为2~3g,成人每日需锌15~20mg。锌主要在小肠吸收;入血后与清蛋白或运铁蛋白结合而运输。小肠内有金属结合蛋白类物质能与锌结合,调节锌的吸收。某些地区的谷物中含有较多的6-磷酸肌醇,该物能与锌形成不溶性复合物,影响锌的吸收。体内储存的锌主要与金属硫蛋白结合,血锌浓度约为0.1~0.15mmol/L。体内的锌主要经粪、尿、汗、乳汁等排泄。

锌是体内含锌金属酶的组成成分,与80多种酶的活性有关,如碳酸酐酶、醇脱氢酶、DNA聚合酶、RNA聚合酶等。许多蛋白质如反式作用因子、类固醇激素及甲状腺素受体的DNA

结合区,都有锌参与形成的锌指结构,在转录调控中起重要的作用。故缺锌必然会引起机体代谢紊乱。"伊朗乡村病"就是因食物中含较多的 6-磷酸肌醇,影响锌的吸收而导致的缺锌疾病。锌还是机体重要的免疫调节剂、生长辅因子,在抗氧化、抗细胞凋亡和抗炎症中均起重要作用,缺乏锌可引起皮肤炎、伤口愈合缓慢、脱发、神经精神障碍。

5. 锰

正常成人体内含锰 12~20mg,分布于各组织,成人每日锰的需要量是 2.5~7mg。吸收率为 3%~4%。吸收的锰经小肠壁进入血流,与"运锰蛋白"结合后,迅速运至富含线粒体的细胞中。人体内的锰主要由肠道、胆汁、尿液排泄。坚果、茶叶、叶菜、谷类富含锰。

锰是许多酶的组成成分,如精氨酸酶、丙酮酸羧化酶、RNA 聚合酶、超氧化物歧化酶等;锰离子还是许多酶的激活剂,如磷酸化酶、醛缩酶、半乳糖基转移酶等,锰离子与蛋白质生物合成有密切关系。近年来发现锰与肿瘤的发病也有关系。土壤中缺锰的地区,癌肿的发病率高;含锰较高的地区,癌肿的发病率低。锰还是一种对心血管系统有益的微量元素,它能改善动脉粥样硬化病人的脂类代谢,防止实验性动脉粥样硬化的形成。

6. 硒

人体内硒的含量为 14~21mg,以肝、胰腺、肾中的含量较多,成人每日需硒 30~50μg。硒在十二指肠吸收,入血后与 α 及 β 球蛋白结合而运输。主要随尿及汗液排泄。

硒是谷胱甘肽过氧化物酶的成分;硒与维生素 E 在功能上有协同作用,两者共同清除细胞内的自由基及过氧化物,阻止脂质过氧化物的生成;硒刺激免疫球蛋白的合成,从而增强机体的抵抗力;硒能调节维生素 A、C、E 的代谢。动物缺硒,可出现生长缓慢、肌肉萎缩变性、四肢关节变粗、脊椎变形等。克山病和大骨节病的发病与硒的缺乏有一定关系。

7. 钴

钴(cobalt)在体内主要以 B_{12} 的形式发挥作用,正常成人每日摄取钴约 300μg。人体对钴的最小需要量为 1μg,从食物中摄入的钴必须在肠内经细菌合成维生素 B_{12} 后才能被吸收利用。据 WHO 推荐,成年男性及青少年每天需维生素 B_{12} 2μg,乳母约为 2.5~3μg。钴主要在十二指肠及回肠末端吸收,主要从尿中排泄。

钴的缺乏可使维生素 B_{12} 缺乏,B_{12} 的缺乏可引起巨幼红细胞性贫血。由于人体排钴能力强,很少有钴蓄积的现象发生。

8. 钼

成人体内含钼约 9mg,分布在各种组织和体液中。富含钼的食品有豆荚、肝、肾、酵母、牛乳及粗麦粉等。

钼是构成黄嘌呤氧化酶、醛氧化酶、亚硫酸氧化酶等的组成成分,对机体氧化还原过程中的电子传递、嘌呤物质与含硫氨基酸的代谢具有一定的影响。钼有抗癌作用,能降低环境中亚硝酸含量,减少致癌物亚硝胺的生成。缺钼地区食管癌发病率高。

9. 铬

成人体内含铬 6mg,日摄入量 5~115μg,进入血浆的铬与运铁蛋白结合运至肝脏及全身。铬主要随尿排泄。

铬在机体维持正常糖耐量,在血脂代谢方面也发挥一定的作用。

10. 氟

成人体内含氟 $2\sim3g$,其中 90% 积存于骨及牙齿中。每日需要量为 $0.5\sim1mg$。氟主要经胃肠吸收,氟易吸收且吸收较迅速。体内氟约 80% 从尿排出。

氟为骨骼、牙齿的必需组分,与牙齿及骨的形成及钙磷代谢有关。缺氟易生龋齿,氟过多可引起多方面的代谢障碍,易发生骨折和骨质疏松。

第5章 酶化学及其应用

5.1 概 述

5.1.1 酶的概念

酶是由生物体活细胞产生的,在细胞内、外均有催化活性并且具有高度专一性的蛋白质。酶和蛋白质一样都具有一级结构、二级结构和三级结构,有些酶还具有四级结构。但并非所有的蛋白质都是酶,只有具有催化功能的蛋白质才称为酶。如果酶丧失催化能力则称为酶失活。

目前,纯化和结晶的酶已超过 2000 余种。根据酶的化学组成成分不同,可将其分为单纯酶(simple enzyme)和结合酶(conjugated enzyme)两类。

1. 单纯酶

这类酶的基本组成单位仅为氨基酸,通常只有一条多肽链。它的催化活性仅仅决定于它的蛋白质结构。如淀粉酶、脂肪酶、蛋白酶等均属于单纯酶。

2. 结合酶

这类酶由蛋白质部分和非蛋白质部分组成,前者称为酶蛋白(apoenzyme),后者称为辅助因子(cofactor)。酶蛋白与辅助因子结合形成的复合物称为全酶(holoenzyme)。只有全酶才有催化作用。酶蛋白在酶促反应中起着决定反应特异性的作用,辅助因子则决定反应的类型,参与电子、原子、基团的传递。

辅助因子是金属离子或小分子有机化合物,按其与酶蛋白结合的紧密程度不同可分为辅酶(coenzyme)与辅基(prosthetic group)。辅酶与酶蛋白的结合疏松,可用透析或超滤的方法除去。辅基则与酶蛋白的结合紧密,不能通过透析或超滤将其除去。

此外,还发现某些 RNA 分子具有催化活性。这种具有催化作用的 RNA 被称为核酶或催化性 RNA(catalytic RNA)。

在生物化学中,常把由酶催化进行的反应称为酶促反应。在酶的催化下,发生化学变化的物质称为底物,反应后生成的物质称为产物。

5.1.2 酶的命名与分类

1. 酶的命名

早期酶的命名习惯上由酶的发现者根据酶所催化的底物、反应的性质来命名,例如,催化淀粉水解的酶称为淀粉酶,催化蛋白质水解的酶称为蛋白酶,催化一种化合物的氨基转移到另外一种化合物上的酶称为转氨酶。有时将底物和反应性质两方面结合起来对酶命名,例如,琥珀酸脱氢酶是催化琥珀酸的脱氢反应的酶。有时还在酶的命名中加上酶的来源或酶的其他特点,如唾液淀粉酶和胰淀粉酶;碱性磷酸酶和酸性磷酸酶等。但习惯命名法有时不能完全说明酶促反应的本质,缺乏统一标准,甚至出现一酶多名或一名多酶的混乱情况。鉴于此,国际生物化学与分子生物学学会(IUBMB)以酶的国际系统分类为依据,于 1961 年提出系统命名法。

酶的系统命名法规定每个酶都有一个系统命名(systematic name),它标明酶的所有底物和反应性质。底物之间以":"分隔。但由于许多酶促反应是双底物甚至是多底物参加的反应,且许多底物的名称很长,使得许多酶的系统名称过长,为了克服这一弊端,国际酶学委员会又从酶的习惯命名中选定一个简便实用的推荐命名(recommended name)。一些酶的系统名称及推荐名称见表 5-1。

表 5-1 一些酶的编号及命名

编 号	推荐名	系统命名
EC 1.4.1.3	谷氨酸脱氢酶	L-谷氨酸:NAD$^+$ 氧化还原酶
EC 2.6.1.1	天冬氨酸氨基转移酶	L-天冬氨酸:α-酮戊二酸氨基转移酶
EC 3.5.3.1	精氨酸酶	L-精氨酸脒基水解酶
EC 4.1.2.13	果糖二磷酸醛缩酶	D-果糖 1,6-二磷酸:D-甘油醛 3-磷酸裂合酶
EC 5.3.1.9	磷酸葡萄糖异构酶	D-葡萄糖 6-磷酸酮醇异构酶
EC 6.3.1.2	谷氨酰胺合成酶	L-谷氨酸:氨连接酶

2.酶的分类

国际酶学委员会规定,按酶催化反应的性质,酶分为六大类。即第一大类,氧化还原酶类;第二大类,转移酶类;第三大类,水解酶类;第四大类,裂合酶类;第五大类,异构酶类;第六大类,合成酶类(或称连接酶类)。每个大类中,按照酶作用的底物、化学键或基团的不同,分为若干亚类;每一亚类中再分为若干小类;每一小类中包含若干个具体的酶。

酶系统编号:采用四码编号方法,第一个号码表示该酶属于六大类酶中的某一大类,第二个号码表示该酶属于该大类中的某一亚类,第三个号码表示属于亚类中的某一小类,第四个号码表示这一具体的酶在该小类中的序号。每个号码之间用圆点"·"分开,前面冠以"EC."标志。如葡萄糖氧化酶其编号为 EC.1.1.3.4,其中第一个号码"1"表示该酶属于氧化还原酶(第一大类);第二个号码"1"表示属氧化还原酶的第一亚类,该亚类所催化的反应系在供体的CH—OH 基团上进行;第三个号码"3"表示该酶属第一亚类的第三小类,该小类的酶所催化的反应是以氧为氢受体;第四个号码"4"表示该酶在小类中的特定序号。

下面是六大类酶简介。

(1)氧化还原酶类(Oxidoreductases)

其催化反应通式为:

$$AH_2+B=A+BH_2$$

被氧化的底物(AH_2)为氢或电子供体,被还原的底物(B)为氢或电子受体。如乳酸脱氢酶(其系统名称是:乳酸:NAD$^+$ 氧化还原酶),其催化的反应是:

$$乳酸+ NAD^+ =丙酮酸+NADH+H^+$$

70

（2）转移酶类（Transferases）

其催化反应通式为：

$$AB+C=A+BC$$

如丙氨酸氨基转移酶（其系统名称是：L-丙氨酸：2-酮戊二酸氨基转移酶），其催化的反应是：

$$L\text{-丙氨酸}+2\text{-酮戊二酸}=\text{丙酮酸}+L\text{-谷氨酸}$$

（3）水解酶类（Hydrolases）

其催化反应通式为：

$$AB+H_2O=AOH+BH$$

如蔗糖酶（其系统名称是：蔗糖（：水）水解酶），其催化的反应是：

$$\text{蔗糖}+H_2O=\text{葡萄糖}+\text{果糖}$$

（4）裂合酶类（Lyases）

其催化反应通式为：

$$AB=A+B$$

如谷氨酸脱羧酶（其系统名称为：L-谷氨酸 1-羧基-裂合酶，该酶催化 L-谷氨酸 1-羧基位置发生裂解反应），其催化的反应是：

$$L\text{-谷氨酸}=\gamma\text{-氨基丁酸}+CO_2$$

（5）异构酶类（Isomerases）

其催化反应通式为：

$$A=B$$

如葡萄糖异构酶，其催化的反应是：

$$D\text{-葡萄糖}=D\text{-果糖}$$

（6）连接酶类（Ligases）或合成酶类（Synthetases）

连接酶催化有 ATP 等核苷三磷酸参与的反应，其反应通式为：

$$A+B+ATP=AB+ADP+Pi(\text{或 }AB+AMP+PPi)$$

如谷氨酰胺连接酶（其系统名称为：谷氨酸：氨连接酶），其催化反应式为：

$$L\text{-谷氨酸}+\text{氨}+ATP=L\text{-谷氨酰胺}+ADP+Pi$$

5.1.3　酶的作用

1.酶催化具有专一性

酶的专一性是指在一定的条件下，一种酶只能催化一种或一类结构相似的底物进行某种类型反应的特性。酶的专一性按其严格程度的不同，可以分为绝对专一性和相对专一性两大类。

（1）绝对专一性

一种酶只能催化一种底物进行一种反应，这种高度的专一性称为绝对专一性。例如，乳酸脱氢酶［EC1.1.1.27］催化丙酮酸进行加氢反应生成 L-乳酸：

$$\underset{\substack{| \\ COOH}}{\overset{\substack{CH_3 \\ |}}{C}} = O \quad \xrightarrow[\text{NADH} \quad \text{NAD}]{\text{乳酸脱氢酶}} \quad \underset{\substack{| \\ COOH}}{\overset{\substack{CH_3 \\ |}}{H-C-OH}}$$

（2）相对专一性

一种酶能够催化一类结构相似的底物进行某种相同类型的反应，这种专一性称为相对专一性。相对专一性又可分为键专一性和基团专一性。

①键专一性：能够作用于具有相同化学键的一类底物。如酯酶可催化所有含酯键的酯类物质水解生成醇和酸：

$$R-\overset{\substack{O \\ ||}}{C}-O-R' + H_2O \xrightarrow{\text{酯酶}} R-COOH + R'-OH$$
$$（酯）\qquad（水）\quad（酸）\quad（醇）$$

②基团专一性：要求底物含有某一相同的基团。如胰蛋白酶[EC3.4.31.4]选择性地水解含有赖氨酰或精氨酰的羰基的肽键。

2.酶催化具有高效性

酶的催化活性比化学催化剂的催化活性要高出很多。如过氧化氢酶（catalase）（含 Fe^{2+}）和无机铁离子都催化过氧化氢发生如下的分解反应。

$$H_2O_2 \rightarrow H_2O + \frac{1}{2}O_2$$

实验得知，1mol 的过氧化氢酶在 1min 内可催化 5×10^6 mol 的 H_2O_2 分解。同样条件下，1mol 的化学催化剂 Fe^{2+}，只能催化 6×10^{-4} mol 的 H_2O_2 分解。二者相比，过氧化氢酶的催化效率大约是 Fe^{2+} 的 10^{10} 倍。

酶催化效率的高低可用转换数（turnover number，TN）来表示。转换数是指底物浓度足够大时，每秒钟每个酶分子能转换底物的分子数，即催化底物发生化学变化的分子数。根据上面介绍的数据，可以算出过氧化氢酶的转换数为 5×10^6。大部分酶的转换数在 1000 左右，最大的可达 10^6 以上。

3.酶催化反应条件温和

酶的催化作用一般都在常温、常压、pH 近乎中性的条件下进行。其原因：一是由于酶催化作用所需的活化能较低，二是由于酶是具有生物催化功能的生物大分子。在高温、高压、过高或过低 pH 等极端条件下，大多数酶会变性失活而失去其催化功能。

4.酶催化活性可调控

与化学催化剂相比，酶催化作用的另一个重要特征是其催化活性受到调节和控制。生物体内进行的化学反应，虽然种类繁多，但非常协调有序。底物浓度、产物浓度以及环境条件的改变，都有可能影响酶催化活性，从而控制生化反应协调有序的进行。如果生物机体中生化反应的有序性产生错乱，必将导致生物体代谢紊乱与失调，产生疾病，严重时甚至死亡。生物体为适应环境的变化，保持正常的生命活动，在漫长的进化过程中，形成了自动调控酶活性的系统。酶的调控方式很多，包括酶原激活、共价修饰调节、反馈调节、激素调节、抑制剂调节及激活剂调节、别构调控、同工酶调节等。

5. 酶催化的活性与辅助因子有关

有些酶是结合蛋白质,其中的小分子物质辅因子与酶的催化活性密切相关。若将它们除去,酶就失去活性。

总之,酶催化的高效性、专一性以及温和的作用条件使酶在生物体新陈代谢中发挥强有力的作用,酶活性的调控使生命活动中的各个反应得以有条不紊地进行。

5.2　酶的结构与功能

5.2.1　酶的分子组成

1. 简单蛋白酶和结合蛋白酶

酶是具有催化功能的蛋白质。蛋白质分为简单蛋白质和结合蛋白质两类。同样,根据化学组成酶也可分为简单蛋白酶和结合蛋白酶两大类。

简单蛋白酶只由氨基酸组成,此外不含其他成分,酶活性仅仅取决于它们的蛋白质结构,如脲酶、蛋白酶、淀粉酶、脂肪酶、核糖核酸酶等水解酶类属于简单蛋白酶。

结合蛋白酶由蛋白质组分(酶蛋白)和对热稳定的非蛋白小分子物质或金属离子(辅因子)组成,如转氨酶、乳酸脱氢酶(lactate dehydrogenase,LDH)、碳酸酐酶及其他氧化还原酶类等均属结合蛋白酶。结合蛋白酶中的酶蛋白和辅因子单独存在时,均无催化活力。只有二者结合成完整的复合物时,才具有酶活力。此完整的酶分子称为全酶。

全酶＝酶蛋白＋辅因子

酶的辅因子有的是金属离子,有的是小分子有机化合物。有时这两者对酶的活性都是需要的。金属在酶分子中,或者作为酶活性中心部位的组成成分,或者帮助形成酶活性所必需的构象。酶蛋白以自身侧链上的极性基团,通过反应以共价键、配位键或离子键与辅因子结合。根据辅因子与酶蛋白结合的松紧程度不同可分为两类,即辅酶或辅基。通常把与酶蛋白结合比较松、容易脱离酶蛋白,可用透析法除去的小分子有机物称为辅酶,如 NAD^+ 和 $NADP^+$ 等,辅酶的行为类似底物;而把那些以共价键与酶蛋白结合比较紧、用透析法不易除去的小分子物质称为辅基,如某些脱氢酶中的 FAD、细胞色素氧化酶中的铁卟啉等。辅酶和辅基并没有什么本质上的差别,二者之间也无严格的界限,只不过它们与酶蛋白结合的牢固程度不同而已。

在全酶的催化反应中,酶蛋白与辅因子所起的作用不同,酶蛋白本身决定酶反应的专一性及高效性,而辅因子直接作为电子、原子或某些化学基团的载体起传递作用,参与反应并促进整个催化过程。

通常一种酶蛋白只能与一种辅基结合,组成一个酶,作用一种底物,向着一个方向进行化学反应。但在生物体内的辅酶或辅基数目有限,而酶的种类繁多,因此同一种辅酶或辅基往往可以与多种不同的酶蛋白结合,组成多种不同的酶,催化多种不同的底物,发生同一类型的化学反应。如乳酸脱氢酶的酶蛋白,只能与 NAD^+ 结合,组成乳酸脱氢酶,使底物乳酸发生脱氢反应。但与 NAD^+ 结合的酶蛋白则有很多种,如乳酸脱氢酶(LDH)、苹果酸脱氢酶(malate

· 73 ·

dehydrogenase,MDH)及磷酸甘油脱氢酶（glycerophosphate dehydrogenase,GDH）中都含 NAD$^+$，能分别催化乳酸、苹果酸及磷酸甘油发生脱氢反应。由此也可看出，酶蛋白决定了反应底物的种类，即决定该酶的专一性，而辅酶（辅基）决定底物的反应类型。

2.简单酶、寡聚酶和多酶复合体

根据蛋白质结构上的特点，酶可分为单体酶、寡聚酶和多酶复合体三类。

（1）单体酶

只有一条多肽链的酶称为单体酶，它们不能解离为更小的单位。其相对分子质量为 13000～35000。属于这类酶的种类较少，且大多是促进底物发生水解反应的酶，即水解酶，如溶菌酶、蛋白酶及核糖核酸酶等。

（2）寡聚酶

由两个或两个以上亚基组成的酶称为寡聚酶。寡聚酶中的亚基可以是相同的，也可以是不同的，如酵母中醛缩酶、己糖激酶、醇脱氢酶等含相同亚基，而牛肝中乳酸脱氢酶、大肠杆菌中的 RNA 聚合酶等含不同亚基。绝大部分寡聚酶都含有偶数亚基，但个别寡聚酶含奇数亚基，如荧光素酶、嘌呤核苷磷酸化酶含有 3 个亚基。亚基间以非共价键结合，容易为酸、碱、高浓度的盐或其他的变性剂分离。大多数寡聚酶，其聚合形式是活性型，解聚形式是失活型。寡聚酶的相对分子质量从 35000 到几百万。如磷酸化酶 a、乳酸脱氢酶等。相当数量的寡聚酶是调节酶，在代谢调控中起重要作用。

（3）多酶复合体

由几种酶彼此靠非共价键嵌合而成的复合体称为多酶复合体。多酶复合体有利于细胞中一系列反应的连续进行，以提高酶的催化效率，同时便于机体对酶的调控。多酶复合体的相对分子质量都在几百万以上，如大肠杆菌丙酮酸脱氢酶复合体是由 60 个亚基 3 种酶组成，其相对分子质量为 4.6×10^6；脂肪酸合成酶复合体是由 7 种酶和一个酰基载体蛋白构成，其相对分子质量为 2.2×10^6。

5.2.2 酶原与酶

多数酶一旦合成即具活性，但有少部分酶在细胞内刚合成时并无活性，这类无活性的酶的前体，为酶原（proenzyme，亦称 zymogen）。当酶原被分泌出细胞时，在蛋白酶等的作用下，经过一定的加工剪切，肽链重新盘绕，形成或暴露酶的活性中心。这种由无活性的酶前体转变成有活性的酶的过程称为酶原激活。例如，胰合成的胰凝乳蛋白酶原并无蛋白水解酶的活性，但当它分泌进入肠中后，在胰蛋白酶等因素的作用下，Arg^{15}与 Ile^{16}之间肽键断裂，生成具有活性的 π-胰凝乳蛋白酶，但性质极其不稳定。进一步通过自身激活，中间切除两段二肽（14～15 及 147～148），形成三条肽段（1～13,16～146 及 149～245），重新折叠盘绕成有活性的 α-胰凝乳蛋白酶，这是因为将催化基团 Ser^{195}、His^{57}及 Asp^{102}等集中靠拢，形成了活性中心，重新折叠盘绕成有活性的 α-胰凝乳蛋白酶（图 5-1）。

酶原激活具有重要的生理意义，一方面保证合成酶的细胞本身的蛋白质不受蛋白酶的水解破坏，另一方面保证合成的酶在特定部位和环境中发挥其生理作用。例如胰合成胰凝乳蛋白酶是为了帮助肠中食物蛋白质的消化水解，设想在胰细胞中胰凝乳蛋白酶刚合成时就具有活性，则将使胰本身的组织蛋白均遭破坏。急性胰腺炎就是因为存在于胰腺中的胰凝乳蛋白

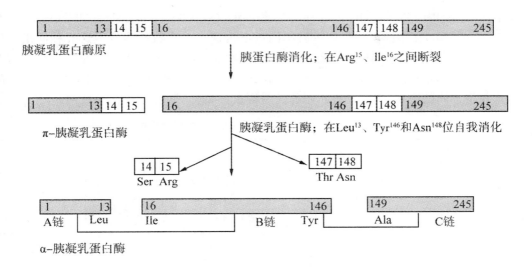

图 5-1　胰凝乳蛋白酶原的激活过程（PPT）

注：胰凝乳蛋白酶原一级结构激活时切除 14～15 及 147～148 两段肽段

酶原及胰蛋白酶原等被不恰当地激活所致。又如，正常生理情况下，血管内虽有凝血酶原，但不被激活，不发生血液凝固，可保证血流畅通。一旦血管破裂，血管内皮损伤暴露的胶原纤维所含的负电荷，活化了凝血因子Ⅻ，进而将凝血酶原激活成凝血酶，后者催化纤维蛋白原转变成纤维蛋白，产生血凝块以防止大量出血。

5.2.3　同工酶

有些酶的一级结构存在差异，但其局部的三维结构相同或相似，可以催化相同的化学反应。同工酶（isoenzyme, isozyme）指的是催化相同的化学反应，而酶蛋白的分子结构、理化性质、免疫学性质都不同的一组酶。根据国际生化学会的建议，同工酶是由不同的基因编码的肽链，或者是由同一基因转录成不同 mRNA 翻译出的不同肽链组成的蛋白质。同工酶存在于同一种属或同一个体的不同组织、器官或同一细胞的不同亚细胞区域，它使不同的组织、器官和不同的亚细胞结构具有不同的代谢特征。

同工酶的存在及分布不同的意义之一是调节代谢，也为不同器官疾病的诊断提供理论依据。当某种组织病变的时候，可能有某种特殊的同工酶释放出来，血液中某种同工酶谱的改变有助于疾病的诊断。

乳酸脱氢酶（lactate dehydrogenase, LDH）是最先发现的同工酶。LDH 是由骨骼肌型（M型）和心肌型（H 型）两种亚基按不同比例组成的五种四聚体酶（图 5-2）。

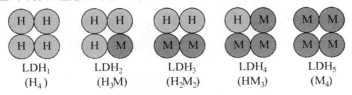

图 5-2　LDH 的种类及亚甲基组成

由于分子结构的差异,LDH 的五种同工酶 LDH$_1$(H$_4$)、LDH$_2$(H$_3$M)、LDH$_3$(H$_2$M$_2$)LDH$_4$(H$_3$M)、LDH$_5$(M$_4$)在相同电场作用下有不同的电泳速率。在碱性溶液中这五种同工酶的电泳速率依次递减。由于不同的组织器官合成 H 型和 M 型这两种亚基的速率不同以及这两种亚基之间杂交情况的不同,LDH 同工酶在不同组织器官中的种类、含量和分布比例也不同(表5-2),这使得不同的组织、细胞具有不同的代谢特点。

表 5-2　人体各组织器官中 LDH 同工酶的分布

组织器官	同工酶百分比				
	LDH$_1$	LDH$_2$	LDH$_3$	LDH$_4$	LDH$_5$
肝	2	4	11	27	56
骨骼肌	4	7	21	27	41
红细胞	42	36	15	5	2
肾	52	28	16	4	<1
心肌	67	29	4	<1	<1

当某组织发生疾病时,可能有某种特殊的同工酶释放出来,同工酶含量或同工酶谱的改变有助于疾病的诊断。如正常血清 LDH$_2$ 的活性高于 LDH$_1$,而心肌梗死的病人血清 LDH$_1$ 则大于 LDH$_2$,肝病病人血清的 LDH$_5$ 活性升高(图5-3)。

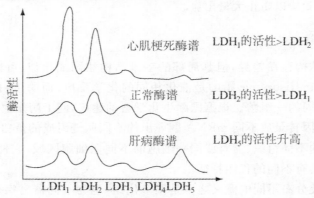

图 5-3　心肌梗死与肝病患者血清同工酶谱比较

肌酸激酶(creatine kinase,CK)是由肌型(M 型)和脑型(B 型)两种亚基组成的二聚体酶。脑中含 CK$_1$(BB),骨骼肌中含 CK$_3$MM,而 CK$_2$(MB)仅见于心肌(图5-4)。血清中 CK$_2$ 活性的测定有助于心肌梗死的早期诊断。

图 5-4　肌酸激酶的亚基组成及组织分布

同工酶除了对临床上某些疾病的诊断有重要参考价值外,还可以作为遗传标志用于遗传分析研究。例如人体内肝和肌肉的丙酮酸激酶的同工酶之间无免疫交叉反应,但这两种同工酶的抗血清却都能够和大肠杆菌的丙酮酸激酶反应,这说明 15 亿年前丙酮酸激酶还不存在同工酶。

5.3　酶的作用机理

5.3.1　酶的活性部位

　　酶分子一般都很大,真正起催化作用的部位只是酶分子中结合和催化底物的称为活性部位(active site)的某一部位。活性部位是多肽链折叠形成的一个特殊的空间结构,一些在氨基酸序列上相距很远的氨基酸残基经折叠靠近,有的就是活性部位的组成成分,直接参与酶的催化作用。对活性部位没有直接贡献的其他部位是形成和稳定酶天然结构所需要的。

　　酶活性部位通常位于酶蛋白的两个结构域或亚基之间的裂隙(cleft 或 crevice),或蛋白质表面的凹槽,含有结合底物、参与催化,并将底物转化为产物的氨基酸残基。结构研究已经证明,说到一个酶的活性部位裂隙一般总是与疏水性氨基酸残基联系在一起的,可以说活性部位是一个疏水裂隙。但裂隙中也会发现少量极性、可离子化氨基酸残基,它们起着化学催化剂作用,直接参与酶催化过程。

　　表 5-3 给出了在酶的活性部位发现的可解离的和具有反应性的氨基酸残基及其作用。组氨酸、天冬氨酸和谷氨酸参与质子的转移。某些氨基酸,例如丝氨酸和半胱氨酸具有从一个底物共价转移基团到第二个底物的反应性。在中性 pH 下,天冬氨酸和谷氨酸通常都带有负电荷,而赖氨酸和精氨酸带有正电荷,这些阴离子和阳离子可以作为用于底物上带有相反电荷基团结合的部位。

表 5-3　可解离氨基酸的催化作用

氨基酸	反应基团	pH7.0 带电量	主要作用
Asp	—COO$^-$	-1	结合阳离子,质子转移
Glu	—COO$^-$	-1	结合阳离子,质子转移
His	咪唑基	近似 0	质子转移
Cys	—S$^-$	近似 0	酰基的共价结合
Tyr	—OH	0	与配体形成氢键
Lys	—$^+$NH$_3$	$+1$	结合阴离子
Arg	胍基	$+1$	结合阴离子
Ser	—CH$_2$OH	0	酰基的共价结合

　　图 5-5 给出了溶菌酶活性部位的示意图,活性部位为一裂隙,包括直接参与催化作用的在一级序列相距很远,但在活性部位相距很近的 35 位 Glu 和 52 位的 Asp 两个关键氨基酸残基。此外还包括在裂隙入口处的 62 位和 63 位的 Trp,以及 101 位 Asp 和 107 位 Als 等氨基酸残基。

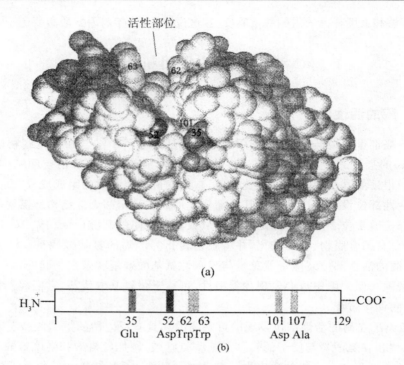

图 5-5　溶菌菌活性部位的示意图

（a)表示溶菌菌活性部位裂隙的球形图,包括 **35** 位、**52** 位、**101** 位以及 **62** 位和
63 位氨基酸残基（**107** 位残基没有给出）；（b)表示出于活性部位的
各个残基在一级序列中的排序。

5.3.2　酶的作用机理

1.酶可以极大地降低反应的活化能

酶和一般催化剂一样,加速化学反应的机制都是通过降低反应的活化能来实现的。在任何一种热力学允许的反应体系中,能量水平较低的处于初态的底物分子之间很难发生化学反应,在任何反应的一瞬间,只有那些能量较高、达到或超过一定水平的分子即活化分子才有可能发生化学反应。活化分子具有的能量与底物分子具有的平均能量的差即为活化能,换言之,活化能就是底物分子从初态转变到过渡态所需要的能量。活化能定义为在一定温度下 1mol 底物全部进入活化态所需的自由能（J/mol）。

活化分子的结构介于底物和产物之间,极不稳定,容易形成或打破一些化学键,转化为产物或者返回底物。反应体系中这种活化分子愈多,反应速率就愈快。由于催化剂的作用,在催化反应中只需较少的能量就可使反应物进入活化态,所以和非催化反应相比,活化分子的数量大大增加,从而加快了反应速率。

在酶促反应中,酶通过和底物特异性地结合,使底物形成活泼的过渡态,进而转化成产物。由于酶与底物的特异性结合过程是释放能量的反应,其释放的结合能是降低活化能的主要能量来源,能够比一般催化剂更有效地降低活化能,使底物只需较少的能量便可进入过渡态,极大地提高了反应的速率（图 5-6）。据计算,在 25℃时活化能每减少 4.184kJ/mol,反应速率可以提高 5.4 倍。

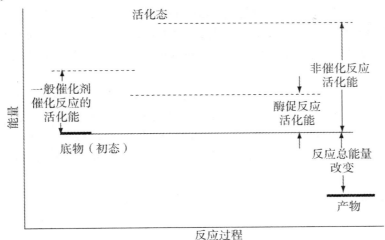

图 5-6　酶促反应活化能的改变

2. 酶与底物结合有利于底物形成过渡态

(1)锁钥学说

酶的活性部位又是如何与底物结合的呢？1894 年 Emil Fischer 提出一种直接契合(direct fit)模式,酶和底物的关系就像锁与钥匙那样结合在一起(图 5-7(a))。就是说酶分子的活性部位的形状刚好与底物形状互补的所谓一种几何互补(geometric complementarity),或者是活性部位的氨基酸残基与底物一些基团通过所谓的电性互补(electronic complementarity)的专一吸引作用方式结合。

锁钥学说在理解某些酶的催化特征时仍然有意义,但 X 射线研究证明大多数酶的活性部

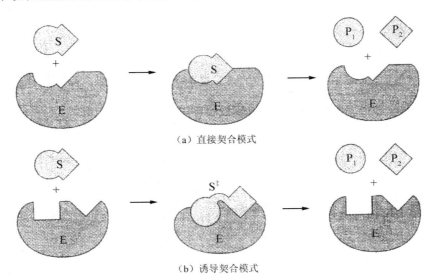

图 5-7　酶与底物结合的两种模式

E 为酶,S 为底物,S‡ 为过渡态,P$_1$ 和 P$_2$ 为产物。

位在底物结合时都会发生构象改变。所以现在有关酶与底物结合的解释普遍被人们所接受的是 1958 年由 Daniel Koshland 提出的诱导契合(induced fit)学说。按照该学说,酶与底物相互作用,酶和底物都发生变形,底物的结合诱导酶的构象发生了变化,转变为更有利于与底物过渡态结合的能增强酶催化能力的构象,酶与底物真正互补(图 5-7(b))。

(2)诱导契合学说

诱导契合学说认为酶与底物的结合不是简单的锁和钥匙的机械关系,而是在酶与底物结合前相互接近时,其结构相互诱导、相互变形和相互适应,进而相互结合。这一过程称为酶与底物结合的诱导契合(induced-fit)(图 5-8)。酶的构象改变特别是活性中心的功能基团发生的位移或改向,呈现一种高活性功能状态,有利于酶和底物的结合及对底物的催化作用,底物在酶活性中心的某些基团或金属离子作用下发生变形,电子云分布改变产生"电子张力",某些化学键变得敏感而易于断裂,处于不稳定的过渡态,容易受到酶的催化而转变成产物。

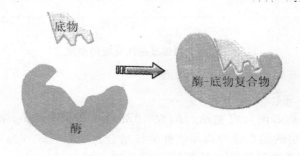

图 5-8 酶与底物的诱导契合

3.邻近效应与定向排列使底物在酶分子上正确定位

在有两个以上的底物参加的反应中,底物之间必须以正确的方向相互碰撞才有可能发生反应。邻近效应(proximity effect)使底物和酶结合在一个有限的区域内互相接近,底物在此特定区域的局部浓度提高数千倍至数万倍,大大增加底物互相碰撞的机会。而定向排列(orientation arranges)的作用是使底物和酶结合时诱导酶蛋白的构象变化,使二者能更好地互补,并使底物有正确的定向(图 5-9)。此效应实际是使分子间(底物与底物)的反应变成了类似于分子内(酶—底物复合体)的反应,提高了反应的速率。

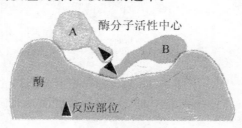

图 5-9 邻近效应与定向排列示意图

4.表面效应使底物分子去溶剂化

酶分子的内部疏水性氨基酸较丰富,常形成疏水性"口袋"以容纳并结合底物。换句话说,底物与酶的反应常在酶分子的内部疏水环境中进行。疏水环境可以排除水分子的干扰,因为疏水环境排斥了介于底物与酶分子之间的水膜,有利于底物和酶分子间的直接密切接触;同时也消除了周围大量水分子(水是极性分子)对底物和酶的功能基团的干扰性吸引或排斥,使酶的活性基团对底物的催化反应更为有效和强烈。以羧肽酶 A 为例(图 5-10),羧肽酶 A 为一种含 Zn^{2+} 蛋白质,可自羧基端开始水解蛋白质的肽键,对以疏水性氨基酸为羧基末端者尤为特异。如图所示,底物的羧基末端为酪氨酸,正好容纳于酶的疏水口袋中;其相应的肽键中的羰基氧被酶分子中的 Zn^{2+} 及 Arg^{127} 所吸引,使羰基碳成正碳离子,而受 Glu^{270} 的羧基氧的亲核攻击;此肽键中的亚氨基部分则接受 Tyr^{248} 所提供的 H^+,使肽键断裂。上述的四种酶作用机制中,在羧肽酶 A 的催化作用中均可得到体现。

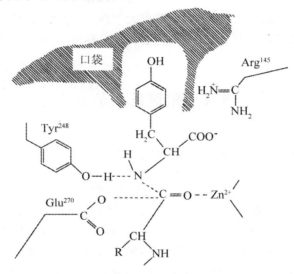

图 5-10　羧肽酶 A 的催化作用

5.酶的酸碱催化

酶的活性中心具有某些氨基酸残基的 R 基团,这些基团有许多是酸碱功能基团(如氨基、羧基等)它们在体液条件下,往往是良好的质子供体或受体,极有利于进行酸碱催化作用,从而提高酶的催化效能。

6.酶的共价催化

某些酶能与底物形成极不稳定的、共价结合的 Es 复合物,这些复合物极易变成过渡态,从而降低反应的活化能,加速化学反应速度。

7.酶的亲核催化

酶活性中心中的亲核基团可以提供电子对带有正电荷底物进行亲核攻击,提高反应的速率,称为亲核催化作用(nucleophilic catalysis)。

许多酶促反应常常有多种催化机制同时介入,共同完成催化反应,保证酶促反应高效进行。

8.酶的金属离子催化

除少数酶的金属离子可能只起一种使酶蛋白构象稳定的作用外,大多数金属离子都参与酶的催化作用,而且还作为酶活性中心的一个必需组分,参与底物的结合或催化底物的改变。

金属离子能参与酶和底物的结合,形成酶(E)、金属离子(M)和底物(S)的三元络合物,可能有下列四种组合形式:

$$E—S—M、M—E—S、E—M—S、\quad \begin{matrix} E——M \\ \diagdown\diagup \\ S \end{matrix}$$

金属离子在三元络合物中的作用包括:金属桥的形成使底物趋近酶活性中心,还可过三维的配位键促进酶活性中心及底物的反应基团有正确的空间定向。金属离子和活性中心的催化基团一样能改变底物中敏感键的电子云,产生"电子张力"效应。金属离子和质子相似,可对底物中相应电子密度较高的原子进行"亲电子攻击",以弥补酶活性中心上催化基团(主要是亲核基团)的不足。两价金属离子所带的正电荷可大于质子,也可像酸基团一样获取底物的电子,而且效率可高于一般的质子供体,故有人把金属离子称为"超酸催化剂"。铁、铜等离子还可以在氧化还原中传递电子。

5.4 酶促反应的动力学

5.4.1 底物浓度对酶促反应速度的影响

1.酶促反应的级数及反应速率与底物浓度的关系

在酶促反应中,尽管酶必须参加反应,但就反应始末来看,酶在反应中并不被消耗,而只起循环作用,酶浓度(用[E]表示)可作为一恒定值。因此,反应速率只依赖于反应物。

在其他条件不变,酶浓度[E]恒定条件下,酶促反应速率与底物浓度(用[S]表示)关系,不是简单的单一反应级数,而是呈双曲线关系(rectangular hyperbola)(图 5-11)反应速率(V)随底物浓度[S]的变化表现出三个性质不同的动力学区域。在底物浓度较低时,酶促反应的速率随底物浓度的增加而急剧上升,两者呈正比关系,反应呈一级反应。随着底物浓度的进一步提高,反应速率的增加不再呈正比例,反应速率增加的幅度在不断下降,反应呈混合级反应。在底物浓度足够大时继续增加底物浓度,反应速率不再增加,表现为零级反应。说明此时酶的活性中心已经被底物饱和,反应速率达到最大速率(V_{max})。

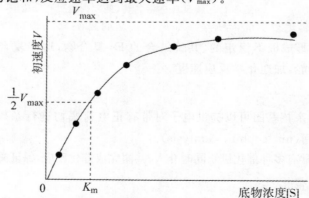

图 5-11 底物浓度对酶促反应速率的影响
注:K_m 值等于酶反应速率为最大速率一半时的底物浓度

2.米氏方程

解释酶促反应中底物浓度对反应速率的影响的学说是中间产物学说。该学说认为,酶 (E)先与底物(S)结合成酶—底物复合物(ES),中间产物再分解成产物(P)和游离的酶。式中 k_1、k_2、k_3、k_4 分别为各向反应的速率常数。

$$E+S \underset{k_2}{\overset{k_1}{\rightleftharpoons}} ES \underset{k_4}{\overset{k_3}{\rightleftharpoons}} E+P \tag{5-1}$$

上式中 E、S、ES 和 P 分别代表游离酶、底物、酶—底物复合物和反应产物。

1913 年,Leonor Michaelis 和 Maud L Menten 提出反应速率与底物浓度关系的数学方程式,即著名的米—曼方程式,简称米氏方程式(Michaelis equation):

$$V=\frac{V_{\max}[S]}{K_m+[S]} \tag{5-2}$$

公式中 V 是在不同底物浓度时的反应速率,$V_{\max}$ 为最大反应速率(maximum velocity),K_m 为米氏常数(Michaelis constant),[S]为底物浓度。

酶促反应速率 V 是衡量酶活性大小的指标,用单位时间(t)内产物浓度[P]增加或底物浓度[s]的减少表示。[P]对 t 作图得的曲线称酶促反应进程曲线(速率率曲线),曲线上某一点的斜率就是该时刻的瞬时速率,表示单位时间内[P]的变化(图 5-12)。

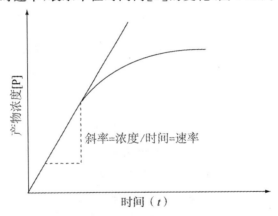

图 5-12　酶反应进程曲线(速率曲线)

原始的米氏方程是根据中间产物学说和如下几条假设为基础推导得到的。该假设为:①反应是单底物反应;②测定的反应速率为初速率,此时 S 消耗极少,占起始浓度极小都分(5%以内),此时 P 生成极少,逆反应可忽略不计;③底物浓度远大于酶浓度时,ES 的形成不明显降低[S],反应初期游离底物浓度[S]−[ES]≈[S]。

鉴于许多酶有很大的催化能力,即当 ES 形成后,生成产物 P 和 E 的速率并不一定小于[ES]解离为 S 和 E 的速率,此时 ES 形成 E+P 这一步就不能忽略不计。Briggs 和 Haldane 于 1925 年提出布—哈(Briggs—Haldane)修正方程。

当整个酶促反应体系达到动态平衡时,总反应速率不变,[ES]的生成速率等于其分解速率。根据式(5-1)可得出式(5-3):

$$k_2([E]-[ES])([S]-[ES])+k_4[E][P]=k_2[ES]+k_3[ES] \tag{5-3}$$

式(5-3)中[E]为酶的总浓度,[E]−[ES]为反应处于稳态时游离酶浓度,[S]−[ES]≈[S]

为游离底物浓度，$k_4[E][P]$ 项在反应初期可以忽略。则从式(5-3)可得出式(5-4)：

$$k_1([E]-[ES])[S]=(k_2+k_3)[ES] \tag{5-4}$$

式(5-4)整理并令 $K_m=\dfrac{k_2+k_3}{k_1}$ 得：$[E][S]-[ES][S]=K_m[ES]$，即当整个酶促反应体系达到动态平衡时：

$$[ES]=\frac{[E][S]}{K_m+[S]} \tag{5-5}$$

因反应速率 V 取决于单位时间内 P 的生成，即：

$$V=k_3[ES] \tag{5-6}$$

将式(5-5)带入式(5-6)，得：

$$V=\frac{k_3[E][S]}{K_m+[S]} \tag{5-7}$$

当底物浓度很高时酶被底物饱和，$[ES]=[E]$，酶促反应速率达到最大：

$$V_{max}=k_3[ES]=k_3[E] \tag{5-8}$$

将式(5-8)代入式(5-7)得米氏方程：

$$V=\frac{V_{max}[S]}{K_m+[S]} \tag{5-9}$$

3.反应速度对底物浓度的依赖性

以下通过三种不同浓度[S]与米氏常数(K_m)之间的关系说明反应速度对底物浓度的依赖性。

①当[S]=K_m，得下式：

$$V=\frac{V_{max}[S]}{K_m+[S]}=\frac{V_{max}[S]}{2[S]}=\frac{V_{max}}{2}$$

当底物浓度[S]等于 K_m 时，反应物初速度为最大反应速度的一半($V_{max}/2$)。同时，米氏常数(K_m)可经如图 5-11 的实验方法测得。常见酶的 K_m 见表 5-4.

表 5-4　常见酶的 K_m 值

酶	底物	K_m(mmol/L)
过氧化氢	H_2O_2	25
己糖激酶（脑）	ATP	0.4
	D-葡萄糖	0.05
	D-果糖	1.5
碳酸酐酶	H_2CO_3	9
胰凝乳蛋白酶	甘氨酰酪氨酰甘氨酸	108
β半乳糖酐酶	D-乳糖	4.0

K_m 是酶的特征性常数，只与酶的结构和性质有关，而与酶的浓度无关。K_m 随底物、反应温度、环境 pH 及离子强度的差异而改变。

K_m 值反映了酶与底物亲和力的大小。$K_m = \dfrac{k_2 + k_3}{k_1}$。当 k_3 很小时，$K_m = \dfrac{k_2}{k_1} = K_s$，$K_s$ 小表示 k_1 大，E 与 S 的亲和力大；相反，K_s 大表示 k_2 大，E 与 S 的亲和力小。因此，K_m 越小，表示酶对底物的亲核力越大。各种同工酶的 K_m 是不同的，因此可借 K_m 加以鉴别。

葡萄糖的生理代谢过程说明了 K_m 的重要性。葡萄糖在体内可以被两种激酶磷酸化生成葡糖-6-磷酸，在肝细胞中有两种葡萄糖代谢酶，己糖激酶的 K_m 是 0.1mmol/L，而葡糖激酶 K_m 是 5mmol/L。当血糖浓度低，如饥饿时，己糖激酶仍可以结合并磷酸化葡萄糖，进而为细胞氧化供能；但当进食后血糖升高，高 K_m 的葡糖激酶才能发挥作用，葡萄糖磷酸化后以糖原形式储存，维持了血糖恒定。

②$[S] \geqslant K_m$ 时，米氏方程中的 K_m 可忽略不计。以 $[S]$ 代替米氏方程中 $K_m + [S]$，得下式：

$$V \approx \frac{V_{max}[S]}{[S]} = V_{max}$$

由此可见，当底物浓度明显大于 K_m 时，反应速度等于最大反应速度。测定酶活性时，常要求 $[S]$ 过量，一般 $[S]$ 的量以 $20 \sim 100K_m$ 值为宜。

③当 $[S] \leqslant K_m$ 时，米氏方程分母中的 $[S]$ 可忽略不计，则：

$$V \approx \frac{V_{max}[S]}{K_m}$$

V_{max} 及 K_m 均为常数，所以，反应速度 V 与底物浓度成正比。这是利用酶的催化作用测定底物浓度的条件。

4. K_m 与 V_{max} 值的测定

通过米氏方程作图，底物浓度曲线是矩形双曲线，其图形属于渐近线，很难准确地得 K_m 和 V_{max} 的值。将米氏方程转化为直线方程作图，则可从中准确地求得 K_m 和 V_{max} 值。

(1)林－贝方程及双倒数作图法

米氏方程两边取倒数得林－贝方程(Lineweaver－Burk)方程：

$$\frac{1}{V} = \frac{K_m}{V_{max}} \times \frac{1}{[S]} + \frac{1}{V_{max}} \tag{5-10}$$

以 $\dfrac{1}{V}$ 对 $\dfrac{1}{[S]}$ 作图得直线(图 5-13)，纵轴截距是 $\dfrac{1}{V_{max}}$；横轴截距是 $-1/K_m$；斜率为 K_m/V_{max}，此作图法除用于求取 K_m 和 V_{max} 值外，还可以用于判断可逆性抑制反应的性质。

(2)Hanes－Woolf 方程及其作图法

将林－贝方程两边乘以 $[S]$ 得 Hanes－Woolf 方程：

$$\frac{[S]}{V} = \frac{K_m}{V_{max}} + \frac{[S]}{V_{max}} \tag{5-11}$$

以 $[S]$ 对 $[S]/V$ 作图得直线(图 5-14)，横轴截距 $-K_m$；纵轴截距为 K_m/V_{max}；斜率为 $1/V_{max}$，此作图法也用于求取 K_m 值和 V_{max} 值。

(3)Eadie－Hofstee 作图法

将米氏方程两边同时乘以 V、K_m 然后重排方程：

$$V = -k_m \frac{V}{[S]} + V_{max} \tag{5-12}$$

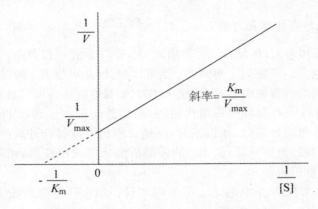

图 5-13 林—贝(Lineweaver—Burk)作图法

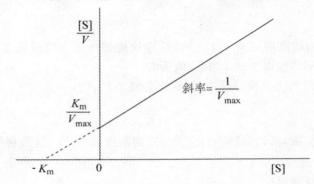

图 5-14 Hanes—Woolf 作图法

以 V 对 $V/[\text{S}]$ 作图(图 5-15),横轴截距为 V_{max}/K_m;纵截距为 V_{max};斜率为 K_m。

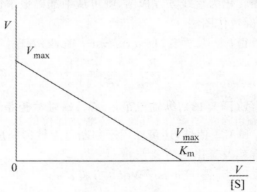

图 5-15 Eadie—Hofstee 作图法

5.4.2 酶浓度对酶促反应速度的影响

当酶促反应体系的温度、pH 不变,底物浓度足够大,足以使酶饱和,则反应速度与酶浓度成正比关系(图 5-16)。因为在酶促反应中,酶分子首先与底物分子作用,生成活化的中间产物(或活化络合物),而后再转变为最终产物。在底物充分过量的情况下,可以设想,酶的数量越多,则生成的中间产物越多,反应速度也就越快。相反,如果反应体系中底物不足,酶分子过量,现有的酶分子尚未发挥作用,中间产物的数目比游离酶分子数还少,在此情况下,即使再增加酶浓度,也不会增大酶促反应的速度。

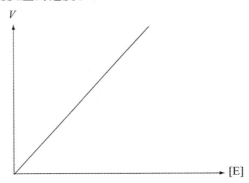

图 5-16　酶浓度对酶促反应速度的影响

由米氏方程可推导出酶反应速度与酶浓度成正比的关系:

$$V = \frac{V_{\max}[S]}{K_m + [S]} = \frac{k_2[E][S]}{K_m + [S]} = \frac{k_2[S]}{K_m + [S]} \cdot [E]$$

所以在底物浓度足够大时,$K_m + [S] \approx [S]$,而且$[S]$在反应过程中改变很小,可视为常数,因此$V \propto [E]$,或$V_{\max} = k_2[ES]$,k_2表示当酶被底物饱和时每秒钟每个酶分子转换底物的分子数,这个常数又叫做转换数,也称为催化常数(catalytic constant,K_{cat})。K_{cat}越大,表示酶的催化效率越高。

5.4.3　pH 对酶促反应速度的影响

pH 对酶的反应速度有影响,酶只有在一定 pH 下才能表现出最大反应活性,该 pH 称为酶的最适 pH。但最适 pH 不是酶的特征常数,会受到酶的浓度、底物以及缓冲液的种类等因素的影响。在不使酶变性的 pH 条件下,以反应初速度对 pH 作图,大多数情况下可得到一个近似钟形的曲线。但也有的酶的 pH 曲线不是钟形,例如胃蛋白酶,它的 pH 曲线是个偏向酸性区的半钟形曲线(图 5-17)。

酶活性受到 pH 影响也不难理解,因为处于酶活性部位的氨基酸残基的侧链都是以弱酸或弱碱形式存在的,但参与酶催化时只有在特定 pH 下才能呈现出所需要的离子状态。当然非活性部位的氨基酸残基侧链在一定 pH 下的解离状态也会通过影响酶的构象来影响酶的活性。

如果以反应速度对温度作图,多数来自哺乳动物的酶的反应速度—温度曲线也像酶的反应初速度—pH 曲线那样是个钟形曲线。酶表现出最高活性(酶促反应速度最大)时的温度称为酶的最适温度。哺乳动物中酶的最适温度大都在 35℃~40℃范围内。酶的最适温度和最适 pH 一样,也不是酶的特征常数。

5.4.4　温度对酶促反应速的的影响

酶对温度的变化极为敏感。若自低温开始,逐渐增高温度,则酶促反应速度也随之增加。

但达到一定限度后,继续增加温度,酶促反应速度反而下降。这是因为温度对酶促反应速度有双重影响(图 5-18)

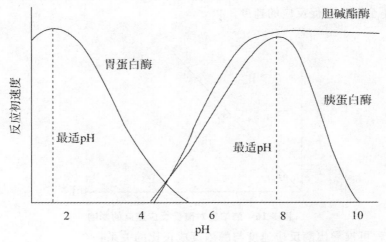

图 5-17　酶促反应初速度—pH 曲线

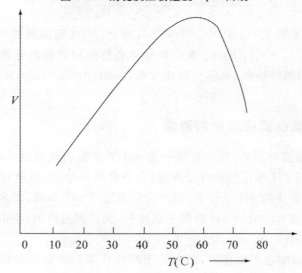

图 5-18　温度对酶促反应速度的影响

　　升高温度一方面可加速反应的进行,另一方面则能加速酶变性而减少有活性的酶的数量,从而降低催化作用。当此两种影响适当地相互平衡时,即温度既不过高以引起酶的损害,也不过低以延缓反应的进行时,反应进行的速度最快,此时的温度为酶的最适温度。温血动物组织中,酶的最适温度一般在 37℃ 至 40℃ 之间,仅有极少数的酶能耐稍高的温度。大多数酶加热到 60℃ 即已不可逆地变性失活。例外的是,如胰蛋白酶在加热到 100℃ 后,再恢复至室温,仍有活性。酶的最适温度与酶促反应进行的时间有关。若酶促反应进行的时间很短暂,则其最适温度可能比反应进行时间较长者高。

5.4.5　抑制剂对酶促反应速度的影响

酶的抑制剂(Inhibitor)是与酶分子结合后使酶活性降低或完全丧失而不引起酶变性的物质。抑制剂多与酶的必需基团结合,可以是在活性中心内或活性中心外。酶抑制与酶失活是两个不同概念。抑制剂虽然可使酶失活,但它并不明显改变酶的结构,也就是说酶尚未变性,去除抑制剂后酶活性又可恢复;酶失活可以是一时的抑制或是永久性的变性失活。

根据抑制剂与酶结合紧密程度的特点,可将抑制作用分为可逆性与不可逆性两种类型。

1. 不可逆抑制作用

不可逆抑制作用(irreversible inhibition)的特点是抑制剂通常与酶分子活性中心的必需基团共价结合,一经结合就很难自发解离,不能用透析或超滤等物理方法解除抑制,必须通过化学等方法解除抑制作用。其实际效应是降低系统中有效酶浓度,抑制程度决定于抑制剂浓度及酶与抑制剂的接触时间。

不可逆抑制剂根据选择性不同又分为专一性和非专一性不可逆抑制剂。

(1)专一性(选择性)不可逆抑制剂

此类抑制剂是一些具有专一化学结构并带有一个活泼基团的类底物。当类底物与酶结合时,活泼的化学基团可与酶活性中心残基或辅基发生共价修饰而使酶失活。这类抑制剂在研究酶结构和功能上有重要意义,常用以确定酶的活性中心和酶的必需基团。

专一性不可逆抑制剂包括被称为"神经毒气"的二异丙基氟磷酸(DFP)、沙林、塔崩和作为有机磷农药和杀虫剂的 1605、1059、敌百虫、敌敌畏等。它们都能强烈的抑制与神经传导有关的乙酰胆碱酯酶活性,通过与酶蛋白的丝氨酸羟基结合,破坏羟基酶的活性中心,使酶丧失活性。由于乙酰胆碱堆积、使迷走神经处于过度兴奋状态,引起功能失调,导致中毒。有机磷农药可以使昆虫失去知觉而死亡、鱼类失去泳动平衡致死,人、畜产生多种严重中毒症状以至死亡,但对植物无害,故可在农业、林业上用作杀虫剂。

有机磷化合物是常见的专一性不可逆抑制剂,该类抑制剂与酶结合后虽然不易解离,但可用含 —CH=NOH 等基团的化合物将其从酶分子上取代下来,使酶恢复活性。如解磷定(PAM)就是一种常用的农药解毒剂(图 5-19)。

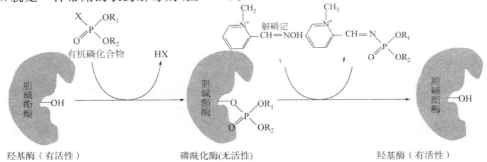

图 5-19　有机磷中毒及其解毒

R_1、R_2 为烷基,X 为 F、CN

(2)非专一性不可逆抑制剂

此类抑制剂可对酶分子上每个结构残基进行共价修饰而导致酶失活,该类抑制剂主要是一些修饰氨基酸残基（氨基、羟基、胍基、酚羟基）的化学试剂,包括三价砷、重金属 Hg^{2+} 、 Pb^{2+} 、 Cu^{2+} 、 Ag^{2+} 、烷化巯基的碘代乙酸等。

砷化合物（如路易士气）和有机汞能与许多巯基酶的活性巯基结合使酶活性丧失（图 5-20）。路易士气（含砷化合物）可以与许多巯基酶的活性巯基结合使酶活性丧失,重金属盐类（ Ag^+ 、 Hg^{2+} 、 Pb^{2+} 等）对大多数酶活性都有强烈的抑制作用,在高浓度时可使酶蛋白变性失活,低浓度时可与酶蛋白的巯基、羧基和咪唑基作用抑制酶的活性。用金属离子螯合剂（EDTA、半胱氨酸或焦磷酸盐）螯合可解除抑制,恢复酶活性。

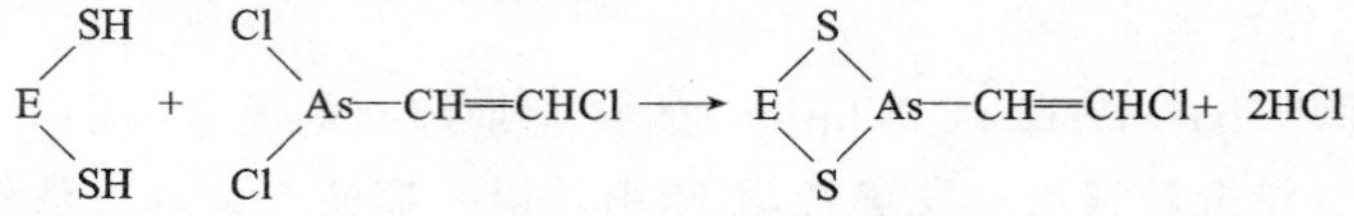

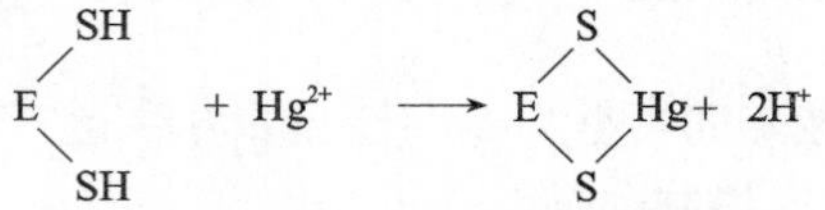

图 5-20　路易士气和重金属对巯基酶的抑制作用

这类抑制剂对巯基酶引起的抑制作用,可通过加入过量的巯基化合物解除抑制,使酶恢复活性（图 5-21）。这些巯基化合物包括半胱氨酸,还原型谷胱甘肽、二巯基丙醇（BAL）、二巯基丙碘酸钠等。它们常被称为巯基酶保护剂,可被用作砷、汞、重金属等中毒的解毒剂。

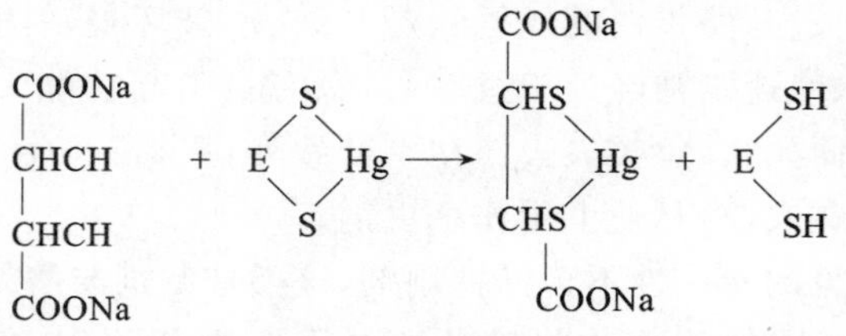

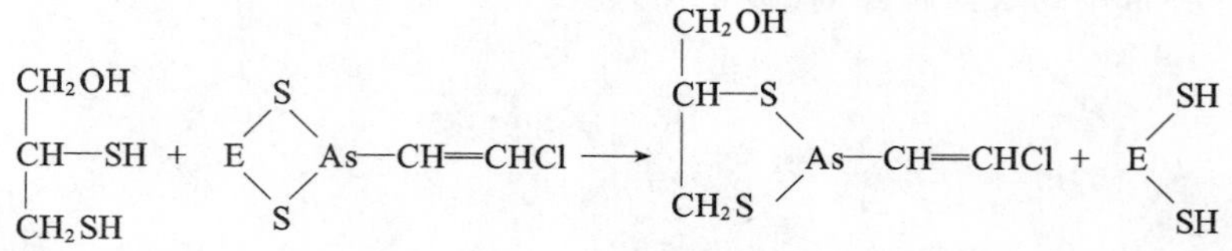

图 5-21　路易士气与重金属中毒的解毒

烷化剂主要的是含卤素的化合物（碘乙酸、碘乙酰胺、卤乙酰苯）,可使巯基酶中巯基烷化,从而使酶失活（图 5-22）

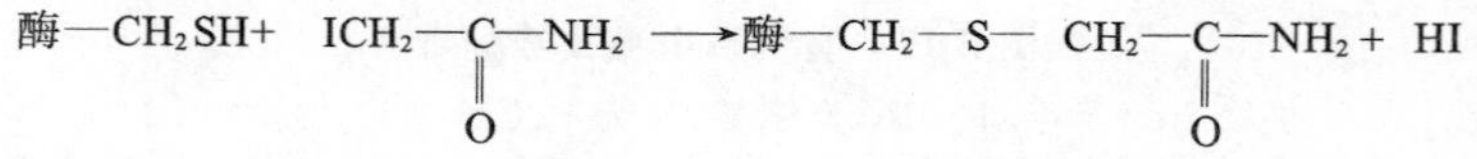

图 5-22　烷化剂对巯基酶烷化失活

2.可逆抑制作用

可逆性抑制(reversible inhibition)的抑制剂通过非共价键与酶或酶—底物复合物可逆性结合。可采用透析、超滤等方法除去抑制剂而恢复酶的活性。在酶促反应动力学的研究中,可逆性抑制的意义更大。可逆性抑制作用的类型主要分为下列三种类型,每种类型的抑制剂与脱辅酶结合的特点不同,故其动力学参数变化各异(图 5-23)。

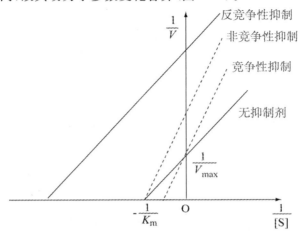

图 5-23　各种抑制剂对底物浓度与酶促反应速度的影响

(1)竞争性抑制剂

竞争性抑制是最常见的一种可逆性抑制作用。抑制剂(I)和底物(S)结构相似,共同竞争酶的活性中心,从而影响酶与底物的正常结合。因为酶活性中心一旦与抑制剂结合则不能再与底物结合,因而底物与抑制剂为竞争关系,故称为竞争性抑制。其抑制程度取决于底物及抑制剂的相对浓度(图 5-24)。

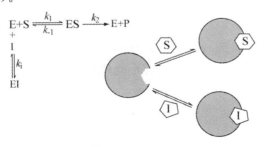

图 5-24　竞争性抑制剂与酶结合位点

在竞争性抑制过程中,若增加底物的相对浓度,则竞争时底物占优势,抑制作用可以降低,甚至解除,这是竞争性抑制的特点。例如琥珀酸脱氢酶可催化琥珀酸的脱氢反应;与琥珀酸结构类似的丙二酸或戊二酸则均为琥珀酸脱氢酶的竞争性抑制剂。

丙二酸与戊二酸均可与琥珀酸脱氢酶结合,但却不能催化脱氢。又如磺胺类药物对多种细菌有抑刮作用。这是因为细菌的生长繁殖有赖于核酸的合成,而磺胺药的结构与核酸合成时所需的四氢叶酸(一种辅酶)中的对氨基苯甲酸结构上有相似性,因而能与相应的酶竞争结合而抑制之。

$$\underset{\text{(琥珀酸)}}{\begin{array}{c}COOH\\|\\CH_2\\|\\CH_3\\|\\COOH\end{array}} \xrightarrow[\substack{\text{琥珀酸脱氢酶}\\FAD\quad FADH_2}]{} HOOC-CH=CH-COOH$$

$$丙二酸\begin{array}{c}COOH\\|\\(CH_3)\\|\\COOH\end{array} \quad 或戊二酸\begin{array}{c}COOH\\|\\CH_3\\|\\CH_2\\|\\CH_2\\|\\COOH\end{array}$$

$$琥珀酸脱氢酶 \xrightarrow{\hspace{4cm}} 无催化作用$$

当[S]足够高时,相对地竞争性抑制剂对酶的竞争性作用将微不足道,此时几乎所有的酶分子均可与底物相作用,故最大反应速度(V_{max})仍可达到。然而,由于竞争性抑制剂的干扰,为达到无抑制剂存在的反应速度,其所需的[S]就要高一些;换言之,在竞争性抑制剂存在的情况下,酶与底物的亲和力下降,即表观 K_m(有抑制剂时横轴截距所代表的 K_m 称为表观 K_m)相应提高了。根据米氏方程的推导,在有竞争性抑制剂存在时:

$$V=\frac{V_{max}[S]}{K_m(1+\frac{[I]}{k_i})+[S]}$$

上式中,[I]为抑制剂浓度,k_i 为抑制剂与酶结合的解离常数。

(2)非竞争性抑制

非竞争性抑制剂不影响底物与酶的结合,两者在酶分子上结合的位点不同。非竞争性抑制剂既可与酶—底物复合物相结合,也可与游离酶结合(图5-25)。由于非竞争性抑制作用并不影响酶对底物的亲和力,故其表观 K_m 不变。但由于它与酶的结合,抑制了酶的活性,等于减少了活性酶分子,使 V_{max} 降低。例如,乙酰胆碱酯酶催化乙酰胆碱水解时可被 R_3NH^+ 类化合物非竞争性抑制。在有非竞争性抑制剂存在时的米氏方程为:

$$V=\frac{[S]\left\{\frac{V_{max}}{(1+\frac{[I]}{k_i})}\right\}}{K_m+[S]}$$

(3)反竞争性抑制

此类抑制剂与非竞争性抑制剂不同,它只能与 ES 结合,而不能与游离的酶相结合(图5-26)。当 ES 与 I 结合后,酶活性被抑制,相当于有效的活性酶减少了,V_{max} 必然降低。又由于 ES 除了转变成产物外,又多了一条生成"废品"ESI 的去路,使 E 与 S 的亲和力增大了,即其表观 K_m 降低。

反竞争性抑制的米氏方程为:

$$V=\dfrac{[S]\left\{\dfrac{V_{max}}{(1+\dfrac{[I]}{k_i})}\right\}}{\dfrac{K_m}{(1+[I]/k_i)}+[S]}$$

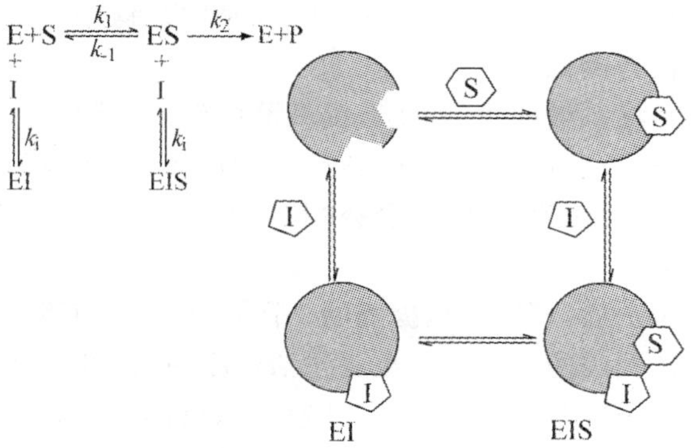

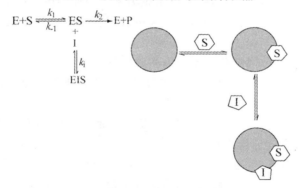

图 5-25　非竞争性抑制剂与酶结合位点

图 5-26　反竞争性抑制剂与酶结合位点

5.5　酶的分离、纯化与测定

5.5.1　酶的分离、纯化

　　酶的分离提纯是酶学研究的重要基础和必备条件。研究酶的性质、催化机制、反应动力学、结构与功能关系、阐明代谢途轻以及作为工具酶等都需要高度提纯的酶制剂。因为已知的绝大多数酶是蛋白质,所以酶的分离提纯采用的技术方法就是蛋白质分离提纯常用的技术方法。

　　生物组织细胞类型不同,酶的种类也不同,所以要想从无细胞粗提液的复杂混合物中提取出来某一种特定的酶,不可能有一套现成的通用方法。但许多酶在结构、性质上有许多相似之处,所以酶的分离提纯尽管是一项复杂的工作,但是对于任何一种酶都有可能选择一种较合适的分离提纯程序以获得高纯度的酶制品,且分离的关键步骤、基本原理及手段还是有共性的。判断一种分离提纯酶的方法好坏,通常用两个指标来衡量:一是酶的总活力回收,二是酶的比活力提高的倍数。总活力回收表示提纯过程中酶损失的情况,总活力回收的多则表明酶的损失少;比活力提高的倍数表示提纯过程中酶纯度提高的程度,比活力提高的倍数高则表明酶的纯度更高。理想的酶分离提纯方法是总活力和比活力越高越好。但实际操作中两者不可兼得,通常比活力提高,总活力降低。

酶的分离提纯总体目标是增加酶的产量、提高酶的纯度、保持酶的生物活性。因此,要分离提纯某一种酶蛋白,首先应选择一种酶含量较丰富的新鲜生物材料,目前常用微生物为材料制备各种酶制剂。其次,应设法除去杂质蛋白和其他大分子物质,并设法避免酶的变性,以制备高纯度有活性的酶产品。

由于酶大多数属于蛋白质,所以可根据酶的不同理化特性利用类似蛋白质提取纯化的方法来分离提纯酶。酶分离提纯的一般步骤主要包括样品的前处理、粗分级分离、细分级分离。

材料的前处理及细胞破碎常用方法有:以高速组织捣碎机、匀浆器、研钵等进行的机械破碎法;在低渗条件下使细胞溶胀而破碎的渗透破碎法;细胞内液结冰膨胀而使细胞胀破的反复冻融法;使用超声波振荡器使细胞膜上所受张力不均而使细胞破碎的超声波法;以及用溶菌酶破坏微生物细胞等的酶法。得到的组织匀浆以水或低离子强度的缓冲液抽提,获得酶的粗提液。

从酶粗提液中进行酶分离纯化与鉴定有多种方法。

①根据溶解度差别:等电点沉淀、盐溶与盐析、有机溶剂分级分离、调节温度选择热变性等。硫酸铵分级沉淀常用于蛋白质的粗分级分离。

②根据分子大小:透析、超过滤、密度梯度离心和凝胶过滤。凝胶过滤不仅用于蛋白质分离提纯,还可用于蛋白质分子量的测定。

③根据所带电荷:电泳、等电聚焦、离子交换层析。电泳技术不仅可用于蛋白质的分离纯化,更多用于蛋白质的鉴定,比如测定蛋白质的分子量,与免疫印迹结合鉴定蛋白质等。

④利用吸附特性:羟基磷灰石吸附层析、疏水作用层析。

⑤利用配基配体特异结合:亲和层析。

对于大多数酶而言,在利用上述方法分离提纯酶的操作过程中,通常要在 $0\sim4$℃左右的低温下进行,操作条件要温和,尽量避免过酸、过碱及剧烈的搅拌和振荡,以减少酶活性损失。

在用有机溶剂分级分离酶时,要严格控制在温度为 $-20\sim-15$℃左右条件下进行,冰冻离心得到的沉淀应立刻溶于适量的冷水或缓冲液中,或在低温下透析,以使有机溶剂稀释至无害的浓度。

当采用选择热变性方法分离酶的时候,要注意控制好 pH 和保温时间,以更好地除去大量杂蛋白,提高酶的纯度和保持酶的活性。

使用各种柱层析技术分级分离酶时,要由所分离的酶性质选择适宜的层析介质,柱子大小要适当,特别要注意洗脱缓冲液的 pH 和离子强度,并控制好洗脱流速。

在酶分离提纯中,为防止某些重金属离子对酶的破坏作用,在提取液中加入少量 EDTA。对某些含有巯基的酶,往往需要加入巯基乙醇、二硫苏糖醇等,以防止酶的巯基被氧化。

　　在酶的分离提纯过程中,每一步骤都要跟踪测定酶蛋白含量及酶的总活力和比活力,以掌握经过某一步骤纯化后,酶的回收率及纯化倍数,从而为决定某一步骤采取的纯化方法是否合理可行提供科学数据。

$$总活力 = 活力单位数/酶液(mL) \times 总体积(mL)$$
$$比活力 = 活力单位数/蛋白(mg) = 总活力单位数/总蛋白(mg)$$
$$纯化倍数 = 后续每步比活力/第一步比活力$$
$$回收率(产率) = 后续每步比活力/第一步比活力 \times 100\%$$

　　蛋白质的含量测定常用凯氏定氮法、Folin-酚法、考马斯亮蓝比色法。紫外吸收法也常用于蛋白质含量的估测。

　　纯化后的酶溶液经透析除盐后真空冷冻干燥得到的酶粉可在低温下较长时期存放。纯化的酶溶液也可用饱和硫酸铵溶液反透析后在浓溶液中保存,或将酶溶液制成25%(或50%)甘油在-25℃(或-50℃)冰箱中保存。切记不能保存酶的稀溶液,因为酶溶液浓度越来越低越易变性失活。

5.5.2　酶的活性测定

　　通常脱辅酶的含量极微,很难直接测定其蛋白质的含量,更何况在生物组织(或液体)中,脱辅酶又多与其他蛋白质共存。因此,一般确定酶量的多寡主要是通过测定酶活性。即在规定的实验条件下,测定该酶催化反应的速度。所谓规定的实验条件,就是指影响酶促反应速度的各种因素(除酶活)性待测外)均需恒定,如底物的种类和浓度,反应体系的 pH、温度,缓冲液的种类和浓度、辅因子、激活剂或抑制剂等。通常要求:①底物要有足够量,一般相当于 20 $\sim$100 倍 K_m。②最适 pH。最适 pH 可随底物的种类和所用缓冲液的种类不同而有所不同。如乳酸脱氢酶可催化丙酮酸加氢成乳酸,设在其最适 pH6.8 时相对速度为 100,则以 α-酮丁酸为底物时的相对速度为 57,α-酮戊酸的相对速度为 5.5,苯丙酮酸则仅为 2.3。③最适温度,此随反应的时间而定。若待测酶的活性低,含量少,必须延长保温时间,方有足够量的产物可被检测,温度应适当低些;反之,则可适当增高其温度。④缓冲液的种类和浓度。二者均可对酶活性有所影响,因为缓冲液中的正、负离子可影响活性中心的解离状态。有的缓冲盐类或对酶活性有一定的抑制作用,或能结合产物而加速反应的进行。如脲酶催化尿素水解成 NH_3 及 CO_2 的反应中,分别采用乙酸盐缓冲液、柠檬酸盐缓冲液或磷酸盐缓冲液:其最适 pH 分别为 6.3、6.7 及 7.3(图 5-27)。⑤辅基或辅酶是某些酶表现活性的必要条件,例如,在测定乳酸脱氢酶活性时,必须加入辅酶 I(NAD$^+$)。⑥有的酶可受激活剂的激活而增强活性,需在反应体系中加入该激活剂。如 Cl$^-$ 能增强唾液淀粉酶的活性。⑦有的酶对反应体系中存在的微量抑制剂极为敏感,为避免其抑制作用,必须小心除去或避免抑制剂的污染。例如,脲酶对微量的汞离子极为敏感,所用器皿必须事先用浓硝酸处理,以除净汞离子。对于抑制剂也并非一概排斥在反应体系之外,在鉴别同工酶时,有时尚需专门加入对某一种同工酶特异的抑制剂。例如,乳酸脱氢酶的五种同工酶中,只有心肌型同工酶对草酸的抑制作用最为敏感,可借以鉴别之。又如酒石酸盐可抑制来自前列腺的酸性磷酸酶,却不能抑制红细胞中释出的酸性磷酸酶,从而可以区分这两种不同来源的酸性磷酸酶,有助于前列腺癌的诊断。⑧反应的终止。当反应体系温育一定时间后,可加酶的抑制剂以终止反应,或加热使酶灭活,然后测定产物的生成

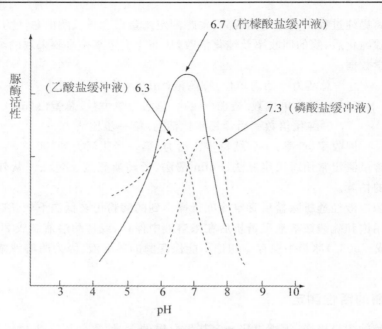

图 5-27　缓冲液种类对脲酶最适 pH 的影响

量或底物的消耗量,以求得酶的反应速度。若有连续监测装置追踪反应过程,则可以不必终止反应即求得酶的反应速度。例如,不少脱氢酶所催化的反应需要 NADH 或 NADPH 作辅酶,NADH 及 NADPH 在 340nm 处有吸收峰,而其氧化型(NAD⁺ 及 NADP⁺)则无此吸收峰,因而可利用 340nm 处吸光度的减少,以监测这类脱氢酶所催化的还原反应($A+NADH+H^+ \rightarrow AH_2+NAD^+$);或反之,利用 340nm 处吸光度的增加,以追踪监测其脱氢反应($AH_2+NAD^+ \rightarrow A+NADH+H^+$)。利用脱氢酶的辅酶在 340nm 有吸收峰的特性,还可将脱氢酶反应与其他酶反应偶联起来,以检测后者的酶活性。例如,为检测己糖激酶活性,可采用下列偶联反应:

$$葡萄糖+ATP \xrightarrow{\text{己糖激酶}} 葡糖\text{-}6\text{-}磷酸+ADP$$

$$葡糖\text{-}6\text{-}磷酸+NADP^+ \xrightarrow{\text{葡糖-6-磷酸脱氢酶}} 葡糖酸\text{-}6\text{-}磷酸+NADPH+H^+$$

上式中,己糖激酶为待测酶,而葡糖-6-磷酸脱氢酶则作为工具酶,与辅酶 NADP⁺、底物葡萄糖及 ATP 一起加至反应体系中。若待测酶(己糖激酶)活性高,则生成的葡糖-6-磷酸多,经葡糖-6-磷酸脱氢酶及 NADP⁺ 催化生成的 NADPH 也相应增多,340nm 处的吸光度也就越高,成正比关系。通过监测 340nm 处吸光度的改变以反映酶活性,无需加入呈色试剂使产物显色,而且可以连续追踪监测反应过程,在酶活性测定中是一种十分有用的方法。

酶促反应速度常用单位时间内底物的消耗量或产物的生成量表示,也可用酶活性大小来衡量。以往,各实验室按实验条件定出了各自规定的酶活性单位。为避免混乱,1961 年国际酶学委员会对酶的活性单位作了统一的规定。在标准条件下(30℃),酶活性的 1 个国际单位(IU)为在 1min 内能催化 1.0μmol 底物转变为产物的酶量。后来又订出了一个"催量单位"(katal,Kat),即在标准条件下,1s 内催化 1mol 底物转变为产物的酶量定义为 1 个催量单位。1Kat = 60 × 10⁶IU。IEC 规定,每毫克脱辅酶所含的酶活力单位数称为酶的比活性,代表每单位质量蛋白质的催化能力。酶活性用来衡量酶含量的多少,而酶比活性则通常用来衡量酶的纯度。

5.6　酶在医学上的应用

5.6.1　酶与疾病的关系

1. 酶与疾病的发生

酶的催化作用是机体实现物质代谢以维持生命活动的必要条件。当某种酶在体内的生成或作用发生障碍时，机体的物质代谢过程常可失常，失常的结果则表现为疾病。例如，先天性代谢障碍多由于基因突变而不能合成某种特殊的酶所致。如缺乏苯丙氨酸羟化酶，使苯丙氨酸及其脱氨基产物苯丙酮酸在体内堆积，高浓度的苯丙氨酸可抑制 5-羟色胺（一种脑内神经递质）的生成，导致精神幼稚化；积聚的苯丙酮酸经肾排出，表现为苯丙酮酸尿症。又如，有先天性乳糖酶缺乏的婴儿，不能水解乳汁中的乳糖，导致腹泻等胃肠道紊乱，即乳糖酶缺乏症。另外，农药有机磷杀虫剂是胆碱酯酶的强烈不可逆性抑制剂，误服这类有机磷农药可使乙酰胆碱酯酶失活，引起神经传导介质乙酰胆碱的堆积，导致神经肌肉和心脏功能的严重紊乱而致命。许多疾病的发病机制或病理生理变化，都直接、间接地与酶的参与有关。如炎症对组织的破坏和损伤作用，是由于巨噬细胞或白细胞释放蛋白水解酶所致，又如肺部长期慢性炎症，浸润的白细胞释放弹性蛋白酶（elastase），破坏肺泡壁的弹性纤维（含弹性蛋白），导致肺气肿。体内原有一种 α_1 蛋白酶抑制剂可抑制弹性蛋白酶的活性，吸烟则可破坏 α_1 蛋白酶，故吸烟者肺气肿的发生率高于不吸烟者。又如严重肝病时的血液凝固障碍，系由于肝合成凝血酶原及几种凝血因子（均为蛋白酶）不足所致。总之，这类例子不胜枚举，可以说，人体中的很多疾患与酶的变化有直接或间接的关系。

2. 酶与疾病的诊断

许多遗传性疾患是由于先天性缺乏某种有活性的酶所致，故在出生前，可从羊水或绒毛中，检出该酶的缺陷或其基因表达的缺失，从而可采取早期流产，防患于未然。

当某些器官组织发生病变时，由于细胞的坏死或破损，或细胞膜通透性增加，可使原存在于细胞内的某些酶进入体液中，使体液中该酶的含量增加。通过对血、尿等体液和分泌液中某些酶活性的测定，可以反映某些组织器官的病损情况，而有助于疾病的诊断。血中某些酶活性的增加还可见于：①细胞的转换率增加，或细胞的增殖加快。当恶性肿瘤疯狂增长时，其标志酶的释出也增多，如前列腺癌患者，将会大量释出其标志酶——酸性磷酸酶。②酶的合成或诱导增加。如胆道堵塞时，胆汁反流，可诱导肝合成大量碱性磷酸酶。肝中的 γ-谷氨酰转移酶可被巴比妥盐类（一类镇静安眠药）或乙醇等诱导而生成增加。③酶的清除率降低或分泌受阻等。血清中酶的清除，主要通过受体介导的内吞作用。如肝细胞上存在有以半乳糖苷基为末端的糖蛋白受体，它可结合循环中末端含半乳糖苷基的糖蛋白；来自小肠的碱性磷酸酶属于这类糖蛋白，因而可被清除。在肝硬变时，具有此类受体的细胞减少，血中碱性磷酸酶的活性增高。肿瘤标志性碱性磷酸酶的末端糖基为唾液酸（而非半乳糖苷基），故不被上述机制所清除，其在血中存在的持续时间长，活性高。临床上通过测定血中一些酶的活性以诊断某些疾病，具有重要的诊断价值。例如，测定血及尿中的淀粉酶活性，是急性胰腺炎的有力佐证；测定血中谷丙转氨酶的活性,可判断肝炎的活动情况;测定血中肌酸激酶和谷草转氨酶的活性,是诊断急性心肌梗死的重要指征。在某些疾病时,血中某些酶的活性又可显著降低,如在肝功能不良对和有机磷农药中毒时,血中胆碱酯酶的活性减弱。

3. 酶与疾病的治疗

（1）替代治疗

因消化腺分泌不足所致的消化不良,可补充胃蛋白酶、胰蛋白酶、胰脂肪酶及胰淀粉酶等以助消化。中药助消化药鸡内金,系鸡胃黏膜,含丰富的活力极强的胃蛋白酶。因某些酶的基因缺陷所致的先天性代谢障碍,正在试用相应酶的替补疗法,如以脂质体包裹酶以引入体内,或设法引入该酶的基因。

（2）抗菌治疗

打断或抑制细菌重要代谢途径中的酶的活性,即可达到杀菌或抑菌的目的。如第六节中所述及的磺胺类药物,可竞争性抑制细菌中的二氢叶酸合成酶,使细菌的核酸代谢障碍而阻遏其生长、繁殖。氯霉素因抑制某些细菌的转肽酶活性而抑制其蛋白质的生物合成。某些对青霉素耐药的细菌,是因为该菌生成一种能水解青霉素的 β-内酰胺酶。新设计的青霉素衍生物具有不被该酶水解的结构特点,如头孢西丁,其被 β-内酰胺酶分解的速度只有青霉素 V 的十万分之一。

（3）抗癌治疗

肿瘤细胞有其独特的代谢方式,若能阻断相应的酶活性,就可达到遏制肿瘤细胞生长的目的。L-Asn 是某些肿瘤细胞的必需氨基酸,若给予能水解 L-Asn 的左旋天冬酰胺酶,则肿瘤细胞将因其必需的营养素被剥夺而趋死亡。又如甲氨蝶呤可抑制肿瘤细胞的二氢叶酸还原酶,使肿瘤细胞的核酸代谢受阻而抑制其生长繁殖。

（4）对症治疗

如菠萝蛋白酶等可用于溶解及清除炎症渗出物,消除组织水肿,溶解纤维蛋白血凝块。链激酶及尿激酶可溶解血栓,多用于心、脑血管栓塞的治疗。DNA 酶可水解呼吸道黏稠分泌液中的 DNA,使痰液变稀,易于引流咳出。

（5）调整代谢,纠正紊乱

如精神抑郁症系由于脑中兴奋性神经介质（如儿茶酚胺）与抑制性神经介质的不平衡所致,给予单胺氧化酶抑制剂,可减少儿茶酚胺类的代谢灭活,提高突触中的儿茶酚胺含量而抗抑郁,这是许多抗抑郁药的设计依据。

（6）核酶与抗体酶的临床应用

核酶的临床治疗比较适用于一些病毒感染性疾病,如获得性免疫缺陷综合征和肝炎等。一些病毒如免疫缺陷病毒（HIV）突变率很高,用免疫方法就比较困难。但有一些区域,如启动子、剪接信号序列（splicing-signal sequence）或包装信号序列（packaging-singal sequence）的序列较为保守,针对该序列的打靶核酶（targeting ribozyme）可以扩大抗病毒亚型的作用,减少突变体的逃避。在乙型肝炎的治疗上,已设计了针对 HBV 前 RNA 和编码 HBV 表面抗原、聚合酶以及 X 蛋白质 mRNA 的发夹型核酶,这些核酶由载体带入肝细胞后可抑制 HBV 达 83%。此外核酶的研究应用也涉及丙型肝炎病毒、流感病毒、小鼠肝炎病毒、烟草环斑病毒和人乳头瘤病毒等。不仅仅是病毒感染性疾病,只要是 RNA 表达异常均可考虑用核酶打靶,如肿瘤。例如用抗 bcl-2 mRNA 核酶治疗前列腺癌,可能成为一种基因治疗的非常有效的途径。抗体酶的设计、制造可用于临床疾病的治疗,一个长远的目标是希望获得能抗肿瘤和细菌的抗体酶,现在已经有动物实验用特异的抗体酶治疗小鼠的狼疮。

5.6.2 酶在医学研究中的作用

1. 酶作为试剂用于临床检验

酶法分析或酶偶联测定法(enzyme coupled assays)是利用酶作为分析试剂,对一些酶的活性、底物浓度、激活剂、抑制剂等进行定量分析的一种方法。

酶法分析的原理是利用指示酶(标记酶)催化的反应可以直接检测(底物或产物),将该酶偶联到不能直接测定的待测酶促反应中,间接测定待测反应。

例如:将不能直接测定的转氨(酶)反应与可以直接测定的脱氢(酶)反应偶联,其中NADH 的减少(代表指示酶的活性)可以直接检测,间接测定转氨酶的活性(图 5-28)。

临床上用来测定血液葡萄糖浓度的己糖激酶法就是常用的一种酶偶联测定法。己糖激酶催化葡萄糖和 ATP 发生磷酸化反应,生成葡萄糖 6-磷酸与 ADP。前者在葡萄糖-6-磷酸脱氢酶催化下脱氢,生成 6-磷酸葡萄糖酸内酯,同时使 $NADP^+$ 还原成 NADPH(图 5-29)。

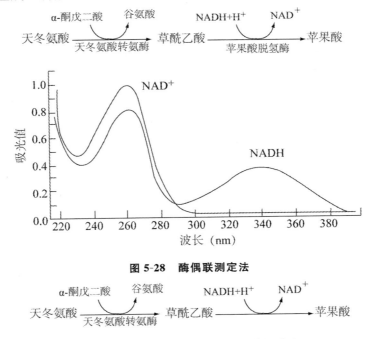

图 5-28 酶偶联测定法

图 5-29 己糖激酶法测定血液葡萄糖浓度

根据反应方程式,NADPH 的生成速率与葡萄糖浓度呈正比,在波长 340nm 监测吸光度升高速率,计算血清中葡萄糖浓度。

2. 酶作为工具用于科研与生产

利用酶具有高度特异性的特点,将酶作为工具,在分子水平上对某些生物大分子进行定向的分割与连接,被广泛地应用于分子克隆领域。常用的工具酶包括限制性核酸内切酶、DNA

连接酶、热稳定的 DNA 聚合酶(Taq DNA 聚合酶)等。

酶可以代替同位素与某些物质相结合而标记该物质,通过测定酶的活性来判断被标记物质或与其定量结合的物质的存在和含量。

酶联免疫吸附测定(enzyme-linked immunosorbent assay,ELISA)是一种酶学与免疫学相结合的一种测定方法,该法将蛋白质的抗体共价连接于报告酶(reporter enzyme)形成抗体-酶复合物,再与样品中的抗原结合成抗原-抗体-酶三元复合物,检测报告酶的底物生成产物的量来代表样品中的抗原的量。

3.酶分子工程

固定化酶又名固相酶(immobilized enzyme)是将水溶性的酶经物理或化学方法处理后得到的不溶于水但仍具有酶活性的一种固相的酶的衍生物。固定化酶在催化反应中以固相状态作用于底物,并保持酶的高效性和特异性。

抗体酶(abzyme)指的是将底物的过渡态类似物作为抗原注入动物体内产生的具有催化功能的抗体分子。抗体酶途径是人工制造一些特异性强的、药效高的药物和自然界不存在的新酶的一种捷径。

模拟酶(model enzyme)是根据酶的作用原理,利用有机化学合成方法,人工合成的具有底物结合部位和催化部位的非蛋白质有机化合物。

第 6 章 生物氧化

6.1 概 述

生命活动需要能量供应,所需的能量来自生物氧化。生物氧化(biological oxidation)是指糖类、脂类和蛋白质等营养物质在体内氧化分解、最终生成 CO_2 和 H_2O 并释放能量满足生命活动需要的过程。由于这一过程是在组织细胞内进行的,而且通过肺吸入的 O_2 主要用于生物氧化,呼出的 CO_2 也主要来自生物氧化,所以生物氧化又称为组织呼吸或细胞呼吸。

6.1.1 生物氧化的特点

同一物质在体内、外氧化时所消耗的氧量、终产物(CO_2、H_2O)及释放的能量相同,但二者所进行的方式却大不一样。与物质在体外氧化过程相比,体内的氧化反应有以下特点:①生物氧化过程是在细胞内进行,环境温和(体温、pH 近似中性);②CO_2 的产生方式为有机酸脱羧,H_2O 的产生是由底物脱氢经电子传递过程最后与氧结合而生成;③生物氧化是在一系列酶的催化下逐步进行的,能量逐步释放。释放的能量一部分以化学能的形式使 ADP 磷酸化生成 ATP,作为机体各种生理活动需要的直接能源;④生物氧化的速率受体内多种因素的调节。

6.1.2 生物氧化的过程

糖类、脂类和蛋白质等营养物质在体内氧化分解、最终生成 CO_2 和 H_2O 的过程均包括三个阶段(图 6-1)。

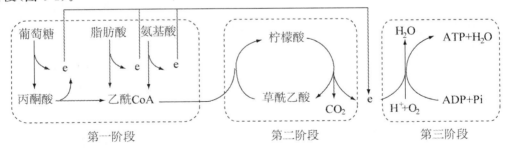

图 6-1 生物氧化的三个阶段

(1)第一阶段:糖类、脂类和蛋白质的水解产物葡萄糖、脂肪酸和氨基酸通过不同的代谢途径氧化生成乙酰 CoA,并释放出电子。其中葡萄糖在这一阶段可以通过底物水平磷酸化反应产生少量高能化合物 ATP。

(2)第二阶段:乙酰基通过三羧酸循环氧化生成 CO_2,并释放出大量电子,这一阶段通过底物水平磷酸化反应产生少量高能化合物 GTP。

(3)第三阶段:前两阶段释放出的电子经呼吸链传递给 O_2,将其还原成 H_2O,传递电子的过程驱动合成 ATP,这是一个氧化磷酸化反应过程。

可见,糖类、脂类和蛋白质类等营养物质的氧化分解过程只是在第一阶段有各自的代谢途径,而在第二、第三阶段的代谢都是一样的。

6.1.3 参与生物氧化的酶类

生物氧化是在一系列酶的催化下进行的,线粒体中催化生物氧化的酶类主要包括脱氢酶类、氧化酶类,此外,线粒体外的细胞器中还包括加氧酶、过氧化氢酶等。下面介绍参与线粒体内的生物氧化过程的酶类及传递体。

(1)脱氢酶类

能使代谢物的氢活化、脱落并将其传递给受氢体或中间传递体的酶类称为脱氢酶(dehydrogenase)。根据是否以氧作为直接受氢体,将脱氢酶分为两类。

①需氧脱氢酶。

需氧脱氢酶以 FMN(黄素单核苷酸)、FAD(黄素腺嘌呤二核苷酸)为辅基,又称黄素酶(navoenzyme),催化代谢物脱下一对氢原子,由 FMN 或 FAD 接受,并以氧为直接受氢体,产物为 H_2O_2 而不是 H_2O,因此亦称为需氧黄素酶。

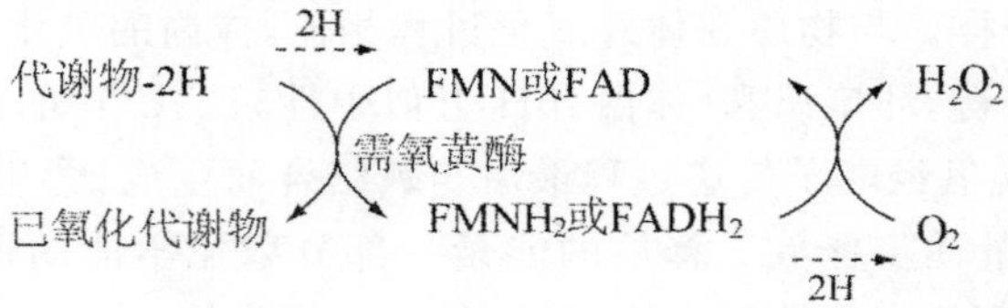

②不需氧脱氢酶。

不需氧脱氢酶以烟酰胺核苷酸(NAD 或 NADP)为辅酶或以黄素核苷酸(FAD 或 FMN)为辅基,催化代谢物脱下的氢被其辅酶或辅基接受,再交给中间传递体,最后传给氧生成 H_2O。不需氧脱氢酶不能以氧为直接受氢体,但是机体内其催化的脱氢反应最为重要,生成相应的还原型辅酶或辅基 $NADH+H^+$、$FADH_2$、$FMNH_2$ 作为呼吸链的组成成分,$NADH+H^+$ 则在脂肪酸、胆固醇等物质的生物合成中起作用。催化反应如下。

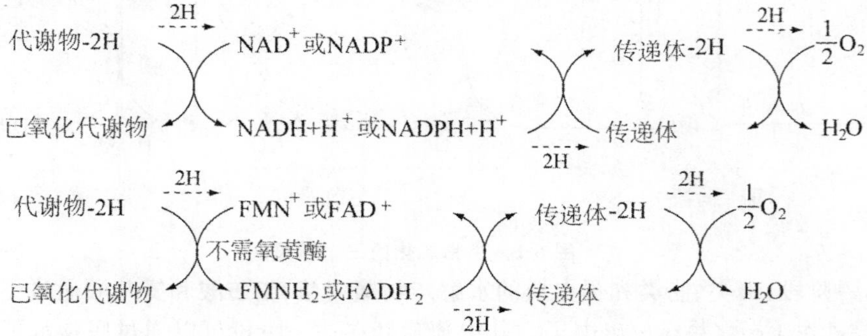

(2)氧化酶类

以氧为直接受电子体的氧化还原酶称为氧化酶(oxidase)。有些氧化酶含 Cu^{2+} 或 Fe^{3+},通过 Cu^{2+} 或 Fe^{3+} 氧化还原互变,将代谢物或传递体的 $2e$ 传给氧,直接利用氧为受氢体,产物为 H_2O,如抗坏血酸氧化酶(植物中多见)、细胞色素氧化酶 aa_3 等。催化反应如下。

另外,前面提到过的需氧黄素酶也属于氧化酶范畴,产物为 H_2O_2 而不是 H_2O,如黄嘌呤氧化酶、氨基酸氧化酶等。

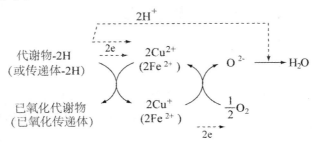

（3）传递体

在生物氧化过程中起传递氢或电子作用的物质称为传递体（carrier），它们既不能使代谢物脱氢，也不能使氧活化，按照传递物的不同包括递氢体和递电子体两种。

6.1.4　生物氧化中 CO_2 的形成

生物氧化的特点之一是有机酸通过脱羧基反应生成 CO_2。脱羧基反应既可以根据是否伴有氧化反应分为单纯脱羧和氧化脱羧，又可以根据脱掉的羧基在底物分子结构中的位置分为 α-脱羧和 β-脱羧，所以有机酸有以下四种脱羧方式（图 6-2）

①α-单纯脱羧

$$R-\underset{\substack{|\\氨基酸}}{\overset{\substack{COOH\\|}}{CH}}-NH_2 \xrightarrow{\text{氨基酸氧化酶}} R-CH_2-NH_2 + CO_2$$

胺

②α-氧化脱羧

$$H_3C-\overset{O}{\overset{||}{C}}-COOH + CoASH + NAD^+ \xrightarrow{\text{丙酮酸脱氧酶系}} H_3C-\overset{O}{\overset{||}{C}}\sim SCoA + CO_2 + NADH + H^+$$

丙酮酸　　　　　　　　　　　　　　　　乙酰 CoA

③β-单纯脱羧

$$HOOC-CH_2-\overset{O}{\overset{||}{C}}-COOH \xrightarrow{\text{草酰乙酸脱羧酶}} H_3C-\overset{O}{\overset{||}{C}}-COOH + CO_2$$

草酰乙酸　　　　　　　　　丙酮酸

④β-氧化脱羧

$$HOOC-CH_2-\overset{OH}{\overset{|}{CH}}-COOH + NADP^+ \xrightarrow{\text{苹果酸酶}} H_3C-\overset{O}{\overset{||}{C}}-COOH + CO_2 + NADPH + H^+$$

苹果酸　　　　　　　　　　　　　　　丙酮酸

图 6-2　CO_2 的生成方式

6.2 线粒体氧化体系

6.2.1 线粒体的结构

线粒体(mitochondria)普遍存在于动、植物细胞内,其结构见图 6-3。参与生物氧化的各种酶类,如脱氢酶、电子传递体、偶联磷酸化酶类等都分布在线粒体的内膜和嵴上,因此线粒体是生物氧化和能量转换的主要场所。

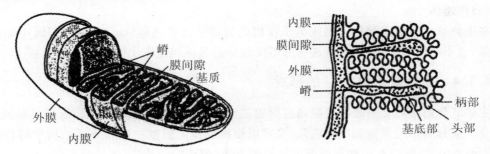

图 6-3 线粒体的结构

6.2.2 呼吸链的主要成分

用胆酸类物质反复处理线粒体内膜,可以分离到呼吸链的组成成分,包括泛醌、Cyt c 和四种具有传递电子功能的呼吸链复合体。四种复合体的名称、所含的酶蛋白和辅基、所催化的反应(氧化还原反应)见表 6-1,它们与泛醌、Cyt c 构成的呼吸链见图 6-4。

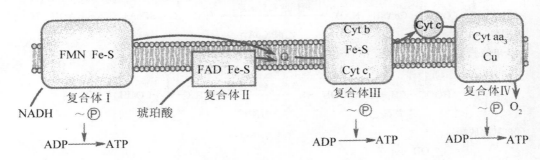

图 6-4 呼吸链复合体的组成及合成 ATP 的偶联部位

1. NAD/NADP

营养物质氧化释放的电子主要以两种方式送入呼吸链:一种方式是由 NAD 传递给复合体 I,另一种方式是由琥珀酸传递给复合体 II。

表 6-1

编号	名称	含蛋白(辅机)	催化的反应
Ⅰ	NADH 脱氢酶	黄素蛋白(FMN)、铁硫蛋白(Fe-S)	$NADH + H^+ + Q = NAD^+ + QH_2$
Ⅱ	琥珀酸脱氢酶	黄素蛋白(FAD)、铁硫蛋白(Fe-S)	琥珀酸 $+ Q =$ 延胡索酸 $+ QH_2$
Ⅲ	Q-Cyt c	铁硫蛋白(Fe-S)、细胞色素(血红素)	$QH_2 + 2Fe^{3+}$ (Cyt c) $= Q + 2H^+ + 2Fe^{2+}$ (Cyt c)
Ⅳ	Cyt c	细胞色素(Cu_A、血红素、Cu_B)	$2Fe^{2+}$ (Cyt c) $+ 1/2O_2 + 2H^+ = Q + 2H^+ + 2Fe^{3+}$ (Cyt c) $+ H_2O$

NAD 是烟酰胺的一种活性形式,它有两种状态:一种是氧化态,用 NAD^+ 表示;另一种是还原态,用 NADH 表示。营养物质通过生物氧化脱下 2H（即 $2H^+ + 2e$）将 NAD^+ 还原成NADH,反应机制如下:

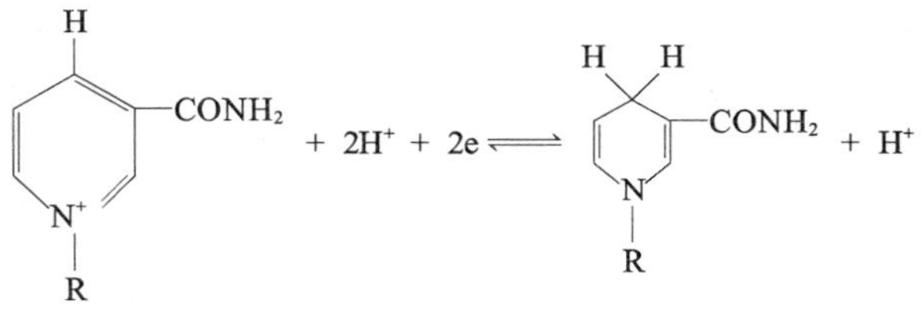

$$\text{NAD}^+/\text{NADP}^+ \quad + 2H^+ + 2e \rightleftharpoons \quad \text{NADH/NADPH} \quad + H^+$$

NADP 是烟酰胺的另一种活性形式,也有两种状态:氧化态用 $NADP^+$ 表示,还原态用 NAD-PH 表示。NADPH 所传递的电子通常不是送入呼吸链,而是用于合成代谢,如脂肪酸合成。

2.黄素蛋白

复合体 Ⅰ 和复合体 Ⅱ 都是脱氢酶,都含有黄素蛋白(flavoprotein)。复合体 Ⅰ 称为 NADH脱氢酶,其所含的黄素蛋白以 FMN 为辅基,参与催化 NADH 脱氢。复合体 Ⅱ 称为琥珀酸脱氢酶,其所含的黄素蛋白以 FAD 为辅基,参与催化琥珀酸脱氢。

两者均含有维生素 B_2(核黄素),此外 FMN 尚含一份子磷酸,而 FAD 则比 FMN 多含一分子腺苷酸(AMP),其结构如下:

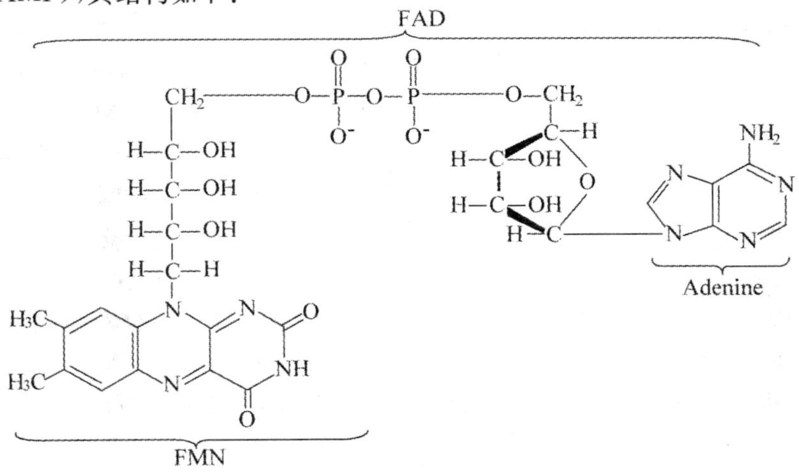

FMN 和 FAD 都是 Vit B_2 的活性形式,其异咯嗪环通过氧化还原反应递氢,反应机制如下:

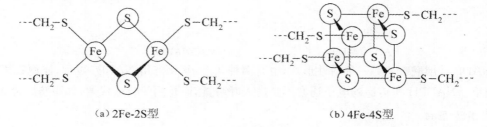

3. 铁硫蛋白

铁硫蛋白是分子量较小的蛋白质,其辅基称为铁硫簇(iron-sulfur cluster,Fe-S)。铁硫簇由等量的非血红素铁和无机硫构成,主要有 2Fe-2S 和 4Fe-4S 两种形式,均通过 Fe 与铁硫蛋白半胱氨酸的 S 组合(如图 6-5)。

(a) 2Fe-2S 型   (b) 4Fe-4S 型

图 6-5　铁硫簇结构

复合体Ⅰ、复合体Ⅱ和复合体Ⅲ都含有铁硫蛋白,其 Fe 通过以下反应传递电子:

$$Fe^{2+} \cdot Fe^{3+} + e$$

不同复合体中的铁硫蛋白的不同电子供体和电子受体(表 6-2)。

表 6-2　铁硫蛋白的电子供体和电子受体

铁硫蛋白种类	复合体Ⅰ铁硫蛋白	复合体Ⅱ铁硫蛋白	复合体Ⅲ铁硫蛋白
电子供体	$FMNH_2$	$FADH_2$	QH_2
电子受体	Q	Q	细胞色素 c_1

4. 泛醌

泛醌(Ubiquinone,Q)是广泛存在于生物界的一种脂溶性醌类化合物,带有聚异戊二烯侧链。凭借该侧链的疏水性,泛醌可以在线粒体内膜中自由扩散。不同泛醌侧链异戊二烯单位的数目不同,人的泛醌侧链有 10 个异戊二烯单位,用 Q_{10} 表示。

泛醌接受 1 个电子和 1 个质子还原成泛醌自由基,再接受 1 个电子和 1 个质子还原成二氢泛醌(QH_2)。二氢泛醌可以给出电子和质子,氧化成泛醌。

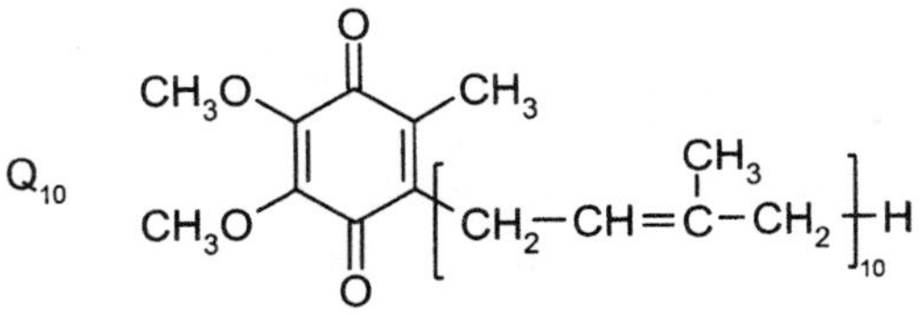

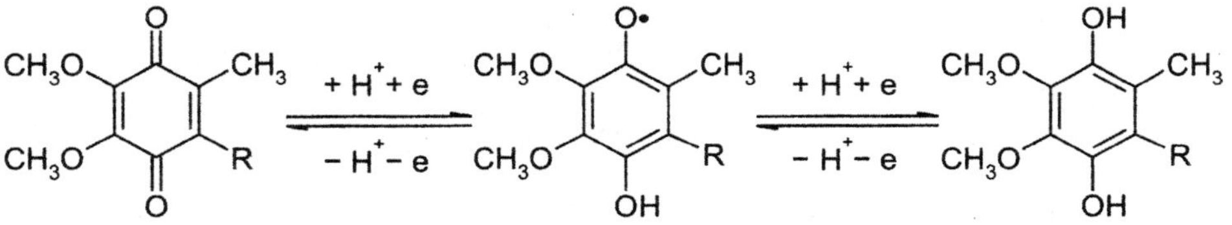

Q_{10}

泛醌
(全氧化型)　　泛醌自由基　　二氢泛醌
(全还原型)

　　在呼吸链中,泛醌的电子供体是复合体 I、复合体 II 的铁硫蛋白,电子受体是复合体 III 的铁硫蛋白(表 6-2),即复合体 I 和复合体 II 通过铁硫蛋白将电子传递给泛醌,泛醌再将电子传递给复合体 III 的铁硫蛋白(如图 6-4)。

　　5. 细胞色素

　　细胞色素(Cytochrome,Cyt)是一类以血红素(heme,又称为铁卟啉)为辅基催化电子传递的酶类,血红素中的 Fe 通过以下反应传递电子:

$$Fe^{2+} \rightleftharpoons Fe^{3+} + e$$

　　不同细胞色素血红素辅基的侧链不同,血红素与蛋白质部分的结合方式也不同。存在于呼吸链中的细胞色素包括 Cyt a、Cyt b 和 Cyt c。

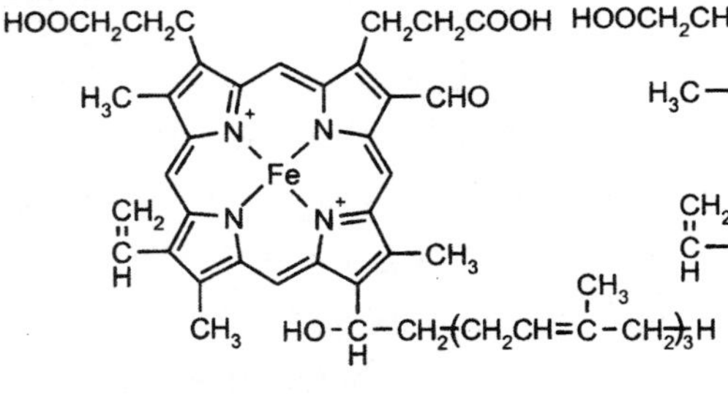

细胞色素a的辅基 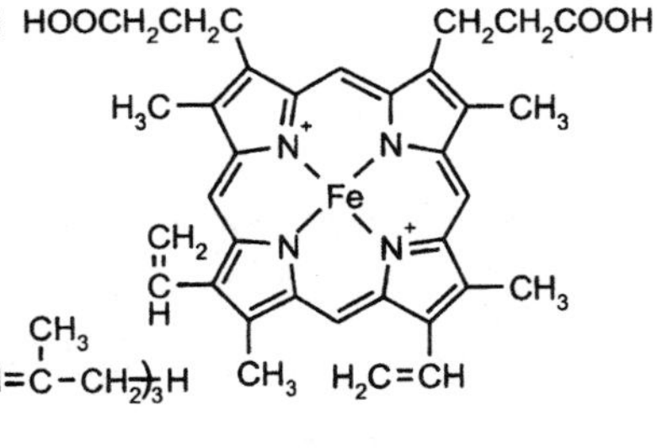　　　　细胞色素b的辅基

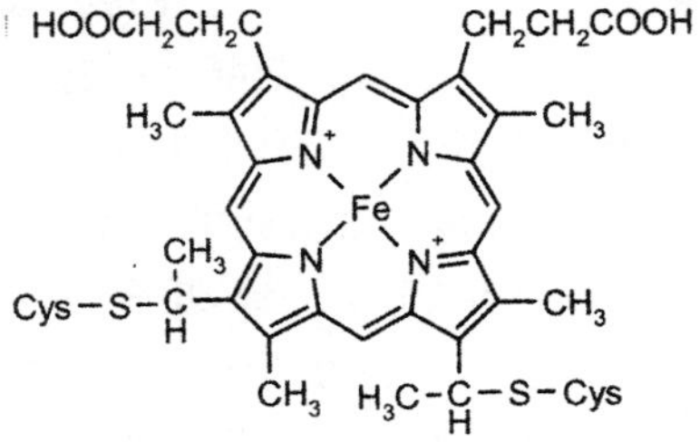

细胞色素c的辅基

　　呼吸链中有两种 Cyt b,即 Cyt b_H(又称为 Cyt b_{562})和 Cyt b_L(又称为 Cyt b_{566})。它们都是复合体 III 的组成成分,参与电子从泛醌向 Cyt c 的传递。

　　Cyt c 在两方面不同于其他细胞色素,一是其血红素辅基与蛋白质以共价键结合,二是

Cyt c 溶于水。Cyt c 不是四种复合体的组成成分,能够在线粒体内膜上游动,从复合体Ⅲ的 Cyt c_1 获得电子,然后向复合体Ⅳ传递。

Cyt aa_3 是复合体Ⅳ的组成成分。复合体Ⅳ的一个亚基含有两个 Cu(Cu_A),另一个亚基含有血红素 a、血红素 a_3 和一个 Cu(Cu_B)。Cu_A、血红素 a、血红素 a_3 和 Cu_B 分布于复合体Ⅳ的不同部位,构成一个连续的电子传递体系,从 Cyt c 获得电子,传递给 O_2,其中 Cu 通过一下反应传递电子:

$$Cu^+ \rightleftharpoons Cu^{2+} + e$$

6.2.3 呼吸链中传递体的排列顺序

在呼吸链中各种传递体是按一定顺序排列的,首先通过实验测定呼吸链各组分的氧化还原电位,如表 6-3 所示。

表 6-3   与呼吸链相关的传递体的标准还原电位

氧化还原对	$\Delta E^{0'}$	氧化还原对	$\Delta E^{0'}$
$NAD^+/NADH+H^+$	-0.32	$Cyt c_1 Fe^{3+}/Fe^{2+}$	0.22
$FMN/FMNH_2$	-0.30	$Cyt c Fe^{3+}/Fe^{2+}$	0.25
$FAD/FADH_2$	-0.06	$Cyt a Fe^{3+}/Fe^{2+}$	0.29
$Q_{10}/Q_{10}H_2$	0.04(或 0.10)	$Cyt a_3 Fe^{3+}/Fe^{2+}$	0.55
$Cyt b Fe^{3+}/Fe^{2+}$	0.07	$(1/2O_2)/H_2O$	0.82

因为电子流动趋向从还原电位低(电子亲和力弱)向还原电位高(电子亲和力强)的方向流动,据此可以推论呼吸链中电子传递的方向是从 NADH 经 uQ、Cyt 体系到氧。

其次,因在呼吸链中不少组分都有特殊的吸收光谱,而且得失电子后光谱发生改变,如 NAD^+ 因含腺苷酸,故在 260nm 波长处有一吸收峰,而当还原成 $NADH+H^+$ 后,则在 340nm 波长处可出现一个新的吸收峰;FP 因含黄素(6,7-二甲基异咯嗪)在 370nm 和 450nm 波长有吸收峰,但当接受电子还原后,则 450nm 吸收峰消失;再如 Cyt 体系,在还原状态时其各具一种特殊吸收光谱,而氧化后则会消失。因此可利用这种特性通过分光光度法来观察各组分的氧化还原状态。将分离得到的完整线粒体(包括全部呼吸链的组分),放置于无氧(电子受体),而有过量作用物(电子供体)存在的条件下,使其全部处于还原状态,然后缓慢通入氧气,则最接近氧的组分,首先给出电子而被氧化,其次被氧化的为倒数第二个组分,依此类推,这样获得的排列顺序与按标准还原电位得到的顺序完全一致,更进一步确证了呼吸链组分的排列顺序。

再次,由于呼吸链中某些组分的电子传递可以被一些抑制剂特异地阻断,结果在阻断部位以前的电子传递体处于还原状态,而在阻断部位之后的电子传递体则呈氧化状态。因此,采用不同的抑制剂,可阻断在不同部位的电子传递,通过分析不同阻断情况下各组分的氧化还原状态,就可以推断出呼吸链各组分的排列顺序。

最后,前述用去垢剂处理线粒体内膜,可队得到四种电子传递复合体,每一种复合体代表完整呼吸链的一部分,它们各有其独特的组成,并具有传递电子的功能,而且按一定组合完成电子传递过程,这也进一步证实了呼吸链传递体的排列顺序。

　　代谢物氧化后脱下的质子及电子通过上述呼吸链四个复合体的传递顺序为:从复合体Ⅰ或复合体Ⅱ开始,经 UQ 到复合体Ⅲ,然后复合体Ⅳ从还原型细胞色素 c 转移电子到氧。这样活化了的氧与质子(活化了的氢)结合成水。电子通过复合体转移的同时伴有质子从线粒体基质侧流向线粒体外(膜间隙),从而产生质子跨膜梯度,形成跨膜电位,这样导致 ATP 的生成(图 6-6)。

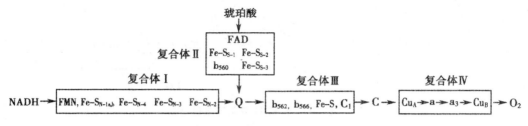

图 6-6　呼吸链传递体的顺序排列

　　复合体Ⅰ包括呼吸链中从 NAD$^+$ 到泛醌间的组分,为一巨大的黄素蛋白复合物,包括至少 34 个多肽链,其中有黄素蛋白(以 FMN 为辅基)及铁硫蛋白。整个复合体嵌在线粒体内膜上,其 NADH 结合面朝向线粒体基质,这样就能与基质内经脱氢酶催化产生的 NADH＋H$^+$ 相互作用。NADH 脱下的氢经复合体Ⅰ中 FMN、铁硫蛋白等传递给 UQ,与此同时伴有质子从线粒体基质转移到线粒体外(膜间隙)。

　　复合体Ⅱ介于作用物琥珀酸到泛醌之间,它是三羧酸循环中唯一的膜结合蛋白质,至少含有 4 种不同的蛋白质,其中一种蛋白质通过共价结合一个 FAD 和一个铁硫蛋白(以 4Fe-4S 为主),还原当量(2H)从琥珀酸到 FAD,然后经铁硫蛋白传递至 UQ。UQ 为脂溶性,分子较小且不与任何蛋白结合,在线粒体内膜呼吸链不同组分间可以穿梭游动传递电子。UQ 接受复合体Ⅰ或Ⅱ的氢后将质子(H$^+$)释放入线粒体基质中,将电子传递给复合体Ⅲ。

　　复合体Ⅲ主要包括 UQ 到细胞色素 c 间的呼吸链组分,在 UQ 和细胞色素 c 之间传递电子,与此同时伴有质子从线粒体基质转移至线粒体外。Cyt c 分子量较小,与线粒体内膜结合疏松,是除 UQ 外另一个可在线粒体内膜外侧移动的递电子体,有利于将电子从复合体Ⅲ传递到复合体Ⅳ。

　　复合体Ⅳ包括细胞色素 a 及 a$_3$电子从细胞色素 c 通过复合体Ⅳ到氧,同时引起质子从线粒体基质向膜间隙移动。

6.2.4　体内重要的呼吸链

1. NADH 氧化呼吸链

　　从 NADH 开始到水的生成称为 NADH 氧化呼吸链。NADH 氧化呼吸链是体内最常见的一条呼吸链,因为生物氧化过程中绝大多数脱氢酶都是以 NAD$^+$ 为辅酶。电子传递顺序是:

　　　　　　NADH＋H$^+$→复合体Ⅰ→UQ→复合体Ⅲ→Cyt c→复合体Ⅳ→O$_2$

　　体内多种代谢物如苹果酸、异柠檬酸等在相应酶的催化下,脱 2H$^+$,交给 NAD$^+$ 生成 NADH＋H$^+$,NADH＋H$^+$ 经复合体Ⅰ将 2H$^+$ 传递给 UQ 形成 UQH$_2$,UQH$_2$ 在复合体Ⅲ的

作用下脱下 $2H^+$,其中 $2H^+$ 游离于介质中,而 $2e^-$ 则通过一系列细胞色素体系的 Fe^{3+} 接受还原生成 Fe^{2+},并沿着 b→c_1→c→aa_3→O_2。顺序逐步传递给氧生成氧离子(O^{2-}),后者与介质中的 $2H^+$ 结合生成水。每 $2H^+$ 通过此呼吸链氧化生成水时,所释放的能量可以生成 2.5 个 ATP。

NADH 呼吸链各组分的额顺序如图 6-7 所示。

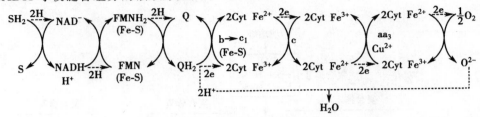

图 6-7 NADH 氧化呼吸链

2. $FADH_2$ 氧化呼吸链

底物脱下的氢交给 FAD,使 FAD 还原为 $FADH_2$,从 $FADH_2$ 到生成 H_2O 的途径称为 $FADH_2$ 氧化呼吸链。此呼吸链最早发现于琥珀酸生成 FADH。参与的电子传递,因此又称为琥珀酸氧化呼吸链。其电子传递顺序是:

琥珀酸→复合体Ⅱ→UQ→复合体Ⅲ→Cyt c→复合体Ⅳ→O_2

琥珀酸脱氢酶、脂酰辅酶 A 脱氢酶和甘油-3-磷酸脱氢酶催化底物脱下的氢均通过此呼吸链氧化。与 NADH 氧化呼吸链的区别在于脱下的 $2H^+$ 不经过 NAD^+ 这一环节。除此之外,其氢和电子传递过程均与 NADH 氧化呼吸链相同,每 2H 经此呼吸链氧化生成 1.5 分子 ATP。这条呼吸链不如 NADH 氧化呼吸链的作用普遍。

$FADH_2$ 呼吸链各组分的排列顺序如图 6-8 所示:

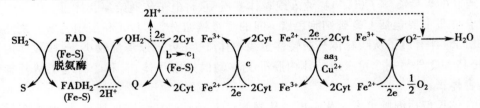

图 6-8 $FADH_2$ 氧化呼吸链

6.2.5 ATP 的生成、利用与储存

生物体不能直接利用糖、脂肪、蛋白质营养物质的化学能,需要将它们氧化分解转变成可利用的能量形式,即 ATP 等含有高能磷酸化学键的化合物。当机体需要能量时,再由这些高能磷酸化合物直接提供,也有利于细胞对能量代谢进行严格调控。所以 ATP 几乎是组织细胞能直接利用的唯一的高能化合物,ATP 在机体能量代谢中处于中心地位。不同化学键储存的能量不一样,所以水解时释放的能量多少各不相同。一般磷酸酯键水解时自由能变化(ΔG^0)为 $-8\sim12$ kJ/mol,而 ATP 中的磷酸酯键水解时,ΔG^0 为 -30.5 kJ/mol。生物化学中一般将 ΔG^0 大于 ATP(包括 ATP)(也有人把磷酸化合物水解时释出的能量 >21 kJ/mol)者称

为高能磷酸化合物,其所含的键称为高能磷酸键(energy-rich phosphate bond),以～P 表示。实际上这样的名称是不恰当的。因为一个化合物水解时释放的自由能多少取决于这个化合物整个分子的结构以及反应体系的情况,而不是由哪个特殊化学键的断裂所致。但是由于用高能磷酸键来解释一些生物化学反应非常方便,所以仍被生物化学界广泛采用。在生物体内还有一类高能键,由酰基和硫醇基构成,称为高能硫酯键,常见的高能化合物归纳于表 6-4。

表 6-4　高能化合物及其种类

类型	通式	举例	ΔG^0
酸酐类 (焦磷酸化合物)	R—O—P～P R—O—P～P	ATP、GTP 等 ADP、GDP 等	−30.5
烯醇磷酸	$\overset{\text{CH}_2}{\underset{}{\parallel}}$ R—C—O～P	磷酸烯醇丙酮酸	−60.9
混合酐 (酰基磷酸)	$\overset{\text{O}}{\underset{}{\parallel}}$ R—C—O～P	1,3-二磷酸甘油酸	−61.9
磷酸胍类	$\overset{\text{NH}}{\underset{}{\parallel}}$ R—C—NH～P	磷酸肌酸	−43.9
高能硫脂类	RCO～S·CoA	乙酰辅酶 A	−34.3

除高能磷酸化合物外,生物体还有一类高能化合物是由酰基和硫醇基构成,称为高能硫酯化合物,如乙酰 CoA、脂酰 CoA 和琥珀酰 CoA 等。由于这些化合物含有高能硫酯基团,在 CoA-SH 转移时释放较多的自由能,所以可参与许多代谢反应。高能硫酯化合物水解时,其 $\Delta G^{0'}$ 约为−31.4kJ/mol。

在能量代谢中起关键作用的是 ATP-ADP 系统,ADP 能接受代谢物质中所形成的一些高能化合物的一个磷酸基团和一部分能量转变成 ATP,也可以在呼吸链氧化过程中直接获取能量,用无机磷酸合成 ATP;ATP 水解释放出一个磷酸基团又变成 ADP,同时释放出能量又被用于合成代谢和其他需要能量的生理活动,这就是 ATP 循环(如图 6-9)。有机体的肌肉收缩、物质的运输、腺体的分泌、信息的传递以及生物大分子的合成等都是耗能过程。

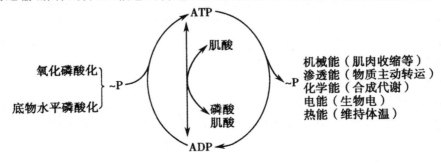

图 6-9　ATP 循环

由此可见,ATP 循环是生物体内能量转换的基本方式,在物质代谢中非常广泛。体内的 ATP 等有机化合物在水解时可释放大量自由能,通常称为高能化合物即富含能量的化合物。

换言之,所谓高能化合物是指化合物进行水解反应时伴随的标准自由能变化($\Delta G^{o'}$)等于或大于 ATP 水解生成 ADP 的标准自由能变化的化合物。在 pH7.0 条件下 ATP 水解为 ADP 和磷酸时,其 $\Delta G^{o'}$ 为 -30.5kJ/mol。人体内 ATP 含量虽然不多,但每日经 ATP/ADP 相互转变的量相当可观。

体内 ATP 的生成方式有两种:底物(作用物)水平磷酸化和氧化磷酸化。

1. 生物氧化过程中 ATP 的生成

因为 ATP 水解时(磷酸酐键断裂)自由能变化($\Delta G^{o'}$)为 -30.5kJ/mol,即 ATP 水解时释放的能量高达 30.54kJ/mol,而一般的磷酸酯水解时(磷酸酯键断裂)$\Delta G^{o'}$ 只有 -8 至 -12kJ/mol,所以 ATP 是一高能磷酸化合物。ATP 水解反应式为

$$\text{ATP} \rightarrow \text{ADP} + \text{Pi} \quad \text{或} \quad \text{ATP} \rightarrow \text{AMP} + \text{PPi(焦磷酸)}$$

生物体内的 ATP 是由 ADP 磷酸化生成的。由于 ADP 生成 ATP 时生成一个高能磷酸键,因此需要大量的能量,而代谢物氧化时放出的化学能供给 ADP 与无机磷酸反应生成 ATP。将代谢物的氧化作用与 ADP 的磷酸化作用相偶联而生成 ATP 的过程称为氧化磷酸化作用(oxidative phosphorylation)或偶联磷酸化作用(coupled phosphorylation)。生物氧化过程中,根据氧化磷酸化作用是否需要分子氧参加,将 ATP 的生成方式分为两种。

①底物水平磷酸化(substrate level phosphorylafion)。没有氧参加,与呼吸链无关,只需要代谢物脱氢(氧化)及其分子内部所含能量重新分布即可生成高能磷酸键,这种磷酸化作用称为底物水平磷酸化或代谢物水平的无氧磷酸化,如下面两个反应。

$$\text{甘油酸-1.3-二磷酸} + \text{ADP} \xrightleftharpoons{\text{甘油酸-3-磷酸激酶}} \text{甘油酸-3-磷酸} + \text{ATP}$$

$$\text{磷酸烯醇式丙酮酸} + \text{ADP} \xrightarrow{\text{丙酮酸激酶}} \text{丙酮酸} + \text{ATP}$$

此类反应通过磷酸化生成的 ATP 在体内所占的比例很小,如 lmol 葡萄糖彻底氧化产生的 36mol 或 38mol ATP 中,只有 4mol 或 6mol 由底物水平磷酸化生成,其余 ATP 均通过氧化磷酸化产生。

②呼吸链磷酸化(respiratory chain phosphorylafion)。需氧参加,代谢物脱下的氢经呼吸链递氢体和递电子体的传递,再与氧结合生成水,同时逐步释放大量能量,使 ADP 磷酸化生成 ATP,这种磷酸化作用称为呼吸链磷酸化。这种磷酸化方式生成的高能磷酸键最多,是体内生成 ATP 的主要方式,在糖类、脂类等氧化分解代谢中除少数例外,几乎全部通过呼吸链磷酸化生成 ATP,因而是生理活动所需能量的主要来源。所以,一般所说的氧化磷酸化就是指呼吸链磷酸化,下面予以详细讨论。

(1)氧化磷酸化的偶联部位

线粒体是氧化磷酸化的主要场所,所以可根据线粒体的 P/O 比值来判断磷酸化效率。P/O 比值是指某一代谢物作为呼吸底物每消耗 lmol 氧原子所需消耗 Pi 的摩尔数。例如,每 1 分子 NADH 经过呼吸链,消耗 1 个氧原子、3 个 ADP 和 3 个 Pi,产生 3 分子 ATP,P/O 比值为 3;同样,$FADH_2$ 经过呼吸链的 P/O 比值为 2,就产生 2 分子 ATP。

根据电化学的计算结果,$NAD^+ \rightarrow UQ$、$UQ \rightarrow Cyt\ c$、$Cyt\ aa_3 \rightarrow O_2$ 的 $\Delta G^{o'}$ 分别约为 63.7、59.8、110kJ/mol,而生成每摩尔 ATP 需能约 30.5kJ,可见上述 3 个反应均足够提供合成 1 mol ATP 所需的能量。呼吸链氧化磷酸化偶联部位见图 6-10。

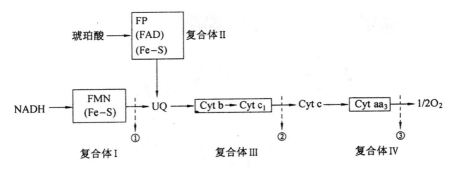

图 6-10　氧化磷酸化的偶联部位

（2）氧化磷酸化的机制

为了解释电子经呼吸链传递释放的能量是如何推动 ATP 合成的,曾经提出过"化学偶联"假说和"结构偶联"假说,这两种假说都涉及电子传递过程中的"高能中间物"或"高能构象中间物"的产生,但由于未能鉴定出这类"中间物",所以没有被人们接受。

1961 年,英国生物化学家 Peter Mitchell 提出"化学渗透"假说（ehemiosmotic hypothesis）,目前已被普遍接受用于解释氧化磷酸化的机制。

①化学渗透假说的基本要点。在线粒体内膜是完整、封闭的前提下,呼吸链的电子传递是一个主动转移 H^+ 泵（质子泵,proton pump）,将线粒体基质中的 H^+ 转运到线粒体内膜外,线粒体内膜不允许 H^+ 自由回流,形成线粒体内膜外高内低的电化学梯度,这里既有 H^+ 浓度梯度,又有跨膜电位差作为能量储备,当 H^+ 顺梯度回流时则驱动 ATP 合酶催化 ADP 与 Pi 合成 ATP（图 6-11）。

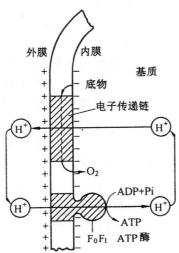

图 6-11　化学渗透假说示意图

②ATP 合酶（ATP synthase）。ATP 合酶也称为复合体 V,是一个大的膜蛋白复合体,主要由疏水的 F_0 和亲水的 F_1 构成,又称为 F_0F_1—ATP 酶。在电子显微镜下观察,线粒体内膜和嵴的基质侧有许多球状颗粒突起,称为 ATP 合酶,其球状的头是 F_1 部分,起催化 ATP 合成的作用,组分为 $\alpha_3\beta_3\gamma\delta\varepsilon$,其中 β 亚基可以催化 ATP 合成,δ 亚基是连接 F_0 和 F_1 所必需的;F_0 部分起质子通道作用,由 3～4 个大小不一的亚基组成,其中有一个亚基称为寡霉素敏感蛋白质

（oligomycin sensitivity conferring protein，OSCP），寡霉素干扰对 H^+ 浓度梯度的利用从而抑制 ATP 的合成（图 6-12）。

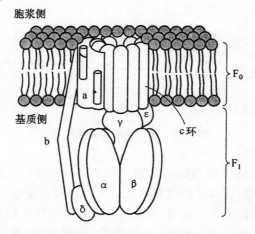

图 6-12　ATP 合酶结构示意

（3）氧化磷酸化的调节

正常机体氧化磷酸化的速率主要受 ADP 调节。当机体利用 ATP 增多，ADP 浓度升高，转运入线粒体后使氧化磷酸化的速度加快；反之 ADP 不足，氧化磷酸化的速度减慢。氧化磷酸化的正常与否依赖于氧化过程，即电子传递的顺利进行以及有耦联的磷酸化作用发生，而有些化合物可以影响电子的传递过程，另有些虽不影响氧化过程，但干扰磷酸化的发生，其结果均使氧化磷酸化不能正常进行。氧化磷酸化的抑制剂一般分三类：第一类是电子传递抑制剂（也叫呼吸链抑制剂），使氧化受阻则耦联的磷酸化也无法进行；第二类是解耦联剂，使氧化与磷酸化脱离，虽然氧化照常进行，但不能生成 ATP，则 P/O 比值降低，甚至为零；第三类为氧化磷酸化抑制剂，这类抑制剂对电子传递和氧化磷酸化均有抑制作用。如寡霉素（oligomycin）可与 ATP 合酶的 OSCP 亚基结合阻止了 H^+ 从质子通道回流，磷酸化过程无法完成，因此阻断完整线粒体的氧化磷酸化。还有一种铁螯合剂（TYFA）可以特异抑制还原当量从 FP（辅基为 FAD）至 UQ 的传递。

电子传递抑制剂常见的有鱼藤酮（rotenone）、粉蝶霉素 A（piericidin A）及异戊巴比妥（amobarbital）等，它们与复合体Ⅰ中的铁硫蛋白结合，从而阻断电子传递。抗霉素 A（antimycin A）、二巯丙醇（British anti－lewisite，BAL）抑制复合体Ⅲ中 Cyt b 与 Cyt c_1 间的电子传递。H_2S，CO 及 CN^- 抑制细胞色素氧化酶，使电子不能传递给氧（图 6-13）。经常发生的城市火灾事故中，由于建筑装饰材料中的 N 和 C 经高温可形成 HCN，因此，伤员除因燃烧不完全造成 CO 中毒外，还存在 CN^- 中毒。

解耦联剂中最常见的有 2,4-二硝基苯酚（dinitrophenol）其作用在于分裂氧化与磷酸化过程。因二硝基苯酚为脂溶性物质，在线粒体内膜中可自由移动，其进入基质后可释出 H^+，而返回胞液侧后可再结合 H^+，从而破坏了 H^+ 梯度，故不能生成 ATP，导致氧化磷酸化呈现解耦联。氧化磷酸化的解耦联作用可发生于新生儿的棕色脂肪组织，其线粒体内膜上有解耦联蛋白，可使氧化磷酸化解耦联，新生儿可通过这种机制产热，维持体温。人（尤其是新生儿）、哺乳类等动物中存在含有大量线粒体的棕色脂肪组织，该组织线粒体内膜中存在解耦联蛋白

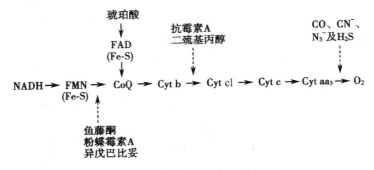

图 6-13 电子传递链抑制作用点

(uncoupling protein)，它是由 2 个 32kD 亚基组成的二聚体，在内膜上形成质子通道，H$^+$可经此通道返回线粒体基质中，同时释放热能，因此棕色脂肪组织是产热御寒组织（图 6-14）。新生儿硬肿症是因为缺乏棕色脂肪组织，不能维持正常体温而使皮下脂肪凝固所致。近年来发现在其他组织的线粒体内膜中也存在解耦联蛋白，可能对机体的代谢速率起调节作用。

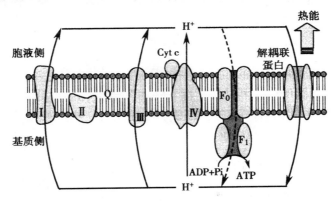

图 6-14 解耦联蛋白作用机制

甲状腺素能诱导细胞膜上 Na$^+$-K$^+$-ATP 酶的生成，加速 ATP 分解为 ADP 和 Pi，使 ADP 增多促进氧化磷酸化；甲状腺素还能使解耦联蛋白表达增加，从而引起机体耗氧和产热均增加，故甲状腺功能亢进患者基础代谢率增高。

此外，线粒体 DNA(mitochondrial DNA，mtDNA)突变可影响氧化磷酸化的功能，使 ATP 的生成减少而致病。mtDNA 病出现的症状取决于 mtDNA 突变的程度和器官对 ATP 的需要量，能耗较多的组织器官首先出现功能障碍，常见的有盲、聋、痴呆及糖尿病等。mtDNA 突变还随年龄增加而呈渐进性累积，不断损伤氧化磷酸化而导致老年退行性病变，如帕金森病。由于 mtDNA 是裸露的，缺乏蛋白质保护和 DNA 损伤修复系统，容易受氧化磷酸化过程中产生的氧自由基损伤而发生突变，导致线粒体结构与功能的变化，最终影响 ATP 的生成。

（4）氧化磷酸化的抑制剂

氧化磷酸化是氧化和磷酸化的偶联反应。磷酸化作用所需能量由氧化作用供给，氧化作用所形成的能量通过磷酸化作用储存，这是需氧生物进行正常新陈代谢、维持正常生命活动的最关键的反应，抑制氧化磷酸化会对生物体造成严重后果，甚至导致死亡。氧化磷酸化抑制剂分为两大类。

①电子传递抑制剂。电子传递抑制剂也称为呼吸链阻断剂或呼吸毒物,可抑制呼吸链的不同部位,使氧化(电子传递)过程受阻,偶联磷酸化也就无法进行,ATP 生成也就随之减少。常见的电子传递抑制剂有阿地平、阿米妥、鱼藤酮、抗霉素 A、CO、CN^- 等,其抑制部位见图6-15。

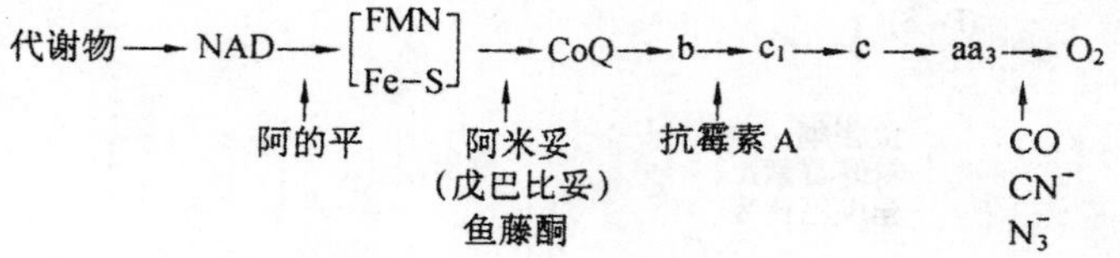

图 6-15　生物氧化中电子传递抑制剂

②解偶联剂。解偶联剂是可引起解偶联作用的物质。由于异常因素的影响,氧化和磷酸化的偶联遭到破坏,只有代谢物的氧化过程,而不伴有 ADP 磷酸化的过程,称为氧化磷酸化解偶联作用(uncoupling)。解偶联剂中最常见的是 2,4-二硝基苯酚(图 6-16),为脂溶性物质,可在线粒体内膜中自由移动,将 H^+ 从内膜外侧搬运至内侧,从而使 H^+ 浓度梯度遭到破坏,ATP 无法生成,导致氧化磷酸化分离。

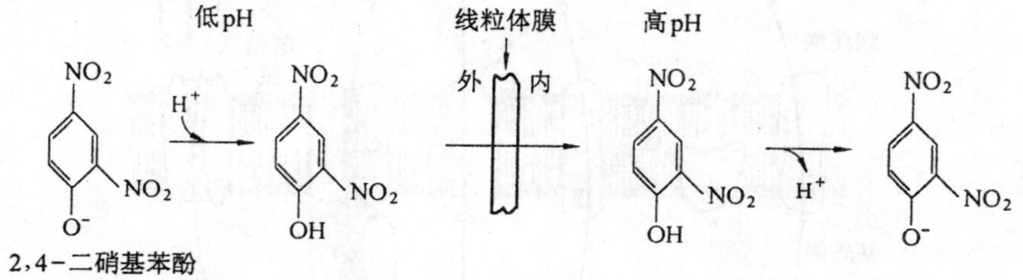

图 6-16　2,4-二硝基苯酚的作用机制

2.线粒体内膜对物质的转运

线粒体内生成的 NADH 和 $FADH_2$ 可直接参加氧化磷酸化过程,但在胞液中生成的 NADH 不能自由透过线粒体内膜,线粒体外 NADH 所携带的氢必须通过某种转运机制才能进入线粒体,然后再经呼吸链进行氧化磷酸化。转运 NADH 的机制主要有以下几种。

(1)磷酸甘油穿梭作用(glycerol-α-phosphate shuttle)

如图 6-17 所示,α-磷酸甘油脱氢酶是参与磷酸甘油穿梭作用的酶,包括两种,一种以 NAD^+ 为辅酶存在于线粒体外,另一种以 FAD 为辅基存在于线粒体内。胞浆中代谢物氧化产生的 NADH 通过磷酸甘油穿梭作用进入线粒体,转变为 $FADH_2$,$FADH_2$ 进入呼吸链之后产生 2 分子 ATP。

(2)苹果酸穿梭作用(malate shuttle)

如图 6-18 所示,线粒体内外都有苹果酸脱氢酶,而且都以 NAD^+ 为辅酶。胞浆中代谢物氧化产生的 NADH 通过苹果酸穿梭作用进入线粒体和呼吸链,产生 3 分子 ATP。

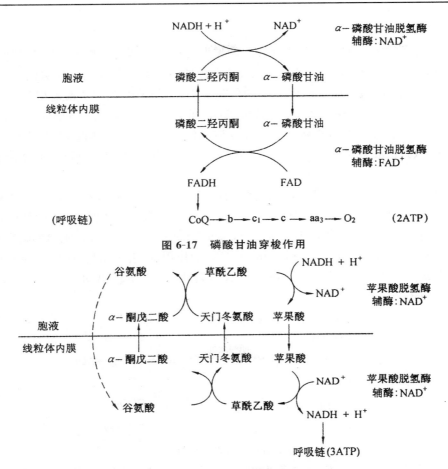

图 6-17　磷酸甘油穿梭作用

图 6-18　苹果酸穿梭作用

（3）ADP 和 ATP 的运转

线粒体内膜含有 ATP－ADP 转位酶（ATP－ADP translcase），又称为腺苷转位酶。由两个 30kD 的亚基组成，含有一个腺苷酸结合位点。催化线粒体生成的 ATP 转运到内膜胞质侧，同时将胞质侧的 ADP 和 $H_2PO_4^-$ 转运到基质（如图 6-19）。

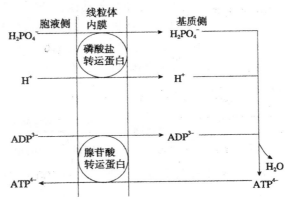

图 6-19　ATP、ADP、H_3PO_4 的运转

3. ATP 的储存与利用

糖、脂、蛋白质在分解代谢过程中释放的能量大约有 40% 以化学能的形式储存在 ATP 分子中。ATP 是生物体能量转移的关键物质,它直接参与细胞中各种能量代谢的转移,可接受代谢反应释出的能量,亦可供给代谢需要的能量。ATP 分子中有两个高能磷酸键。在体外 pH7.0,25℃标准状态下每摩尔 ATP 水解为 ADP 和 H_3PO_4,$\Delta G^{0'}$ 为 $-30.5kJ/mol$。在生理条件下,受 pH、离子强度、2 价金属离子以及反应物浓度的影响,人体内 ATP 水解时的 $\Delta G^{0'}$ 为 $51.6kJ/mol(12kcal/mol)$。释放的能量供肌肉收缩、生物合成、离子转运、信息传递等生命活动之需。

ATP 是肌肉收缩的直接能源,但其浓度很低,每千克肌肉内的含量 mmol 计,当肌肉急剧收缩时,消耗的 ATP 可高达 $6mmol/(kg \cdot s)$,远远超过营养物氧化时生成 ATP 的速度。这时肌肉收缩的能源就依赖于磷酸肌酸(creatine phosphate)。磷酸肌酸是肌肉和脑组织中能量的贮存形式,肌酸在肌酸激酶(creatine kinase,CK)的作用下,由 ATP 提供能量转变成磷酸肌酸,当肌肉收缩时 ATP 不足,磷酸肌酸的~P 又可转移给 ADP,使 ADP 重新生成 ATP,供机体需要(图 6-20)。

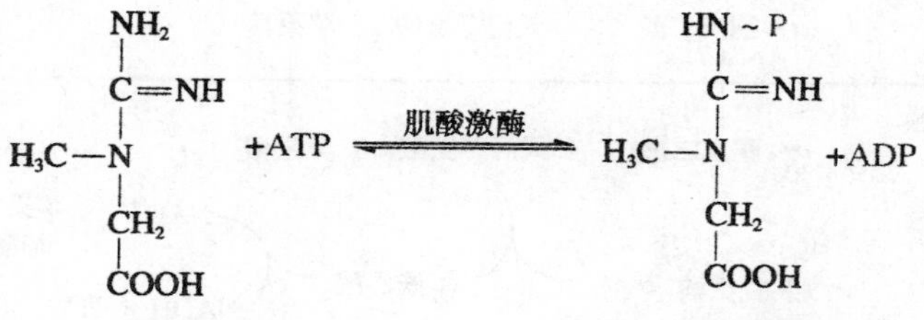

图 6-20　磷酸肌酸的生成

心肌与骨骼肌不同,心肌持续性节律性收缩与舒张,在细胞结构上,线粒体是丰富的,它几乎占细胞总体积的 $\frac{1}{2}$,而且能直接利用葡萄糖、游离脂肪酸和酮体为燃料,经氧化磷酸化产生 ATP,供心肌利用。心肌既不能大量贮存脂肪和糖原,也不能贮存很多的磷酸肌酸。因此,一旦心血管受阻导致缺氧,则极易造成心肌坏死,即心肌梗死。

糖、脂、蛋白质的生物合成除需要 ATP 外,还需要其他核苷三磷酸。如糖原合成需 UTP,磷脂合成需要 CTP,蛋白质合成需要 GTP。这些核苷三磷酸的生成和补充,不能从物质氧化过程中直接生成,而主要来源于 ATP。由核苷单磷酸激酶(nucleoside monophosphate kinase)和核苷二磷酸激酶(nucleoside diphosphate kinase)催化磷酸基转移,生成相应的核苷三磷酸。参与各种物质代谢,包括用以合成核酸。

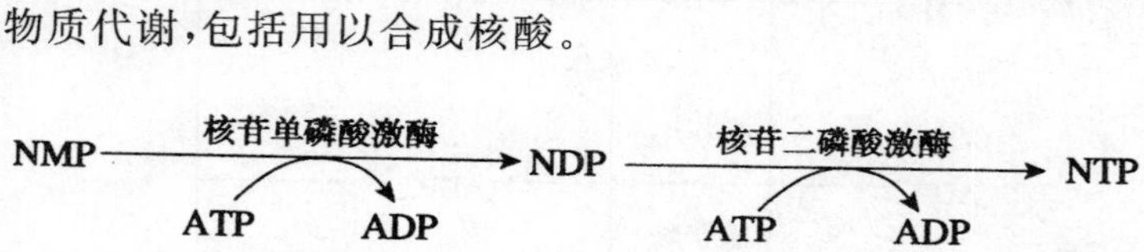

现将体内能量转移、储存和利用的关系总结如下(图 6-21):

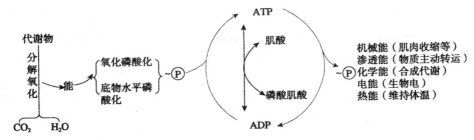

图 6-21　ATP 的生成、储存和利用

6.3　非线粒体氧化体系

6.3.1　微线粒体氧化体系

微粒体氧化体系存在于细胞的光滑内质网上,其组成成分比较复杂,目前尚不完全清楚。在微粒体中存在一类加氧酶(oxygenase),这类加氧酶也参与代谢物的氧化作用。这类酶所催化的氧化反应是将氧直接加到底物的分子上。根据催化底物加氧反应情况不同,可分为单加氧酶和双加氧酶两种。

1. 双加氧酶

双加氧酶(dioxygenase)又叫转氨酶。催化 2 个氧原子直接加到底物分子特定的双键上,使该底物分子分解成两部分。其催化反应可表示为:

$$R=R'+O_2 \rightarrow R=O+R'=O$$

例如,色氨酸双加氧酶、β-胡萝卜素双加氧酶等催化 2 个氧原子分别加到构成双键的 2 个碳原子上。

色氨酸　　　　　　　　　　　　　　甲酰犬尿酸原

2. 单加氧酶

单加氧酶(monooxygenase)催化在底物分子中加 1 个氧原子的反应。单加氧酶又称为羟化酶(hydroxylase),或称混合功能氧化酶(mixed function oxidase)。单加氧酶的特点是它催化分子氧中 2 个氧原子分别进行不同的反应,其分子氧中的一个氧原子加到底物分子上,而另一个氧原子则与还原型辅酶Ⅱ上的两个质子作用生成水,其催化反应可表示如下:

$$RH+NADPH+H^+ +O_2 \rightarrow ROH+NADP+H_2O$$

单加氧酶实际上是一个酶系,又称细胞色素 P_{450} 羟化酶系,至少包括两种组成成分:一种是细胞色素 P_{450},这是一种含铁卟啉辅基的 b 族细胞色素,因还原态的这种细胞色素易与 CO 结合,它与 CO 结合的产物在 450nm 波长处有最大吸收峰而命名为细胞色素 P_{450}。它的作用类似于细胞色素 aa_3,也是处于电子传递链的终端部位,能与氧直接反应。单加氧酶系的另一种成分是 NADPH-细胞色素 P_{450} 还原酶,其辅基是 FAD,催化 NADPH 和细胞色素 P_{450} 之间的电子传递。NADPH-细胞色素 P_{450} 还原酶这种黄素蛋白常与铁硫蛋白形成复合体。单加氧酶体系的电子传递链氧化还原反应可表示如图 6-22。

单加氧酶系与 ATP 的生成无关,但也具有多种功能,诸如肾上腺皮质类固醇的羧化、类固醇激素的合成、维生素 D_3 的羟化以及胆酸生成中环核的羧化等反应都与其有关;不饱和脂肪酸生成中双键的引入;药物、致癌物和毒物的氧化解毒等也都需要有单加氧酶催化的羟化反应。应当指出,生物体内某些羟化酶虽也是催化加单氧反应,但与含 P_{450} 的单加氧酶有本质的差别。例如苯丙氨酸羟化酶的辅因子是二氢生物蝶呤,多巴胺 β-羟化酶的供氢体是还原型维生素 C。

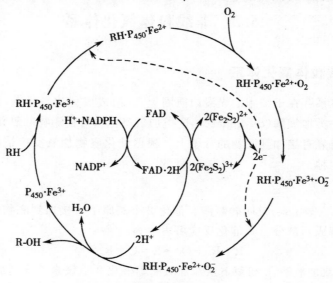

图 6-22 加单氧酶反应

6.3.2 过氧化物酶体氧化体系

生物氧化过程中氧必须接受细胞色素氧化酶的四个电子被彻底还原,最后生成 H_2O。但是有时候产生一些部分还原氧的形式。O_2 得到一个电子生成超氧阴离子(superoxide anion,O_2^-),接受两个电子生成过氧化氢(hydrogen peroxide,H_2O_2),接受三个电子生成 H_2O_2 和羟基自由基(hydroxylflee radical,·OH)。O_2^-、H_2O_2、·OH 统称为活性氧簇。其中 O_2^- 和·OH 称为自由基。H_2O_2 不是自由基,但是可以转变成羟基自由基。

$$H_2O_2 + O_2^- \rightarrow O_2 + OH^- + \cdot OH$$

正常情况下,物质在细胞线粒体、胞液、过氧化物酶体代谢可生成活性氧。细菌感染、组织缺氧等病理情况,辐射、服用药物、吸入烟雾等外源因素也可导致细胞产生活性氧。

H_2O_2 在体内有一定的生理作用,如中性粒细胞产生的 H_2O_2 可用于杀死吞噬的细菌,甲状腺中产生的 H_2O_2 可使酪氨酸碘化生成甲状腺素。但对于大多数组织来说,活性氧则对细胞有毒性作用。活性氧反应性极强,羟基自由基是其中最强的氧化剂,也是最活跃的诱变剂。活性氧使 DNA 氧化、修饰,甚至断裂,破坏核酸结构,氧化某些具有重要生理作用的含巯基的酶和蛋白质,使之丧失活性,还可以将生物膜的磷脂分子中高度不饱和脂肪酸氧化成脂质过氧化物,造成生物膜损伤,引起严重后果。如红细胞膜损伤就容易发生溶血,线粒体膜损伤,则能量代谢受阻;脂质过氧化物与蛋白质结合成复合物进入溶酶体后不易被酶分解或排出,就可能形成一种棕色的称为脂褐质(lipofuscin)的色素颗粒,这与组织的老化有关。机体有多种清除活性氧的酶可将它们及时处理和利用。

1. 过氧化氢酶

过氧化氢酶(catalase)又称触酶,可催化两分子 H_2O_2 反应生成水,并放出 O_2。

$$2H_2O_2 \xrightarrow{\text{过氧化氢酶}} 2H_2O_2 + O_2$$

2. 过氧化物酶

过氧化物酶(peroxidase)能利用 H_2O_2 氧化酚类及胺类等有毒物质,故它对机体有双重保护作用。

$$RH_2 + H_2O_2 \xrightarrow{\text{过氧化氢酶}} R + 2H_2O$$

$$R + H_2O_2 \xrightarrow{\text{过氧化氢酶}} RO + H_2O$$

某些组织细胞内还存在一种含硒的谷胱甘肽过氧化物酶(glutathione peroxidase),利用还原型谷胱甘肽(GSH)使 H_2O_2 或其他过氧化物(ROOH)还原,对组织细胞具有保护作用(图6-23)。

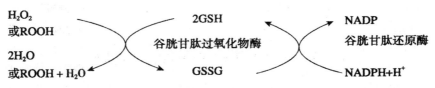

图 6-23 谷胱甘肽过氧化物酶的作用机制

6.3.3 超氧化物歧化酶

自由基是具有未成对电子的原子、离子和基团,如超氧阴离子($O_2^{\cdot-}$)和羟自由基($\cdot OH$)等。细胞内有多种产生自由基的途径,很容易产生自由基。例如:一个 O_2 在呼吸链的末端获得四个电子才能完全还原生成 H_2O,如果只获得一个电子就会形成 $O_2^{\cdot-}$(占呼吸链消耗 O_2 的 $1\% \sim 4\%$):

$$O_2 + 4e \rightarrow 2O^{2-} \xrightarrow{4H^+} 2H_2O \quad O_2 + e \rightarrow O_2^{\cdot-}$$

自由基性质活泼,氧化性强,对机体危害很大。它们可以破坏生物膜,是蛋白质交联变性、酶与激素失活、核酸结构破坏、免疫功能下降,从而引发多种疾病。

超氧化物歧化酶(superoxide dismutase,SOD)可以催化 $O_2^{\cdot-}$ 发生歧化反应生成 O_2 和 H_2O_2,从而清除 $O_2^{\cdot-}$:

$$2O_2^{\cdot-} + 2H^+ \rightarrow H_2O_2 + O_2$$

生成的 H_2O_2 可以被过氧化氢酶进一步分解成 H_2O 和 O_2。

SOD 是由 Fridovich 于 1969 年发现的一种普遍存在于生物体内的酶。在真核生物细胞液中,SOD 以 Cu^{2+}、Zn^{2+} 为辅基,称为 Cu/Zn—SOD;在原核生物细胞液和真核生物线粒体内,SOD 以 Mn^{2+} 为辅基,称为 Mn—SOD。

第7章　糖类代谢

7.1　概　述

1.糖的功能

（1）氧化供能

人体所需能量的 $50\%\sim70\%$ 来自糖的氧化分解。1mol 葡萄糖彻底氧化可释放 2840kJ 的能量，这些能量一部分以热能形式散发，一部分用于完成机体的各种做功。

（2）提供合成原料

糖分解代谢的中间产物可作为合成其他化合物的原料。如可转变为脂肪酸和甘油，进而合成脂肪；可转变为某些氨基酸以供机体合成蛋白质所需；可转变为葡萄糖醛酸，参与机体的生物转化反应等。

（3）维持血糖水平

糖在体内可以糖原的形式进行储存，当机体需要时，糖原分解，释放入血，可有效地维持正常血糖浓度，保证重要生命器官的能量供应。

（4）参与构造组织细胞

糖是细胞的重要成分，如核糖、脱氧核糖是核酸的组成成分；杂多糖和结合糖类是构造细胞膜、神经组织、结缔组织、细胞间质的主要成分；糖蛋白和糖脂不仅是生物膜的重要组成成分，而且其糖链部分还参与细胞间的识别、黏着以及信息传递等过程。

（5）其他功能

糖能参与构成体内某些具有特殊功能的物质，如免疫球蛋白、血型物质、部分激素及大部分凝血因子等。

2.糖的消化与吸收

（1）糖的消化

人类食物中主要的糖是植物淀粉和动物糖原，此外还有少量乳糖、蔗糖、麦芽糖等二糖。糖的消化从口腔开始，在唾液淀粉酶作用下，淀粉被初步水解成寡糖，寡糖在小肠继续水解成葡萄糖后才能吸收。由于食物在口腔停留时间较短，而胃酸又可使淀粉酶失去活性，所以小肠是糖消化的最主要场所。

口腔唾液淀粉酶和小肠胰淀粉酶都属于糖苷酶，可水解淀粉分子中的 α-1，4 和 α-1，6 糖苷键。消化道内的麦芽糖可在麦芽糖苷酶作用下水解成两分子葡萄糖；蔗糖则在蔗糖酶催化下水解为一分子葡萄糖和一分子果糖；乳糖在乳糖酶作用下水解成一分子葡萄糖和一分子半乳糖。食物中的纤维素是由葡萄糖以 β-糖苷键构成，而人类消化道内缺乏 β-糖苷酶，故不能分解利用纤维素，但消化道内的纤维素可刺激肠蠕动，是维持肠道功能所必需的。

（2）糖的吸收

食物中的多糖必须消化成单糖后才能被吸收。大部分的消化产物是被小肠前半段的粘膜上皮细胞吸收,然后进入小肠毛细血管,经门静脉转运到肝脏,再经肝静脉进入血液循环,转运到全身各组织,供其利用。虽然各种单糖均可被吸收,但其吸收率不同。以葡萄糖为参照,几种主要单糖的相对吸收率是:D-半乳糖(110)、D-葡萄糖(100)、D-果糖(43)、D-甘露糖(19)。

单糖的吸收率不同是因为其吸收机制不同:葡萄糖和半乳糖是通过继发性主动转运机制吸收的,所以吸收率较高。果糖和甘露糖可能是通过单纯扩散机制吸收的,所以吸收率较低。

葡萄糖的跨细胞膜转运有两种主要机制:①继发性主动转运,又称协同转运,肾近曲小管上皮细胞也通过该机制重吸收小管液葡萄糖。②载体介导的易化扩散,是一般细胞(例如红细胞)的转运机制。

3.糖代谢概况

进入体内的糖以葡萄糖形式在血液中运输,依赖一类葡萄糖转运体进入细胞代谢。

糖代谢主要是指葡萄糖在体内的一系列复杂的化学反应。它在不同类型细胞中的代谢途径有所不同,其代谢方式很大程度上受氧供状况的影响。在氧供充足时,葡萄糖可彻底氧化分解成 CO_2 和 H_2O,并产生大量 ATP。缺氧时,葡萄糖酵解生成乳酸,生成少量 ATP。此外,葡萄糖也可进入磷酸戊糖途径进行代谢。葡萄糖又可聚合成糖原,储存于肌肉和肝组织,乳酸、甘油、丙氨酸等非糖物质还可经糖异生途径转变成葡萄糖或糖原。

7.2　糖的分解代谢

7.2.1　糖的无氧分解

1.糖酵解的机理

糖的无氧分解是指葡萄糖或糖原在无氧或缺氧条件下分解转变成乳酸并生成少量 ATP 的过程,由于这一过程与酵母中糖生醇发酵的过程相似,故又称糖酵解。全身各组织细胞均可进行糖酵解,糖酵解的全部反应在胞液中进行,整个代谢过程可分为 3 个阶段:第 1 阶段由葡萄糖或糖原分解生成 2 分子磷酸丙糖,第 2 阶段由磷酸丙糖转变为丙酮酸,第 3 阶段由丙酮酸接受氢生成乳酸。

第一阶段磷酸丙糖的的生成,该阶段一共包括四步反应:

①葡萄糖磷酸化生成 6-磷酸葡萄糖。葡萄糖进入细胞后第一步反应是磷酸化,经磷酸化的葡萄糖不能自由通过细胞膜,可有效阻止葡萄糖逸出细胞。此反应由 ATP 提供磷酸基团和能量,在肝外的己糖激酶或肝内的葡萄糖激酶的催化下,生成 6-磷酸葡萄糖。反应消耗能量,需 Mg^{2+} 参与。此反应不可逆,催化反应的酶为限速酶。

$$\underset{(G)}{葡萄糖} \xrightarrow[\text{ATP} \quad \text{ADP}]{\text{己糖激酶(葡萄糖激酶)}} \underset{(G-6-P)}{6\text{-磷酸葡萄糖}}$$

②6-磷酸葡萄糖转变为 6-磷酸果糖,该反应是一个醛糖与酮糖的可逆异构反应,由磷酸己糖异构酶催化。

$$\underset{(G-6-P)}{6\text{-磷酸葡萄糖}} \underset{\text{磷酸己糖异构酶}}{\rightleftharpoons} \underset{(F-6-P)}{6\text{-磷酸果糖}}$$

③6-磷酸果糖磷酸化成 1,6-磷酸果糖由 6-磷酸果糖激酶-1 催化的不可逆反应。是糖酵解中消耗 ATP 的第 2 个反应,需 ATP 提供磷酸基和能量,并需 Mg^{2+}。

$$6\text{-磷酸果糖} \xrightarrow[\text{ATP} \quad \text{ADP}]{\text{磷酸果糖激酶-1}} 1,6\text{-二磷酸果糖}$$
$$(\text{F-6-P}) \qquad\qquad\qquad (\text{F-1,6-BP})$$

④1,6-二磷酸果糖裂解成磷酸丙糖反应生成 2 分子磷酸丙糖,即 3-磷酸甘油醛和磷酸二羟丙酮。是由醛缩酶催化的可逆反应,有利于己糖的生成。

$$1,6\text{-二磷酸果糖} \xrightleftharpoons{\text{醛缩酶}} \text{磷酸二羟基丙酮}+3\text{-磷酸甘油醛}$$

上述四步反应中两次磷酸化反应,消耗 2 分子 ATP,因此,糖酵解的第一阶段的反应是耗能的。

第二阶段的反应为丙酮酸的生成反应,此阶段的反应分五步进行。

①3-磷酸甘油醛氧化为 1,3-二磷酸甘油酸。是糖酵解途径中唯一的脱氢步骤,由 3-磷酸甘油醛脱氢酶催化,以 NAD^+ 为辅酶接受氢和电子,产生 $NADH+H^+$。此反应需无机磷酸参加,当底物的醛基氧化成羧基后即与磷酸形成混合酸酐,该酸酐是一种高能磷酸化合物,其水解后释放的自由能很高,可转移至 ADP 生成 ATP。

$$3\text{-磷酸甘油醛}+H_3PO_4 \xrightleftharpoons[\text{NAD}^+ \quad\quad \text{NADH}+H^+]{\text{3-磷酸甘油醛脱氢酶}} 1,3\text{-二磷酸甘油酸}$$

②1,3-二磷酸甘油酸转变成 3-磷酸甘油酸。磷酸甘油酸激酶催化 1,3-二磷酸甘油酸的高能磷酸基转移到 ADP 生成 ATP 和 3-磷酸甘油酸,反应需 Mg^{2+} 参加。这是糖酵解过程中第一个产生 ATP 的反应。这种与脱氢反应偶联,直接将高能磷酸化合物中的高能磷酸键转移 ADP,生成 ATP 的过程,称为底物水平磷酸化。

$$1,3\text{-二磷酸甘油酸} \xrightleftharpoons[\text{Mg}^{2+}]{\overset{\text{ADP} \qquad \text{ATP}}{\text{3-磷酸甘油酸激酶}}} 3\text{-磷酸甘油酸}$$

③3-磷酸甘油酸转变为 2-磷酸甘油酸为可逆的磷酸基转移过程。反应由磷酸甘油酸变位酶催化,需 Mg^{2+} 参加。

$$3\text{-磷酸甘油酸} \xrightleftharpoons{\text{磷酸甘油变位酶}} 2\text{-磷酸甘油酸}$$

④2-磷酸甘油酸转变成磷酸烯醇式丙酮酸。由烯醇化酶催化 2-磷酸甘油酸脱水生成磷酸烯醇式丙酮酸。此反应引起分子内部的电子重排和能量的重新分布,形成一个含高磷酸键的 PEP。

$$2\text{-磷酸甘油} \xrightarrow{\text{烯醇化酶}} \text{磷酸烯醇式丙酮酸}+H_2O$$

⑤为丙酮酸激酶(pyruvate kinase)催化磷酸烯醇式丙酮酸转变为烯醇式丙酮酸,同时将分子中的高能磷酸基转移给 ADP,生成 ATP。这是糖酵解途径中第 2 次底物水平磷酸化。不稳定的烯醇式丙酮酸进而自发转变为稳定的酮式丙酮酸。丙酮酸激酶为糖酵解途径的又一限速酶,催化的反应不可逆。

$$\text{磷酸烯醇式丙酮酸} \xrightarrow[\text{ADP} \quad \text{ATP}]{\text{丙酮酸激酶}} \text{丙酮酸}$$

第三阶段为乳酸的生成。此阶段有 1 步反应,即丙酮酸还原为乳酸。乳酸脱氢酶(LDH) 催化丙酮酸还原为乳酸,供氢体 NADH＋H$^+$ 来自第 2 阶段第 1 步反应中 3-磷酸甘油醛脱下 的氢。此反应可逆。

通过上述的叙述可将糖酵解的全过程综合为图 7-1。

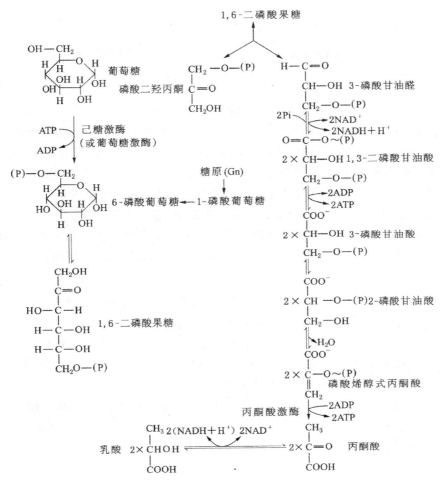

图 7-1　糖酵解的代谢途径

2．糖酵解调节

糖酵解途径中的主要限速酶是己糖激酶、6-磷酸果糖激酶-1 和丙酮酸激酶反应都是不可 逆反应,构成了糖酵解途径的 3 个调节点,分别受别构调节剂和激素的双重调下。

生物体内有多种代谢物可以调节糖酵解的代谢速度。6-磷酸果糖激酶-1 在糖酵解途径中 起决定作用,其催化效率最低。6-磷酸果糖激酶-1 是-四聚体,不仅具有结合 6-磷酸果糖和 ATP 的部位,而且还有与别构激活剂和抑制剂结合的部位。2,6-二磷酸果糖、ADP 和 AMP 是其别构激括剂,而 ATP、柠檬酸等是其别构抑制剂。当细胞内 ATP 不足时,ATP 主要作为 反应底物,保证酶促反应进行;当细胞内 ATP 增多时,ATP 则作为抑制剂降低酶对 6-磷酸果 糖的亲和力。

2,6-二磷酸果糖在体内是由 6-磷酸果糖激酶-2 催化 6-磷酸果糖 C₂ 位磷酸化所形成,可被二磷酸果糖磷酸酶-2 去磷酸化生成 6-磷酸果糖,失去调节作用。它是 6-磷酸果糖激酶-1 最强的别构激活剂,其能与 AMP 一起消除 ATP、柠檬酸对 6-磷酸果糖激酶-1 的别构抑制作用。2,6-二磷酸果糖的合成和分解见图 7-2。

图 7-2 2,6-磷酸果糖的合成与分解

糖酵解途径的第二个重要调节点。ATP 是别构抑制剂,若在肝内,丙氨酸对其也有别构抑制作用 1,6-二磷酸果糖、ADP 是其别构激活剂。丙酮酸激酶还受化学修饰调节。依赖 cAMP 的蛋白激酶和依赖 Ca²⁺、钙调蛋白的蛋白激酶均可使其磷酸化而失去活性。胰岛素可诱导丙酮酸激酶的合成,胰高血糖素可通过 cAMP 抑制丙酮酸激酶活性。

己糖激酶受其反应产物 6-磷酸葡萄糖的反馈抑制;葡萄糖激酶分子内不存在 6-磷酸葡萄糖的别构结合部位,故不受 6-磷酸葡萄糖的反馈影响。葡萄糖和胰岛素能诱导肝细胞合成葡萄糖激酶,加速反应的进行。长链脂酰 CoA 对葡萄糖激酶有别构抑制作用。

3.糖酵解的反应特点

酵解全过程没有氧的参与,反应在胞液中进行,反应中生成的 NADH＋H⁺ 只能将 2H 交给丙酮酸,使之还原为乳酸。乳酸是糖酵解的必然产物。

葡萄糖经酵解途径未被彻底氧化,反应中能量释放较少,1 分子葡萄糖可氧化为 2 分子丙酮酸,经 2 次底物水平磷酸化,可产生 4 分子 ATP,减去葡萄糖活化时消耗的 2 分子 ATP,净生成 2 分子 ATP。若从糖原开始,则净生成 3 分子 ATP。

糖酵解中有 3 步不可逆的单向反应,由己糖激酶(葡萄糖激酶)、磷酸果糖激酶-1 和丙酮酸激酶所催化,这 3 个酶是糖酵解过程中的关键酶,其中磷酸果糖激酶-1 的催化活性最低,是最重要的限速酶,对糖分解代谢的速度起着决定性的作用。

4.糖酵解的生理意义

糖酵解的生理意义主要表现在以下四个方面:

①提供机体急需的能量。糖酵解释放的能量虽然不多,却是机体在缺氧情况下提供能量的重要方式,如剧烈运动、心脏疾患、呼吸受阻时。但如果机体缺氧时间较长,可导致糖酵解产物乳酸的堆积,可能引起代谢性酸中毒。

②某些组织生理情况下的供能途径。少数组织即使在氧供应充足的情况下,仍主要靠糖酵解供能,如视网膜、睾丸、肾髓质、皮肤及肿瘤细胞等。

③红细胞供能的主要方式。成熟红细胞没有线粒体,不能进行有氧氧化,糖酵解是其唯一供能途径。人体红细胞每天利用葡萄糖约 25g,其中 90%～95% 进入糖酵解途径。

④为其他糖代谢途径奠定基础糖酵解第 1、第 2 阶段也是糖有氧氧化的准备阶段;糖酵解的逆反应为糖异生提供途径。

7.2.2　糖的有氧氧化

1.有氧氧化的过程

葡萄糖的有氧氧化分四个阶段进行：①葡萄糖经糖酵解途径转变为丙酮酸；②丙酮酸从胞浆进入线粒体内，氧化脱羧生成乙酰 CoA、CO_2 和 $NADH＋H^+$；③乙酰 CoA 进入三羧酸循环彻底氧化，生成 $NADH＋H^+$、$FADH_2$ 和 CO_2；④氧化过程中脱下的氢进入呼吸链，进行氧化磷酸化，生成 H_2O 并释放能量，见图 7-3。

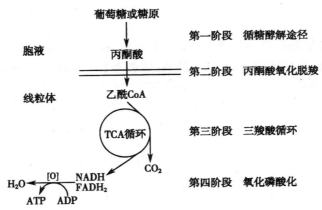

图 7-3　糖有氧氧化的四个阶段

（1）丙酮酸的生成

此阶段的反应步骤与糖酵解基本相同。所不同的是有氧氧化将 3-磷酸甘油醛脱氢产生的 $NADH＋H^+$ 不再交给丙酮酸使其还原为乳酸，而是进入线粒体，经呼吸链氧化生成水并释放能量，使 ADP 磷酸化生成 ATP。这种生成 ATP 的方式称为氧化磷酸化。

（2）丙酮酸氧化生成乙酰 CoA

在胞浆中生成的丙酮酸进入线粒体内，在丙酮酸氧化脱氢酶系催化下进行氧化脱羧，并与辅酶 A 结合成含有高能键的乙酰 CoA。此反应为不可逆反应，总反应如下。

$$COOH-C(=O)-CH_3 + CoA-SH \xrightarrow[NAD^+ \quad NADH+H^+]{丙酮酸氧化脱氢酶系} CH_3-CO{\sim}SCoA + CO_2$$

丙酮酸氧化脱氢酶复合体由三种酶组成，5 种辅酶或辅基参与。

（3）乙酰 CoA 彻底氧化分解（三羧酸循环）

三羧酸循环从乙酰 CoA 与草酰乙酸缩合生成含 3 个羧基的柠檬酸开始，经 4 次脱氢、2 次脱羧，最后草酰乙酸再生而构成循环代谢途径，称为三羧酸循环。最早由 Krebs 提出，故又称 Krebs 循环。三羧酸循环在线粒体中进行，反应中脱下的氢经呼吸链传递，与氧结合生成水。

①柠檬酸的生成。乙酰 CoA 与草酰乙酸在关键酶柠檬酸合酶的催化下缩合成柠檬酸，释出 CoASH。反应所需的能量来源于乙酰 CoA 中高能硫酯键的水解。此反应不可逆。

$$
\begin{array}{c}
\text{O} \\
\| \\
\text{C}\sim\text{SCoA} \\
| \\
\text{CH}_3
\end{array}
\quad + \quad
\begin{array}{c}
\text{O} \\
\| \\
\text{C—COOH} \\
| \\
\text{CH}_2\text{—COOH}
\end{array}
\quad \xrightarrow{\text{柠檬酸合酶}} \quad
\begin{array}{c}
\text{CH}_2\text{—COOH} \\
| \\
\text{HO—C—COOH} \\
| \\
\text{CH}_2\text{—COOH}
\end{array}
\quad + \quad \text{HSCoA}
$$

乙酰CoA　　　　草酰乙酸　　　　　　　　　　　　　柠檬酸

②异柠檬酸的生成。柠檬酸在顺乌头酸酶的催化下,经脱水与加水两个反应,变构为异柠檬酸,结果使羟基由 β-碳原子转移到 α-碳原子上,此反应可逆。

$$
\begin{array}{c}
\text{CH}_2\text{—COOH} \\
| \\
\text{HO—C—COOH} \\
| \\
\text{CH}_2\text{—COOH}
\end{array}
\quad \underset{\text{H}_2\text{O}}{\overset{\text{顺乌头酸酶}}{\rightleftharpoons}} \quad
\begin{array}{c}
\text{CH—COOH} \\
\| \\
\text{C—COOH} \\
| \\
\text{CH}_2\text{—COOH}
\end{array}
\quad \underset{\text{H}_2\text{O}}{\overset{\text{顺乌头酸酶}}{\rightleftharpoons}} \quad
\begin{array}{c}
\text{CH}_2\text{—COOH} \\
| \\
\text{CH—COOH} \\
| \\
\text{HO—CHCOOH}
\end{array}
$$

柠檬酸　　　　　　　　　　　顺乌头酸　　　　　　　　　　异柠檬酸

③异柠檬酸氧化脱羧生成 α-酮戊二酸。异柠檬酸在异柠檬酸脱氢酶催化下脱氢氧化,脱下的氢交给 NAD$^+$ 生成 NADH,同时进行脱羧,转变为含 5 个碳原子的 α-酮戊二酸。此反应不可逆,是三羧酸循环的第二个限速反应,异柠檬酸脱氢酶也是三羧酸循环最重要的限速酶许多因素通过调节其活性来控制三羧酸循环的速度。

$$
\begin{array}{c}
\text{COOH} \\
| \\
\text{CH}_2 \\
| \\
\text{CH—COOH} \\
| \\
\text{HO—CH} \\
| \\
\text{COOH}
\end{array}
\quad \xrightarrow[\underset{\text{NAD}^+ \quad \text{NADH+H}^+}{\text{Mg}^{2+}}]{\text{异柠檬酸脱氢酶}} \xrightarrow{\text{CO}_2}
\begin{array}{c}
\text{COOH} \\
| \\
\text{C=O} \\
| \\
\text{CH}_2 \\
| \\
\text{CH}_2 \\
| \\
\text{COOH}
\end{array}
$$

异柠檬酸　　　　　　　　　　　　　　　　　　　　　　α-酮戊二酸

④α-酮戊二酸的氧化脱羧。在 α-酮戊二酸脱氢酶复合体催化下,α-酮戊二酸脱氢、脱羧转变为含有高能硫酯键的琥珀酰 CoA,其反应过程、机制与丙酮酸氧化脱羧反应类似,酶组成也类似,该酶系为关键酶,反应不可逆。这是三羧酸循环中的第 2 次脱氢,伴有脱羧。

$$
\begin{array}{c}
\text{COOH} \\
| \\
\text{C=O} \\
| \\
\text{CH}_2 \\
| \\
\text{CH}_2 \\
| \\
\text{COOH}
\end{array}
+ \text{HSCoA} + \text{NAD}^+ \quad \xrightarrow[\text{TPP 硫辛酸 FAD}]{\text{α-酮戊二酸脱氢酶复合体}} \quad
\begin{array}{c}
\text{O} \\
\| \\
\text{C}\sim\text{SCoA} \\
| \\
\text{CH}_2 \\
| \\
\text{CH}_2 \\
| \\
\text{COOH}
\end{array}
+ \text{NADH} + \text{H}^+
$$

α-酮戊二酸　　　　　　　　　　　　　　　　　　　　琥珀酰CoA

⑤琥珀酸的生成。琥珀酰 CoA 的高能硫酯键在琥珀酰 CoA 合酶催化下水解,能量转移给 GDP,生成 GTP,其本身则转变为琥珀酸,生成的 GTP 可直接利用,也可将高能磷酸基团转移给 ADP 生成 ATP。这是三羧酸循环中唯一的一次底物水平磷酸化反应,此步反应可逆。

$$
\begin{array}{c}
\text{O} \\
\| \\
\text{C}\sim\text{SCoA} \\
| \\
\text{CH}_2 \\
| \\
\text{CH}_2 \\
| \\
\text{COOH}
\end{array}
\quad \underset{\text{琥珀酰CoA合成酶}}{\overset{\text{GDP+Pi} \qquad \text{GTP}}{\rightleftharpoons}} \quad
\begin{array}{c}
\text{COOH} \\
| \\
\text{CH}_2 \\
| \\
\text{CH}_2 \\
| \\
\text{COOH}
\end{array}
\quad + \text{HSCoA}
$$

琥珀酰CoA　　　　　　　　　　　　　　　　　琥珀酸

⑥延胡索酸的生成。琥珀酸在琥珀酸脱氢酶催化下,脱氢转变成延胡索酸,脱下的氢由 FAD 接受。这是三羧酸循环中的第 3 次脱氢,此反应可逆。

$$\begin{array}{ccc}
\underset{\text{琥珀酸}}{\begin{array}{c}\text{COOH}\\|\\\text{CH}_2\\|\\\text{CH}_2\\|\\\text{COOH}\end{array}} & \underset{\text{琥珀酸脱氢酶}}{\xrightarrow[\qquad\qquad]{\text{FAD}\qquad\text{FADH}_2}} & \underset{\text{延胡索酸}}{\begin{array}{c}\text{COOH}\\|\\\text{HC}\\\|\\\text{CH}\\|\\\text{COOH}\end{array}}
\end{array}$$

⑦延胡索酸加水生成苹果酸。延胡索酸酶催化此可逆反应。

$$\begin{array}{ccc}
\underset{\text{延胡索酸}}{\begin{array}{c}\text{COOH}\\|\\\text{HC}\\\|\\\text{CH}\\|\\\text{COOH}\end{array}} & \underset{\text{H}_2\text{O}}{\overset{\text{延胡索酸酶}}{\rightleftharpoons}} & \underset{\text{苹果酸}}{\begin{array}{c}\text{COOH}\\|\\\text{HO—C—H}\\|\\\text{CH}_2\\|\\\text{COOH}\end{array}}
\end{array}$$

⑧草酰乙酸的再生。在苹果酸脱氢酶催化下,苹果酸脱氢转变为草酰乙酸,脱下的氢由 NAD^+ 接受。这是三羧酸循环中的第 4 次脱氢,此反应可逆。新生的草酰乙酸可再次进入三羧酸循环。

$$\begin{array}{ccc}
\underset{\text{苹果酸}}{\begin{array}{c}\text{COOH}\\|\\\text{HO—C—H}\\|\\\text{CH}_2\\|\\\text{COOH}\end{array}} & \underset{\text{苹果酸脱氢酶}}{\xrightarrow[\qquad\qquad]{\text{NAD}^+\qquad\text{NADH}+\text{H}^+}} & \underset{\text{草酰乙酸}}{\begin{array}{c}\text{COOH}\\|\\\text{C=O}\\|\\\text{CH}_2\\|\\\text{COOH}\end{array}}
\end{array}$$

三羧酸循环的过程总结与图 7-4。其总反应方程为:
$$CH_3CO\text{-}SCoA + 3NAD^+ + FAD + GDP + Pi + 2H_2O$$
$$\rightarrow 2CO_2 + 3NADH + 3H^+ + FADH_2 + GTP + CoA\text{-}SH$$

2. 三磷酸循环的特点

(1)单向反应体系

其中柠檬酸合酶、异柠檬酸脱氢酶、α-酮戊二酸脱氢酶系是限速酶,催化单向不可逆反应。另外,循环中脱下的氢进入呼吸链传递也是不可逆的。因此,整个循环是不可逆转的。

(2)三磷酸循环是机体主要的产能方式

1 次三羧酸循环有 4 次脱氢反应,其中 3 次以 NAD^+ 为受氢体(1 分子 $NADH+H^+$ 经呼吸链氧化可产生 2.5 分子 ATP),1 次以 FAD 为受氢体(1 分子 $FADH_2$ 经呼吸链氧化可产生 1.5 分子 ATP),可产生 9 分子 ATP,再加上底物水平磷酸化生成的 1 个高能化合物 GTP(能量等同于 ATP),共产生 10 分子 ATP。

(3)在有氧条件下进行

连续循环的酶促反应过程由草酰乙酸与乙酰 CoA 缩合成柠檬酸开始,以草酰乙酸的再生结束。循环 1 周,实际氧化了 1 分子乙酰 CoA。通过 2 次脱羧,生成 2 分子 CO_2,4 次脱氢,经呼吸链传递,与氧结合生成水并释放出能量。

(4)中间产物经常更新

尽管三羧酸循环 1 次只消耗 1 分子乙酰基,其中间产物可循环使用并无量的变化,然而由于体内各代谢途径相互交汇和转化,中间产物常可移出循环去参加其他代谢,维持三羧酸循环中间产物的一定浓度,保证三羧酸循环的正常运转,必须不断补充消耗的中间产物,称为回补反应。

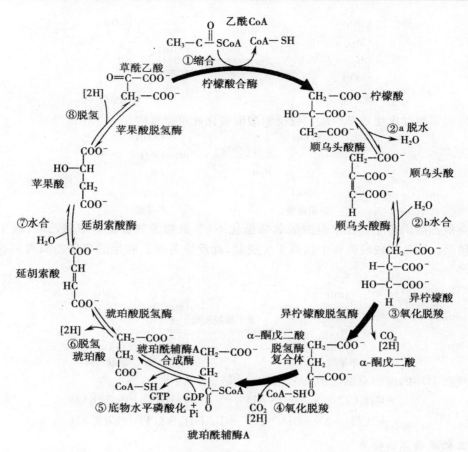

图 7-4　三磷酸循环

丙酮酸羧化生成草酰乙酸是最重要的回补反应,因为草酰乙酸的浓度直接关系到乙酰CoA 进入三羧酸循环的速度。

$$丙酮酸 \xrightarrow[CO_2 \quad ATP \qquad ADP]{丙酮酸羧化酶} 草酰乙酸$$

3.糖有氧氧化调节

丙酮酸氧化脱氢酶系及三羧酸循环中的柠檬酸合酶、异柠檬酸脱氢酶和 α-酮戊二酸脱氢酶系是糖有氧氧化的 4 个重要的关键酶。

①丙酮酸氧化脱氢酶系的调节。丙酮酸氧化脱氢酶系可通过变构效应和共价修饰两种方式进行快速调节。乙酰 CoA、NADH 对该酶系具有反馈抑制作用。ATP 对该酶系有抑制作用,AMP 则为其激活剂。丙酮酸氧化脱氢酶系还受到共价修饰作用的调节。在丙酮酸氧化脱氢酶系激酶作用下,其酶分子中的丝氨酸残基被磷酸化,酶蛋白变构失去活性。丙酮酸氧化脱氢酶系磷酸酶使之去磷酸化而恢复活性。

②三羧酸循环的调节。柠檬酸合酶、异柠檬酸脱氢酶和 α-酮戊二酸脱氢酶系是三个催化不可逆反应的酶,是三羧酸循环的重要调节点。三羧酸循环的速率和流量受多种因素的调控它们不仅受代谢物浓度的调节,更受到细胞内能量状态的影响。当 NADH/NAD$^+$,

ATP/ADP、AMP 比值高时酶活性被反馈抑制,使三羧酸循环速度减慢。ADP 是异柠檬酸脱氢酶的变构激活剂,可加速三羧酸循环的进行。

4. 糖有氧氧化的生理意义

(1)三羧酸循环是三大营养素的最终代谢通路及主要产能阶段

糖、脂肪、氨基酸在体内进行氧化分解时都将生成乙酰 CoA,然后再进入三羧酸循环氧化。三羧酸循环仅一次底物水平磷酸化生成 ATP,但通过 4 次脱氢反应产生的还原当量,经电子传递链氧化磷酸化生成大量 ATP。三大营养素彻底氧化约 2/3 的自由能可经三羧酸循环释出。

(2)三羧酸循环为糖、脂肪、氨基酸代谢联系的枢纽

如糖有氧氧化在线粒体内生成的乙酰 CoA,可以在能量供应充足的条件下,经特定过程转移至胞液中用于合成脂肪酸、胆固醇。此外,三羧酸循环又为一些物质生物合成代谢提供前体。如琥珀酰 CoA 是血红素合成的前体。多种氨基酸的碳链部分是三羧酸循环的中间产物,可通过草酰醋酸转变成葡萄糖,也可用于谷氨酸、天冬氨酸等非必需氨基酸合成。

7.2.3　磷酸戊糖途径

磷酸戊糖反应途径主要发生在肝、脂肪组织、哺乳期的乳腺、肾上腺皮质、性腺、骨髓和红细胞等。磷酸戊糖途径由 6-磷酸葡萄糖脱氢脱羧,生成具有重要生理功能的 5-磷酸核糖和 NADPH＋H$^+$,继而经一系列基团移换反应,生成各种不同碳原子数的糖。

1. 反应过程

磷酸戊糖途径在胞液中进行,全过程可分为 2 个阶段。第 1 阶段是 6-磷酸葡萄糖脱氢氧化生成磷酸戊糖、NADPH＋H$^+$ 和 CO_2;第 2 阶段是一系列的基团转移反应。

(1)磷酸戊糖的生成

6-磷酸葡萄糖相继经限速酶 6-磷酸葡萄糖脱氢酶和 6-磷酸葡萄糖酸脱氢酶的催化,脱氢、脱羧生成 5-磷酸核酮糖。5-磷酸核酮糖在异构酶或差向异构酶的催化下,可互变为 5-磷酸核糖和 5-磷酸木酮糖。

(2)基团的转移反应

在转酮基酶、转醛基酶的催化下,5-磷酸木酮糖与 5-磷酸核糖经一系列酮基及醛基转移反应,最后生成 6-磷酸果糖和 3-磷酸甘油醛,从而回归糖酵解途径。

为方便叙述,设 6 分子 6-磷酸葡萄糖互相伴行同时进入磷酸戊糖途径氧化,最后生成 5 分子 6-磷酸葡萄糖,实际消耗了 1 分子 6-磷酸葡萄糖。磷酸戊糖途径中有 2 次脱氢,6 分子 6-磷酸葡萄糖共生成 12 分子 NADPH＋H$^+$。其中限速酶 6-磷酸葡萄糖脱氢酶的活性决定磷酸戊糖途径的流量,故 6-磷酸葡萄糖脱氢酶缺乏,易引发溶血性贫血。

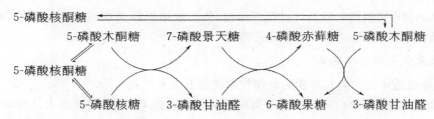

2. 调节

磷酸戊糖途径中的第一步反应 6-磷酸葡萄糖脱氢酶催化的 6-磷酸葡萄糖脱氢反应,是磷酸戊糖途径的限速反应,6-磷酸葡萄糖脱氢酶是关键酶,其活性受 $NADP^+/NADPH+H^+$ 浓度的影响。$NADPH+H^+$ 浓度增高时抑制该酶活性,反之当 $NADP^+$ 浓度高于 $NADPH+H^+$ 时,激活该酶活性,从而保证还原性生物合成所需要的 $NADPH+H^+$ 能够及时地得到满足。因此,磷酸戊糖途径的代谢速度主要受细胞内 $NADPH+H^+$ 需求量的调节。

3. 生理意义

磷酸戊糖途径的生理意义是产生 5-磷酸核糖和 $NADPH+H^+$。

(1)5-磷酸核糖(R-5-P)的作用

磷酸戊糖途径是葡萄糖在体内生成 5-磷酸核糖的唯一途径。5-磷酸核糖是合成核苷酸及其衍生物的重要原料,故损伤后修复再生的组织、更新旺盛的组织,如肾上腺皮质、梗死后的心肌及部分切除后的肝等,此代谢途径都比较活跃。

(2)NADPH 的作用

①供氢。机体内脂肪酸、胆固醇等化合物的生物合成;非必需氨基酸的合成如 α-酮戊二酸合成谷氨酸都需 $NADPH+H^+$ 作为供氢体。

②参与体内的羟化反应。从胆固醇合成胆汁酸、类固醇激素及药物和毒物在肝中的羟化反应都与生物转化过程有关,加单氧酶促进体内的羟化反应,而 NADPH 是加单氧酶的辅酶。

③NADPH 是谷胱甘肽还原酶的辅酶,这对于维持细胞中还原型谷胱甘肽(GSH)的正常含量起着重要作用(图 7-5)。还原型谷胱甘肽是体内重要的抗氧化剂,可作为供氢体而保护细胞膜上含巯基的蛋白质或酶免遭氧化而丧失正常结构与功能,尤其对于维持红细胞膜的正常结构与功能是十分重要的。还原型谷胱甘肽还可与氧化剂(如 H_2O_2)作用而消除其氧化作用;对于维持血红蛋白的亚铁状态也是十分重要的。

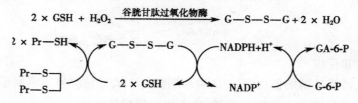

图 7-5　谷胱甘肽的还原及抗氧化作用

7.2.4　其他单糖的分解代谢

1. 半乳糖的分解代谢

半乳糖(galactose,Gal)来自乳糖的水解。在半乳糖激酶催化下生成 1-磷酸半乳糖,再在

1-磷酸半乳糖尿苷,酰转移酶催化下与 UDPG 作用,生成尿苷二磷酸半乳糖(UDPGal)和 1-磷酸葡萄糖。UDPGal 又经异构化反应生成 UDPG。1-磷酸葡萄糖异构化为 6-磷酸葡萄糖后进行代谢(图 7-6)。

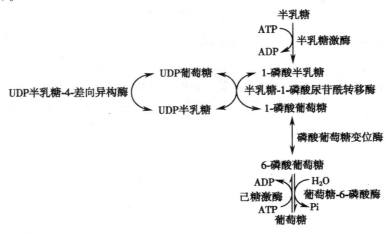

图 7-6　半乳糖的分解代谢

2.甘露糖的分解代谢

甘露糖是多糖和糖蛋白的消化产物,在体内可经代谢反应转变为 6-磷酸果糖进行代谢,其代谢过程如图 7-7。

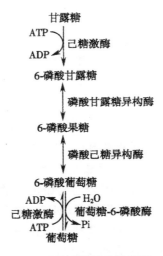

图 7-7　甘露糖的分解代谢

3.果糖的分解代谢

在肌肉和肾脏,果糖可以由己糖激酶催化磷酸化,生成 6-磷酸果糖。6-磷酸果糖可以进入糖酵解途径继续进行分解,或合成糖原。

在肝脏,果糖可以由果糖激酶催化磷酸化,生成 1-磷酸果糖。1-磷酸果糖由醛缩酶 B 催化裂解,生成磷酸二羟丙酮和甘油醛。甘油醛由甘油醛激酶催化磷酸化,生成 3-磷酸甘油醛。磷酸二羟丙酮和 3-磷酸甘油醛可以进入糖酵解或糖异生途径(图 7-8)。

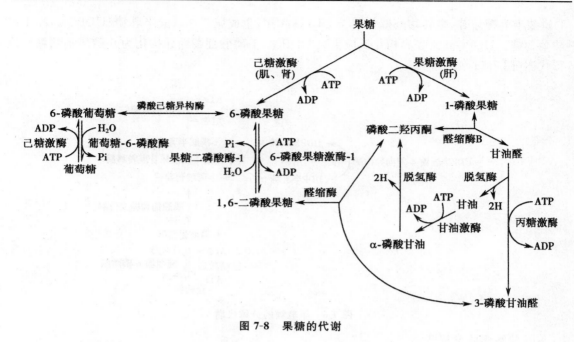

图 7-8　果糖的代谢

7.3　糖原的合成与分解

7.3.1　糖原的合成

糖原合成的主要部位是肝和肌肉组织的细胞液。糖原合成发生在机体糖供给充足,即饱食时。

1.合成代谢的过程

糖原合成的第一步反应是在己糖激酶的催化下,葡萄糖活化成 6-磷酸葡萄糖,反应与糖酵解的第一步反应相同,由 ATP 提供磷酸基团,反应不可逆。第二步反应是在磷酸葡萄糖变位酶催化下,6-磷酸葡萄糖分子第六位的磷酸基转移到第一位,生成 1-磷酸葡萄糖,此步为可逆的异构反应。第三步反应是在尿苷二磷酸葡萄糖焦磷酸化酶的催化下,1-磷酸葡萄糖与尿苷三磷酸(UTP)反应生成尿苷二磷酸葡萄糖(UDPG),并释放出焦磷酸(PPi)。焦磷酸能被焦磷酸酶水解,促进 UDPG 的形成。UDPG 是葡萄糖在体内的活性形式,充当葡萄糖的供体。此反应耗能,1mol 葡萄糖生成 UDPG 消耗 2 个高能键,可视为消耗了 2mol ATP。最后一步反应是在糖原合酶的催化下,UDPG 分子上的葡萄糖基通过 α-1,4-糖苷键连接到糖原引物(Gn)的非还原末端,形成糖原分子中直链。上述反应反复进行,使糖链不断延长。

$$G \xrightarrow[\text{ATP} \quad \text{ADP}]{\text{己糖激酶}} G\text{-}6\text{-}P \xrightleftharpoons[]{\text{磷酸葡萄糖变位酶}} G\text{-}1\text{-}P \xrightarrow[\text{UTP} \quad \text{PPi}]{\text{UDPG 焦磷酸化酶}} UDPC \xrightarrow[\text{Gn} \quad \text{UDP}]{\text{糖原合酶}} G_{n+1}$$

2.糖原合成代谢的特点

①糖原合酶催化的糖原合成反应不能从头开始,必须有 1 个至少含有 4 个葡萄糖残基的

多聚葡萄糖的引物,在其非还原端每次增加 1 个葡萄糖单位。

②糖原合酶只能催化糖原的延长,而不能形成分支,当糖链长度达 11 个葡萄糖残基时,分支酶就将 7 个葡萄糖残基的糖链转移到另一糖链上,以 α-1,6 糖苷键相连,形成糖原分支。

③糖原合酶是糖原合成的关键酶,其活性受胰岛素的调节。

④UDPG 是体内葡萄糖的供体,其中的葡萄糖是活性葡萄糖。糖原分子每增加 1 分子葡萄糖,需要消耗 2 个高能磷酸键。

7.3.2　糖原的分解

肝糖原分解为葡萄糖以补充血糖的过程,称为糖原分解。肌糖原不能分解为葡糖糖补充血糖。

1. 反应过程

糖原分解的第一步反应是在糖原磷酸化酶的催化下,从糖原分子的非还原端加磷酸分解下一个葡萄糖基,产物是 1-磷酸葡萄糖和少一个葡萄糖基的糖原(Gn-1),该反应是糖原分解的关键不可逆反应。

$$Gn \xrightarrow[\text{Pi}]{\text{磷酸化酶}} G_{n-1} + G\text{-}1\text{-}P$$

糖原分解的第二步反应是在磷酸葡萄糖变位酶催化下,1-磷酸葡萄糖转变成 6-磷酸葡萄糖。

$$G\text{-}1\text{-}P \xrightleftharpoons{\text{磷酸葡萄糖变位酶}} G\text{-}6\text{-}P$$

6-磷酸葡萄糖在肝细胞特有的葡萄糖-6-磷酸酶作用下,水解成游离葡萄糖,释放入血补充血糖。肌肉组织缺乏葡萄糖-6-磷酸酶,故肌糖原只能进行糖酵解和有氧氧化。

$$G\text{-}6\text{-}P \xrightarrow[\text{Pi}]{\text{葡萄糖 6-磷酸酶}} G$$

2. 糖原分解的特点

①磷酸化酶催化糖原水解,只能作用于 α-1,4 糖苷键,而对 α-1,6 糖苷键无作用。当催化至距 α-1,6 糖苷键 4 个葡萄糖单位时就不再起作用,而是由脱支酶继续催化糖原的水解。

②脱支酶将 3 个葡萄糖基转移到邻近糖链的末端,仍以 α-1,4 糖苷键连接,剩下 1 个以 α-1,6 糖苷键连接的葡萄糖基被脱支酶水解成游离的葡萄糖。磷酸化酶与脱支酶交替作用,完成糖原的分解过程。

③磷酸化酶是糖原分解的限速酶。

④葡萄糖-6-磷酸酶只存在于肝和肾,肌肉组织中没有,因此肌糖原分解的单糖只能直接进行酵解或氧化,不能转变成葡萄糖。只有肝、肾组织中的糖原才能直接分解为葡萄糖,释放入血。

7.3.3　糖原合成与分解调节

糖原的合成与分解不是简单的可逆反应,而是由不同的酶体系催化的反应过程。糖原合酶和糖原磷酸化酶分别是糖原合成与分解代谢中的限速酶,它们的活性强弱,直接影响着糖原代谢的方向与速度。糖原合酶与糖原磷酸化酶在体内均有活性型和无活性型两种形式,均受到变构调节和共价修饰调节双重调节作用。

1. 变构调节

糖原合酶与糖原磷酸化酶都是变构酶,都可受到代谢物的变构调节。

6-磷酸葡萄糖是糖原合酶 b 的变构激活剂。当血糖浓度增高时,进入组织细胞的葡萄糖增多,6-磷酸葡萄糖生成增加,可激活糖原合酶 b,使之转变为有活性的糖原合酶 a,加速糖原合成。

AMP 是糖原磷酸化酶 b 的变构激活剂。当细胞内能量供应不足,AMP 浓度升高时,可使糖原磷酸化酶 b 发生变构而易受到糖原磷酸化酶 b 激酶的催化,进行磷酸化修饰,形成有活性的糖原磷酸化酶 a,加速糖原分解。反之,ATP 是糖原磷酸化酶 a 的变构抑制剂,使糖原分解减弱。

2. 共价修饰调节

糖原合酶与糖原磷酸化酶均受到磷酸化与去磷酸化的共价修饰调节。酶的两种不同存在形式使其活性发生根本的改变,发生磷酸化的糖原磷酸化酶 a 则是有活性的,而发生磷酸化的糖原合酶 b 是无活性。

当机体受到某些影响,如剧烈运动、血糖水平下降、应激反应状态等时,肾上腺素、胰高血糖素分泌增加。二者与细胞膜上的特异性受体结合,使 cAMP 生成增加,进而激活蛋白激酶 A;活化的蛋白激酶 A 使糖原合酶和糖原磷酸化酶都发生磷酸化修饰作用,但却导致两种截然不同的结果。

糖原合酶 a 发生磷酸化后,由有活性变为无活性的糖原合酶 b,从而使糖原合成过程减弱。糖原磷酸化酶 b 发生磷酸化后,由原来的无活性变为有活性的糖原磷酸化酶 a,从而使糖原分解增强。这种双向调节的结果促进了糖原分解,抑制了糖原的合成(图 7-9)。

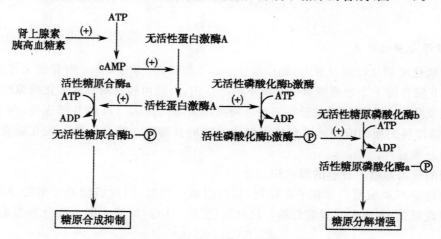

图 7-9　糖原代谢的共价修饰调节

由非糖物质(乳酸、甘油、生糖氨基酸等)转变为葡萄糖或糖原的过程,称为糖异生作用。糖异生作用的主要场所是肝脏、长期饥饿和酸中毒时,肾脏的糖异生能力大大增强,几乎与肝脏持平。

7.3.4　糖原积累症

糖原是葡萄糖的一种储存形式。当机体糖供应丰富及细胞中能量充足时,一部分糖即合成糖原将能量进行储存。当机体糖的供应不足或能量需求增加时,储存的肝糖原可迅速分解为葡萄糖,释放入血,维持血糖浓度,为机体提供能量。

糖原累积症(glycogen storage disease)是一类遗传性代谢病,特点是体内某些组织器官中有大量糖原堆积。引起糖原累积症的原因是由于某些催化糖原分解的酶缺陷所致。根据缺陷的酶在糖原代谢中的作用,受累的器官不同,糖原的结构亦有差异,对健康或生命的影响程度也不同。受累的器官主要是肝,其次是心和肌肉。糖原累积症通常可以分为多型,最常见为 I型。I 型是由于肝或肾中缺乏葡萄糖-6-磷酸酶,致使不能动用糖原维持血糖浓度,可引起低血糖、乳酸血症、酮症、高脂血症等。II 型糖原累积症则是由于溶酶体中缺乏 α-1,4-葡萄糖苷酶和 α-1,6-葡萄糖苷酶,使糖原蓄积在各组织的溶酶体内,引起心力衰竭而死亡。

7.4　糖异生作用

由非糖物质(乳酸、甘油、生糖氨基酸等)转变为葡萄糖或糖原的过程,称为糖异生作用。糖异生作用的主要场所是肝脏、长期饥饿和酸中毒时,肾脏的糖异生能力大大增强,几乎与肝脏持平。

7.4.1　糖异生的途径

糖异生途径基本上是糖酵解的逆过程,但由葡萄糖激酶、磷酸果糖激酶-1 及丙酮酸激酶所催化的三个反应是不可逆反应,都有相当大的能量变化。这些反应的逆过程就需要吸收相当的能量,构成所谓"能障"。实现糖异生过程必须要有另外不同的一组酶来催化其逆反应,才能绕过这三个"能障",这些酶即为糖异生的限速酶。

1. 丙酮酸羧化支路

细胞液中的丙酮酸进入线粒体内,由以生物素为辅基的丙酮酸羧化酶催化羧化成草酰乙酸,该反应由 ATP 供能,是不可逆反应。生物素在反应中起羧基载体的作用。

草酰乙酸由苹果酸脱氢酶催化加氢生成苹果酸。苹果酸由苹果酸-α-酮戊二酸转运体转运到细胞液中,由苹果酸脱氢酶催化脱氢重新生成草酰乙酸。

草酰乙酸由磷酸烯醇式丙酮酸羧激酶催化生成磷酸烯醇式丙酮酸,该反应由 GTP 供能,是不可逆反应(图 7-10)。

丙酮酸羧化支路以消耗两个高能化合物(ATP 和 GTP)的代价绕过了糖酵解途径的第三个能障,是丙酮酸及三羧酸循环中间产物合成葡萄糖的必由之路。

2. 1,6-二磷酸果糖水解生成 6-磷酸果糖

在果糖 1,6-二磷酸酶的催化作用下,1,6-二磷酸果糖水解,脱去 C1 上的磷酸,生成 6-磷酸果糖,完成糖酵解中磷酸果糖激酶-1 催化反应的逆过程。

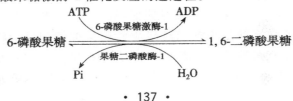

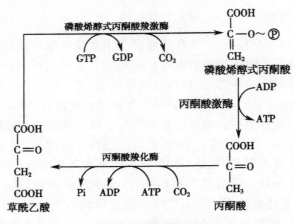

图 7-10　丙酮酸羧化支路

3. 6-磷酸葡萄糖水解生成葡萄糖

在葡萄糖-6-磷酸酶的催化下,6-磷酸葡萄糖水解脱磷酸,生成葡萄糖,该反应不可逆。

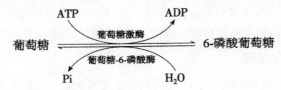

7.4.2　糖异生调节

1.代谢物的调节作用

①ATP/AMP、ADP 的调节作用。ATP 是丙酮酸羧化酶和果糖-1,6-磷酸酶的变构激活剂,同时又是丙酮酸激酶和磷酸果糖激酶的变构抑制剂。所以当细胞内 ATP 含量较高时,促进了糖异生作用而抑制了糖的氧化分解;AMP、ADP 是丙酮酸羧化酶和果糖-1,6-磷酸酶的变构抑制剂,又是丙酮酸激酶和磷酸果糖激酶的变构激活剂,因而它们的作用是抑制糖异生作用,促进糖的氧化分解。

②乙酰 CoA 的调节作用。乙酰 CoA 是丙酮酸氧化脱氢酶系的变构抑制剂,又是丙酮酸羧化酶的激活剂。当脂肪酸大量氧化时产生过多的乙酰 CoA,它一方面反馈抑制丙酮酸氧化脱氢酶系的活性,使丙酮酸氧化受阻而大量堆积,为糖异生提供了丰富的原料;另一方面又可激活丙酮酸羧化酶,加速丙酮酸生成草酰乙酸,进而促进糖异生作用(图 7-11)。

2.激素对糖异生的调节

激素对糖异生调节的实质是调节糖异生和糖酵解两个途径限速酶的活性。

胰高血糖素可激活腺苷酸环化酶,从而使 cAMP 生成增加,进而激活依赖 cAMP 的蛋白激酶 A;后者使丙酮酸激酶磷酸化,使其活性降低,阻止磷酸烯醇式丙酮酸转变成丙酮酸,从而加速糖异生。2,6-二磷酸果糖是果糖二磷酸酶的别构抑制剂,胰高血糖素可以降低肝内 2,6-二磷酸果糖的浓度,促进糖异生。胰岛素的作用则相反。

胰高血糖素/胰岛素比例高,可诱导磷酸烯醇式丙酮酸羧激酶、果糖二磷酸酶等的合成;阻

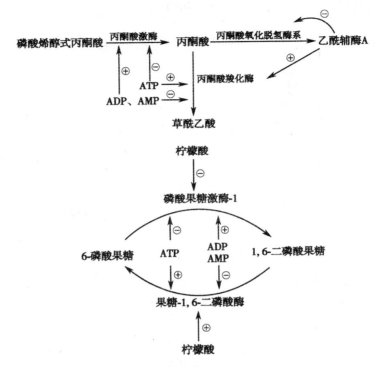

图 7-11 代谢对糖异生的调节作用

遏葡萄糖激酶和丙酮酸激酶的合成,使糖异生作用增强。甘油是糖异生的原料,而脂酸氧化增加也能促进糖异生。胰岛素的作用与胰高血糖素相反。胰高血糖素还能促进脂肪组织分解脂肪,增加血浆脂酸和甘油含量。

7.4.3 糖异生的意义

(1)维持血糖浓度相对恒定

在空腹或饥饿时,用氨基酸和甘油等物质合成葡萄糖,以维持血糖水平的相对稳定,这对主要利用葡萄糖供能的组织来说具有重要意义。例如,脑组织不能利用脂肪酸,主要利用葡萄糖供给能量,而脑组织葡萄糖消耗量又很大,每天消耗约 120g;肾髓质、血细胞和视网膜等每天消耗葡萄糖约 40g,肌肉组织每天至少也要消耗葡萄糖 30~40g。可见,仅上述组织的葡萄糖消耗量每天即达 200g,整个机体的葡萄糖消耗量则更多。人体储存的可以供全身利用的葡萄糖约 150g,显然不能仅靠分解肝糖原来维持血糖水平,饥饿时还需要通过糖异生作用共同维持血糖水平的相对稳定。

(2)协助氨基酸代谢

大多数氨基酸经过脱氨基等分解代谢产生的 α-酮酸可以通过糖异生途径合成葡萄糖。因此,从食物消化吸收的氨基酸可以合成葡萄糖,并进一步合成糖原。

(3)有利于乳酸再生

在某些生理和病理情况下(例如剧烈运动、循环呼吸功能障碍),肌糖原分解生成大量乳酸。乳酸通过血液循环运到肝脏,再合成葡萄糖或糖原为乳酸循环,见图 7-12。这样可以回收乳酸,避免营养物质浪费,并防止发生代谢性酸中毒。

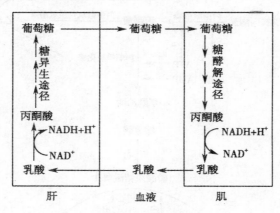

图 7-12　乳酸循环

(4)肾糖异生增加有利于维持酸碱平衡

长期饥饿时,肾糖异生增强,有利于维持酸碱平衡。饥饿造成的代谢性酸中毒时,可促进肾小管上皮细胞中磷酸烯醇式丙酮酸羧激酶的合成,从而使糖异生作用增强。此外,当肾中 α-酮戊二酸因进行糖异生而含量减少时,可促进谷氨酰胺脱氨生成谷氨酸,后者再脱氨基生成 α-酮戊二酸。同时,肾小管上皮细胞将脱氨基代谢生成的 NH_3 分泌入管腔中,与原尿中 H^+ 结合,降低原尿中 H^+ 浓度,有利于排氢保钠作用的进行,有助于维持酸碱平衡。

7.5　血　糖

7.5.1　血糖的来源和去路

血糖主要是指血液中的葡萄糖。正常情况下,血糖含量相对恒定,仅在较小的范围内波动,正常成人空腹静脉血糖含量为 3.89~6.11mmol/L。血糖浓度的相对恒定,是机体对血糖的来源和去路进行精细调节,使之维持动态平衡的结果。

1.血糖的来源

血糖的来源主要有三个方面:①食物中糖的消化吸收,它是血糖的主要来源。②肝糖原分解空腹时血糖浓度降低,肝糖原分解生成葡萄糖释放入血,补充血糖浓度。肝糖原分解是空腹时血糖的重要来源。③生长期饥饿时,储备的肝糖原已不足以维持血糖浓度,则糖异生作用增强,将大量非糖物质转变为糖,继续维持血糖的正常水平。

2.血糖的去路

血糖的去路主要有四个方面:①氧化分解,供应能量。②合成糖原储存。③转化为其他物质。④随尿液排出。

血糖之所以能维持恒定,主要是血液中葡萄糖的来源与去路保持着动态平衡,如图 7-13。

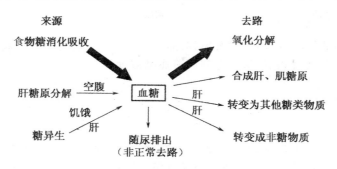

图 7-13　血糖的来源和去路

7.5.2　血糖调节

1.激素对血糖的调节

调节血糖的激素,一类是降低血糖的激素,如胰岛素;另一类是升高血糖的激素,如肾上腺素、胰高血糖素、肾上腺糖皮质激素和生长素等。两类不同作用的激素相互协调,共同调节血糖的正常水平(表 7-1)。

表 7-1　激素对血糖浓度的调节

种类	激素	作用
降血糖激素	胰岛素	①促进葡萄糖进入肌肉、脂肪等组织细胞 ②加速葡萄糖在肝、肌肉组织合成糖原促进糖的有氧氧化 ③促进糖的有氧氧化 ④促进糖转变为脂肪 ⑤抑制糖异生 ⑥抑制肝糖原分解
升血糖激素	肾上腺素	①促进肝糖原分解 ②促进肌糖原酵解 ③促进糖异生
	胰高血糖素	①抑制肝糖原合成 ②促进糖异生
	糖皮质激素	①促进糖异生 ②促进肝外组织蛋白分解生成氨基酸

2.神经系统的调节

神经系统对血糖的调节属于整体水平调节,通过对各种促激素或激素分泌的调节,进而影响代谢中酶的活性而完成调节作用。

3.肝对血糖的调节

肝对血糖浓度的稳定具有重要调节作用。空腹时肝糖原分解加强,用以补充血糖浓度;当餐后血糖浓度增高时,肝糖原合成增加,而使血糖水平不致过度升高;饥饿或禁食情况下,肝的糖异生作用加强,以有效地维持血糖浓度。

4.代谢物水平的调节

糖代谢关键酶的底物或产物、所有糖代谢途径分支点及重要中间产物或终产物都可能通过变构效应对关键酶进行调节,从而达到调节血糖浓度的目的。

7.5.3 糖紊乱

1.低血糖

空腹时血糖浓度低于 3.3mmol/L 称为低血糖。低血糖可以由某些生理或病理因素引起:①胰岛 β 细胞增生或癌变等导致胰岛素分泌过多。②垂体前叶或肾上腺皮质功能减退导致生长激素或糖皮质激素等对抗胰岛素的激素分泌不足。③严重的肝脏疾患导致肝糖原合成及糖异生作用降低,肝脏不能有效地调节血糖。④长时间饥饿。⑤持续的剧烈体力活动等。以上原因都可以引起低血糖。

低血糖的主要危害是对脑功能的影响,脑细胞中几乎不储存糖原和血脑脊液屏障的限制,脑细胞难以利用脂肪酸,其所需能量主要靠摄取血中的葡萄糖进行氧化分解来供给。低血糖时,可影响脑细胞的能量供应,进而影响脑的正常功能,患者常表现出头晕、心悸、出冷汗、手颤、倦怠无力等症状,严重时出现昏迷,发生低血糖休克,甚至导致死亡。

2.高血糖和糖尿病

空腹血糖平均高于 6.9mmol/L 称为高血糖。如果血糖值高于肾糖阈值 8.89mmol/L 时,超过了肾小管对糖的最大吸收能力,则尿中就会出现糖称为糖尿。

发病原因及其表现为:

①病理性高血糖。升高血糖的激素分泌亢进或胰岛素分泌障碍均可导致高血糖,以致出现糖尿。由于胰岛素分泌障碍所引起的高血糖和糖尿,称为糖尿病。

临床上将糖尿病分为两型,即 1 型糖尿病和 2 型糖尿病。在糖尿病患者中,90%～95%为 2 型糖尿病,5%～10% 为 1 型糖尿病。1 型多发生于青少年,主要是因为胰岛 β-细胞的自身免疫损害导致胰岛素分泌绝对不足而引起,是自身免疫性疾病。1 型糖尿病还与遗传有关,是一种多基因疾病。2 型糖尿病和肥胖、年龄、缺乏锻炼等环境因素关系密切,主要表现为胰岛素抵抗和胰岛 β-细胞功能减退,为早期胰岛素相对不足晚期胰岛素绝对不足。2 型糖尿病有更强的遗传易感性,且机制更复杂。

糖尿病时,可出现多方面的糖代谢紊乱,血糖不易进入组织细胞;糖原合成减少,分解增强;组织细胞氧化利用葡萄糖的能力减弱;糖异生作用增强,肝糖原分解加强。总之血糖的来源增加而去路减少,出现持续性高血糖和糖尿,表现出多食、多饮、多尿、体重减少的"三多一少"症状。糖尿病患者不仅糖代谢障碍,还可引起脂类及蛋白质代谢的紊乱,诱发多种并发症,如视网膜毛细血管病变、白内障、神经轴突萎缩和脱髓鞘、动脉硬化性疾病和肾病等。这些并发症的严重程度与血糖水平升高的程度直接相关。

②生理性高血糖。由糖的来源引起生理性高血糖。如一次性进食或静脉输入大量葡萄糖(每小时每公斤体重超过 22～28mmol/L)时,血糖浓度急剧增高,可引起饮食性高血糖;情绪激动,肾上腺素分泌增加,肝糖原分解为葡萄糖释放入血,使血糖浓度增高,可出现情感性高血糖。

③肾性糖尿。除高血糖可引起糖尿外,由于肾功能先天性不全或肾疾病引起的肾糖阈值降低,导致肾小管重吸收功能减退所,而引起的糖尿,称为肾性糖尿。此时血糖浓度可以升高,也可以在正常范围,糖代谢亦未发生紊乱。

第8章　脂类代谢

8.1　概　述

8.1.1　脂类的生理功能

1. 脂肪的功能

①储能和供能。人体活动所需要的能量约 $20\%\sim30\%$ 由脂肪所提供。1 克脂肪在体内完全氧化时可释放出 38kJ 的能量,比 1 克糖或蛋白质所放出的能量多 1 倍以上。脂肪是疏水性物质,在体内储存时几乎不结合水,所占体积小,为同重量的糖原所占体积的 1/4。

②供给必需脂肪酸。多数不饱和脂肪酸在体内能够合成,但亚油酸、亚麻酸和花生四烯酸不能在体内合成,必须从食物中摄取,故将此类脂肪酸称必需脂肪酸。

③保持体温和保护内脏。分布在人体皮下的脂肪组织不易导热,可防止热量散失而保持体温。内脏周围的脂肪组织还能缓冲外界的机械冲击,使内脏器官免受损伤。

2. 类脂的功能

①维持生物膜的结构和功能。类脂是生物膜的重要组分,其所具有的亲水头部和疏水尾部构成生物膜脂质双分子层结构的基本骨架,不仅构成了镶嵌膜蛋白的基质,也为细胞提供了通透性屏障,从而维持细胞正常结构与功能。

②作为第二信使参与代谢调节。磷脂酰肌醇-4,5-二磷酸磷酸(PIP_2)可水解生成三磷酸肌醇(IP_3)和甘油二酯(DAG),均可作为第二信使传递信息。

③转变成多种重要的活性物质。胆固醇在体内可转变成胆汁酸、维生素 D_3、性激素及肾上腺皮质激素等具有重要功能的物质。

此外,脂类物质对促进脂溶性维生素(A,D,E,K)的吸收等亦起着重要作用。

8.1.2　脂类的分布

1. 脂肪的分布

脂肪组织含脂肪细胞,多分布于皮下、肠系膜、腹腔大网膜、肾周围等,这部分脂肪称为储存脂,脂肪组织则称为脂库。脂肪含量因人而异,成年男性的脂肪含量一般约占体重的 $10\%\sim20\%$,女性稍高,易受膳食、运动、营养状况、疾病等多种因素的影响而发生变动,故又称可变脂。

脂肪细胞能分泌大量的激素和细胞因子,如脂联素(Apn)、瘦素、抵抗素、肿瘤坏死因子-α(TNF-α)、白细胞介素-6(IL-6)、Ⅰ型纤溶酶原,激活及抑制物-1(PAI-1)等,统称为脂肪细胞因子。脂肪细胞因子在调节机体代谢等方面发挥重要作用。

2. 类脂的分布

类脂是生物膜的基本组成成分，约占生物膜总重量的一半以上，在各器官和组织中含量恒定，基本上不受膳食、营养状况和机体活动的影响，故又被称为固定脂或基本脂。不同组织中类脂的含量、种类不同。

8.2 脂肪的分解代谢

脂肪的分解代谢是机体能量的重要来源。在脂肪分子中，氢原子所占的比例比糖分子要高得多，而氧原子相对很少。所以，同样质量的脂肪和糖，在完全氧化生成二氧化碳和水时，脂肪所释放的能量较糖的多。脂肪的氧化，必须有充分的氧供应才能进行，这和糖能够在无氧条件下进行分解（酵解）是不同的。

8.2.1 脂肪动员

储存在脂肪细胞中的脂肪，被脂肪酶逐步水解为游离脂肪酸和甘油，并从脂肪细胞释放，经血液运输到其他组织利用的过程称为脂肪动员（图 8-1）。

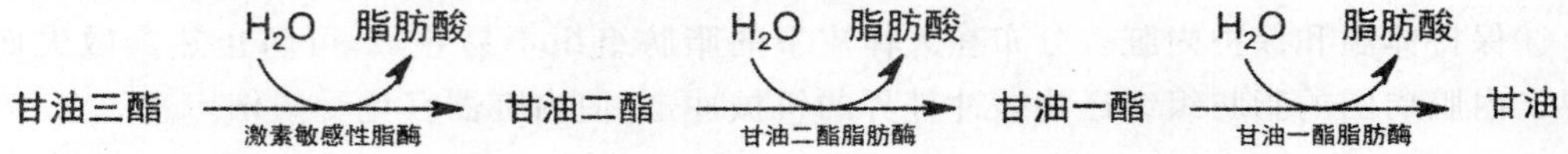

图 8-1 脂肪动员

体内各组织细胞除成熟红细胞外，几乎都有氧化脂肪或其分解产物的能力，脂肪组织中储存脂肪的动员受很多激素调节。胰高血糖素、去甲肾上腺素、肾上腺皮质激素、肾上腺素、甲状腺素等先与靶细胞膜相应的受体作用，激活腺苷酸环化酶，靶细胞内 cAMP 增加，cAMP 可使三酰甘油脂肪酶活性增加。三酰甘油脂肪酶是脂肪水解的限速酶，因其受多种激素的调控，所以又叫激素敏感性脂肪酶。凡能使三酰甘油脂肪酶活性增高的激素称为脂解激素。而胰岛素能降低细胞 cAMP 的浓度，使三酰甘油脂肪酶活性降低，抑制脂肪水解，称为抗脂解激素。

脂肪动员释放出的甘油溶于水，可以直接通过血液循环转运。肝脏、肾脏和小肠等富含甘油激酶，可以吸收甘油，并且将其磷酸化生成 3-磷酸甘油，然后脱氢生成磷酸二羟丙酮，通过糖代谢途径分解，或合成葡萄糖等其他物质。骨骼肌和脂肪细胞内缺乏甘油激酶，所以它们不能利用甘油。

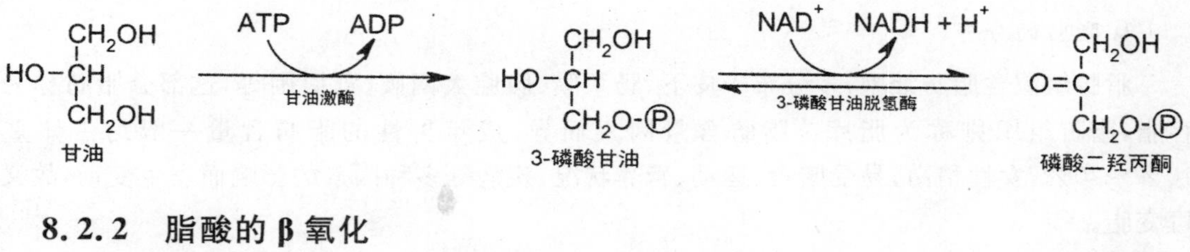

8.2.2 脂酸的 β 氧化

脂肪酸在有充足氧气供给的情况下，可以氧化分解为 CO_2 和 H_2O，并释放出大量的能量，因此脂肪酸是人体的主要能量物质之一。除脑组织和成熟的红细胞外，体内大多数组织都能氧化利用脂肪酸,其中以心、肝和肌肉组织的脂肪酸氧化最为活跃。脂肪酸的氧化形式有 α 氧化、β 氧化和 γ 氧化等。其中 β 氧化是氧化形式中最常见的。

1. 脂酸的活化

脂肪酸的活化在胞浆中进行,是指脂肪酸转变为脂酰 CoA 的过程。在 ATP、HSCoA 和 Mg^{2+} 参与下,脂肪酸在脂酰 CoA 合成酶(acyl-CoA synthetase)的催化下,活化形成脂酰 CoA。

$$\underset{\text{脂肪酸}}{\text{RCOOH}}+\text{HSCoA}+\text{ATP}\xrightarrow[\text{Mg}^{2+}]{\text{脂酰 CoA 合成酶}}\underset{\text{脂酰CoA}}{\text{RCO}\sim\text{SCoA}}+\text{AMP}+\text{PPi}$$

活化后生成的脂酰 CoA 分子中不仅含有高能硫酯键,且极性增强,提高了脂肪酸的代谢活性。该反应为脂肪酸分解过程中唯一耗能的反应。反应过程中生成的焦磷酸(PPi)立即被细胞内的焦磷酸酶水解,阻止了逆向反应的进行。因此 1 分子脂肪酸的活化,实际上消耗了两个高能磷酸键的能量。

2. 脂酰 CoA 进入线粒体

催化脂酸 β 氧化的酶存于线粒体基质中,中、短链脂酸不需载体可直接进入线粒体,长链脂酰 CoA 不能自由通过线粒体膜,需要载体肉碱(3-羟基-4-三甲氨基丁酸)的转运。在肉碱脂酰转移酶催化下,长链脂酰基与肉碱的 3-羟基通过酯键相连接,生成辅酶 A 和脂酰肉碱。线粒体内、外膜两侧均有此酶,系同工酶,分别称为肉碱脂酰转移酶 I 和肉碱脂酰转移酶 II。线粒体外膜细胞质一侧的脂酰 CoA 由肉碱脂酰转移酶 I 催化与肉碱结合形成脂酰肉碱,通过线粒体内膜的转位酶作用穿过线粒体内膜,进入线粒体。在线粒体内膜基质一侧的肉碱脂酰转移酶 II 的催化下,脂酰肉碱转化成肉碱和脂酰 CoA,肉碱经转位酶的作用回到线粒体外的细胞质中再次参与转运。脂酰 CoA 则进入线粒体基质,进行 β 氧化(图 8-2)。

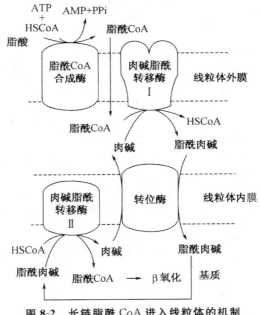

图 8-2　长链脂酰 CoA 进入线粒体的机制

长链脂酰 CoA 进入线粒体的速度受肉碱脂酰转移酶 I 和 II 的调节,酶 I 受脂酸合成原料丙二酰 CoA 的抑制,肉碱脂酰转移酶 II 受胰岛素抑制。胰岛素还可通过诱导乙酰 CoA 羧化酶的合成使丙二酰 CoA 浓度增加,进而抑制肉碱脂酰转移酶 I。饥饿或禁食时胰岛素分泌减少,肉碱脂酰转移酶 I 和 II 活性增高,促进长链脂酸进入线粒体氧化供能。

3. β 氧化过程

β 氧化反应过程包括:①脱氢。脂酰 CoA 脱氢酶催化脂酰 CoA 脱氢,生成 α,β-烯脂酰 CoA,脱下的氢由 $FADH_2$ 送入呼吸链。②加水。α,β-烯脂酰 CoA 水化酶催化 α,β-烯脂酰 CoA 加水,生成 β-羟脂酰 CoA。③再脱氢。β-羟脂酰 CoA 脱氢酶催化 β-羟脂酰 CoA 脱氢,生成酮 β-脂酰 CoA,脱下的氢由 NADH 送入呼吸链。④硫解。β-酮脂酰 CoA 硫解酶催化 β-酮脂酰 CoA 硫解,生成一分子乙酰 CoA 和比原来少了两个碳原子的脂酰 CoA(图 8-3)。

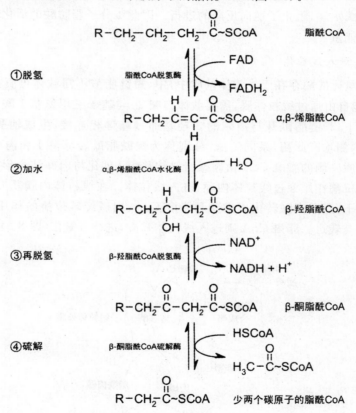

图 8-3　脂肪酸的 β 氧化过程

少了两个碳原子的脂酰 CoA 重复进行脱氢、加水、再脱氢和硫解反应,最终完全降解为乙酰 CoA。

β 氧化总反应:以软脂酸为例,1 分子软脂酸经过 7 次 β 氧化生成乙酰 CoA 的化学方程式如下:

$$软脂酸 + ATP + 7H_2O + 7FAD + 7NAD + 8CoA$$
$$= 乙酰 CoA + 7FADH_2 + 7MADH + 7H^+ + AMP + PPi$$

4.乙酰 CoA 的彻底氧化

β氧化生成的乙酰 CoA 进入三羧酸循环彻底氧化，生成 CO_2 和 H_2O，释放能量推动高能化合物 ATP 的合成。1 分子软脂酸彻底氧化净得 129 分子 ATP，并生成 145 分子 H_2O，其化学方程式如下：

$$软脂酸+129ADP+129Pi+23O_2=16CO_2+129ATP+145H_2O$$

8.2.3　脂肪酸的其他氧化形式

1.奇数碳脂酸的 β氧化

奇数碳脂酸经过若干次 β氧化，最后生成 1 分子丙酰 CoA。丙酰 CoA 在羧化酶和异构酶的作用下转变为琥珀酰 CoA。

2.α氧化

脂酸由单加氧酶和脱羧酶催化生成 α-羟脂酸并进一步氧化脱羧生成比原来少一个碳原子脂酸的过程称为脂酸的 α氧化。

3.ω氧化

脂酸的 ω氧化是指在肝、肾微粒体中，脂酸的末端甲基（∞端）经氧化转变成羟基、生成 ω-羟脂酸、进一步氧化形成 α、ω-二羧酸的过程。α、ω-二羧酸经 α端或 ω端活化后，进入线粒体进行 β氧化。

4.不饱和脂酸的氧化

不饱和脂酸的氧化途径与饱和脂酸基本相同，但由于自然界中存在的不饱和脂酸为顺式双键，需先由异构酶和水化酶催化，生成羟脂酰 CoA 后才能进一步进行再氧化反应。

8.2.4　酮体代谢

酮体包括乙酰乙酸、D-β-羟丁酸和丙酮，是脂肪酸分解代谢的产物。正常人血中酮体含量极少，这是人体利用脂酸氧化功能的正常现象。

1.酮体合成

肝脏是分解脂肪酸最活跃的器官之一。肝脏通过 β氧化分解脂肪酸生成大量乙酰辅酶 A，超过自己的需要，过剩的乙酰辅酶 A 在线粒体内合成酮体（图 8-4）。

①两分子乙酰 CoA 由硫解酶催化缩合，生成乙酰乙酰 CoA。②乙酰乙酰 CoA 由 β-羟基-β-甲基戊二酸单酰 CoA 合酶（HMG-CoA 合酶）催化与一分子乙酰 CoA 缩合，生成 β-羟基-β-甲基戊二酸单酰 CoA。③HMG-CoA 由 HMG-CoA 裂解酶催化裂解，生成乙酰乙酸和乙酰 CoA。④乙酰乙酸由 β-羟丁酸脱氢酶催化还原，生成 β-羟丁酸。⑤乙酰乙酸由乙酰乙酸脱羧酶催化脱羧，生成丙酮。

2.酮体利用

酮体的利用主要在心、肾、脑、骨骼肌等肝外组织的线粒体中进行。

心肌、肾脏和脑中还有乙酰乙酰硫激酶，在有 ATP 和辅酶 A 存在时，此酶催化乙酰乙酸

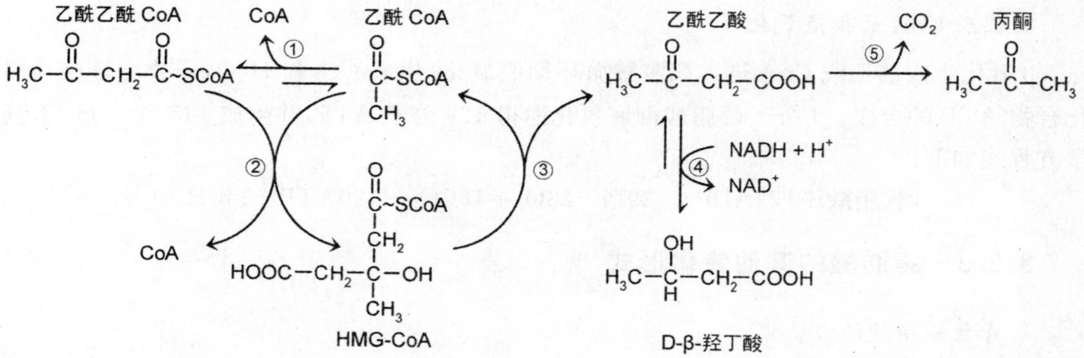

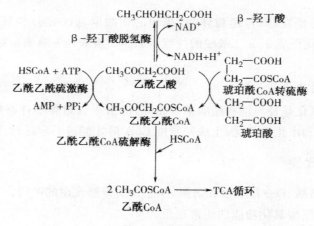

图 8-4　酮体合成

活化成乙酰乙酰 CoA。骨骼肌、心肌和肾组织中有琥珀酰 CoA 转硫酶,硫酶催化乙酰乙酸活化生成乙酰乙酰 CoA。经上述两种酶催化生成的乙酰乙酰 CoA 在硫解酶作用下,分解成两分子乙酰 CoA,进入三羧酸循环氧化分解。

β-羟丁酸首先氧化生成乙酰乙酸,然后的分解是通过乙酰乙酸的氧化途径进行代谢。正常情况下,丙酮量少、易挥发,从肺呼出(图 8-5)。

图 8-5　酮体利用

3.酮体代谢的生理意义

酮体是脂肪酸分解代谢的产物,是乙酰辅酶 A 的转运形式。肝脏的 β 氧化能力最强,可以为其他组织代加工,把脂肪酸氧化成乙酰辅酶 A。不过乙酰辅酶 A 不能直接透过生物膜,必须转化成可以转运的形式,这就是酮体。酮体是水溶性小分子,容易透过毛细血管壁,被肝外组织特别是骨骼肌、心肌、肾皮质吸收利用。饥饿导致血糖水平下降时,脑组织也可以利用酮体。

4.酮体生成的调节

(1)激素的影响

饱食后,胰岛素分泌增加,脂肪动员受到抑制,酮体生成减少。而饥饿时,胰高血糖素等脂解激素分泌增加,脂肪动员加强,血中游离脂酸浓度升高,使肝脏摄取游离脂酸增加,有利于脂

酸的 β 氧化和酮体的生成。

（2）饱食和饥饿的影响

饱食及糖供应充足时，肝糖原丰富，糖代谢旺盛，3-磷酸甘油及 ATP 充足，此时进入肝细胞的脂酸主要与 3-磷酸甘油反应生成三酰甘油和磷脂，β 氧化减少，酮体生成减少。

（3）脂酰 CoA 进入线粒体速度的影响

饱食后糖氧化分解所生成的乙酰 CoA 及柠檬酸能别构激活乙酰 CoA 羧化酶，促进丙二酰 CoA 的合成，后者竞争性地抑制肉碱脂酰转移酶 I 的活性，从而阻止脂酰 CoA 进入线粒体进行 β 氧化。

8.3　脂肪的合成代谢

脂肪主要存在于脂肪组织中，如果在一段时间内，摄入的供能物质超过体内消耗所需时，体重就会增加，这主要是由于体内脂肪的合成增加所致。脂肪的合成有两种途径：一种是利用食物中的脂肪转化成为人体的脂肪，因为一般食物中摄入的脂肪量不多，故这种来源的脂肪亦较少；另一种是将糖类等转化成脂肪，这是体内脂肪的主要来源。脂肪组织和肝脏是体内合成脂肪的主要部位，其他许多组织如肾、脑、肺、乳腺等组织也都能合成脂肪。脂肪酸的合成代谢是在细胞质中进行的，而其氧化分解作用只能在线粒体中进行。合成脂肪的原料是 α-磷酸甘油和脂肪酸。

8.3.1　α-磷酸甘油的合成

α-磷酸甘油可由糖酵解中间产物——磷酸二羟丙酮经还原而成，也可在肝脏中由甘油磷酸化而生成。

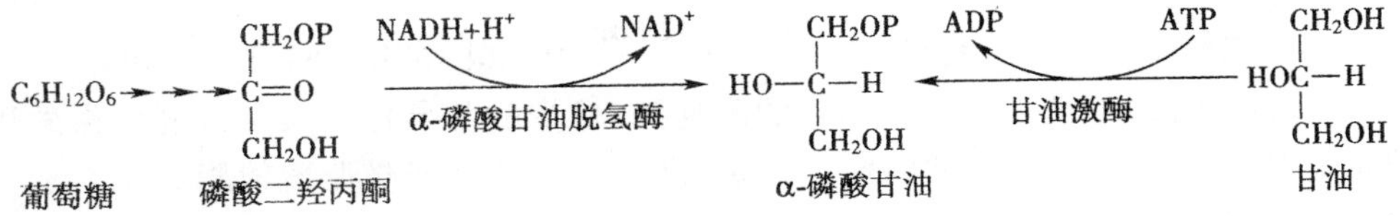

8.3.2　脂肪酸的合成

1. 合成场所与合成原料

脂肪酸是在肝脏、乳腺和脂肪组织等的细胞液中合成的。肝脏是人体内脂肪酸合成最活跃的场所，其合成能力较脂肪组织大 8～9 倍。脂肪组织是甘油三酯的储存场所，它合成甘油三酯所需的脂肪酸主要来自血浆脂蛋白，包括 CM 和 VLDL。

乙酰 CoA 和 NADPH 是脂肪酸的合成原料：糖类、脂类和蛋白质分解代谢均可以生成乙酰 CoA，NADPH 主要来自磷酸戊糖途径。

此外，脂肪酸合成还需要 ATP、CO_2 和 Mn^{2+} 或 Mg^{2+}、生物素等。

2. 乙酰 CoA 的转运

乙酰 CoA 在线粒体中产生，而脂肪酸合成是在胞液中进行的，线粒体内的乙酰 CoA 不能自由透过线粒体内膜，需要与草酰乙酸缩合成柠檬酸，通过线粒体内膜上的载体转运进入胞液,在胞液中,再经柠檬酸裂解酶催化分解为乙酰CoA和草酰乙酸。乙酰ＣｏA作为合成脂酸的原料,而草酰乙酸则在苹果酸脱氢酶催化下还原生成苹果酸,再经线粒体内膜上的载体转运到线粒体内。苹果酸还可在苹果酸酶的作用下,氧化脱羧生成丙酮酸,再进入线粒体羧化成草酰乙酸(图 8-6)。

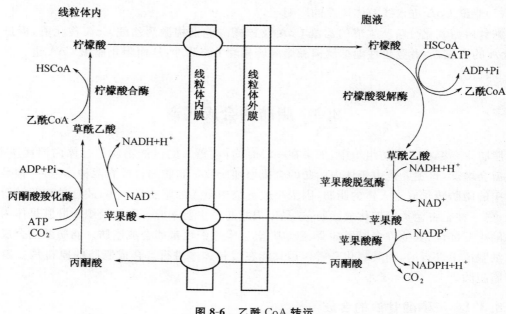

图 8-6　乙酰 CoA 转运

3. 乙酰 CoA 的活化

乙酰酶 A 首先由 CoA 羧化酶催化生成丙二酰 CoA,生物素是此酶的辅基。

$$ATP + HCO_3 + 乙酰\ CoA \xrightarrow{\text{乙酰 CoA 羧化酶}} 丙二酰\ CoA + ADP + H_3PO_4$$

乙酰 CoA 羧化酶是脂肪酸合成途径的限速酶,柠檬酸与异柠檬酸是该酶变构激活剂,而长链脂酰辅酶 A 是该酶的变构抑制剂。高糖低脂饮食可促进长链脂酰辅酶 A 的合成,从而促进糖向脂肪酸的转化。

4. 软脂酸的合成

软脂酸(palmitic acid)是 16 碳的饱和脂肪酸,其合成是由 1 分子乙酰辅酶 A 和 7 分子丙二酰辅酶 A 在脂肪酸合酶的催化下,由 NADPH ＋H$^+$ 为供氢体,经过缩水、还原、脱水、再还原等步骤,每次延长 2 个碳原子,而得到的。

哺乳动物脂肪酸合成酶具有 7 种酶活性:丙二酰单酰转移酶、β-酮脂酰合酶、β-酮脂酰还原酶、α,β-烯脂酰还原酶 α,β-烯脂酰水化酶、脂酰转移酶和硫酯酶,这 7 种酶活性均在 1 条多肽链上,由 1 个基因编码,属多功能酶。酶单体无活性,2 个完全相同的多肽链首尾相连组成的二聚体才具有酶活性。每个亚基均有一个酰基载体蛋白(ACP)结构域,其辅基为 4-磷酸泛酰氨基乙硫醇,作为脂肪酸合成中脂酰基的载体(图 8-7)。

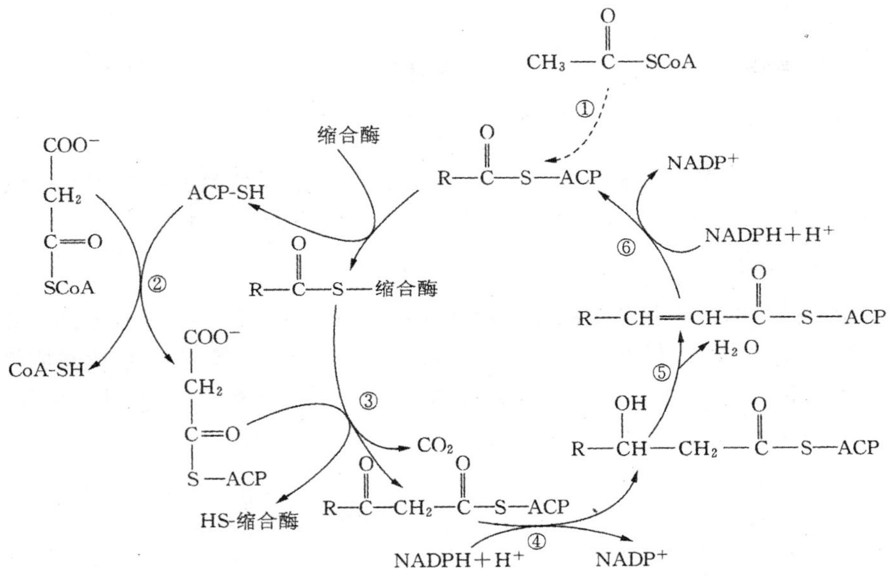

①乙酰 CoA-ACP 酰基转移酶；②丙二酸单酰 CoA-ACP 酰基转移酶；
③β-酮脂酰-ACP 合酶(缩合酶)；④β-酮脂酰-ACP 还原酶；
⑤β-羟脂酰-ACP 脱水酶；⑥烯脂酰-ACP 还原酶

图 8-7 软脂酸的生物合成

(1)乙酰基转移反应

乙酰辅酶 A 和丙二酰辅酶 A 分别从 CoA 转移到 ACP，形成乙酰 ACP 和丙二酰 ACP，然后乙酰基再从 ACP 转移到下一个 β-酮脂酰合成酶的半胱氨酸的巯基上。

乙酰-S-CoA＋ACP-SH→乙酰-S-ACP＋CoA-SH

乙酰-S-ACP＋合酶-SH→乙酰-S-合酶＋ACP-SH

(2)缩合反应

β-酮脂酰合疏基上的乙酰基与丙二酰 ACP 缩合，生成 β-酮脂 ACP 的反应为缩合反应。

(3)第 1 次还原反应

β-酮脂酰 ACP 由 β-酮脂酰还原酶催化，由 NADPH＋H⁺ 提供氢还原成 β-羟脂酰 ACP。

(4)脱水反应

生成的 β-羟脂酰 ACP 再由 β-羟脂酰 ACP 脱水酶催化脱水，生成 α，β-烯脂酰 ACP。

(5)第 2 次还原反应

烯脂酰 ACP 在烯脂酰 ACP 还原酶催化作用下，由 NADPH＋H⁺ 提供氢，被还原成饱和的脂酰 ACP。

最后 ACP 上的脂酰基再转移到 β-酮脂酰合成酶的半胱氨酸巯基上，游离的 ACP 再一次接收丙二酰辅酶 A 中的丙二酰基，生成丙二酰 ACP，然后从 β-酮脂酰合酶催化的缩合反应开始，经还原、脱水、再还原等反应重复循环 1 次，在脂酰基上增加 2 个碳原子单位，共经过 7 次循环，最终在胞质合成软脂酸 ACP，经硫酯酶催化形成游离软脂酸。软脂酸合成总反应式为：

$$CH_3CO\sim SCoA + 7HOOCCH2COSCoA + 14NADPH + 14H^+ \rightarrow$$
$$CH_3(CH_2)_{14}CO\sim SCoA + 7CO_2 + 6H_2O + 8HSCoA + 14NADP^+$$

8.3.3 甘油三脂合成

甘油三酯是以 α-磷酸甘油和脂肪酰 CoA 为原料合成。肝细胞和脂肪细胞的内质网是合成甘油三酯的主要部位,其次是小肠黏膜。甘油三酯合成有两条基本途径。

1.甘油二脂的途径

甘油二酯途径肝细胞和脂肪细胞主要由此途径合成甘油三酯。该途径是利用糖代谢生成的 α-磷酸甘油,在脂酰 CoA 转移酶的催化下,依次加上 2 分子脂酰 CoA 生成磷脂酸。磷脂酸在磷酸酶的作用下,水解脱去磷酸生成 1,2 甘油二酯,然后在脂酰 CoA 转移酶的作用下,再加上一分子脂酰 CoA 即生成甘油三酯。

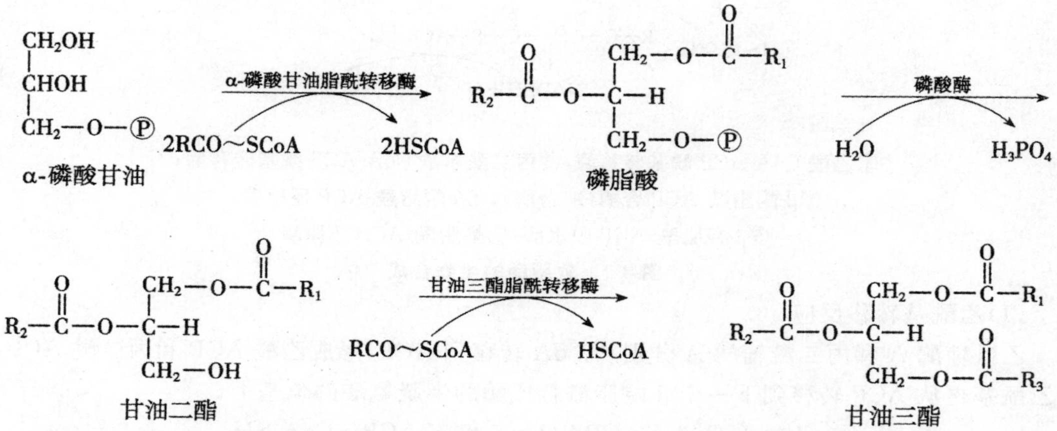

合成甘油三酯的三分子脂酸可是同一种脂酸,也可以是三种不同的脂酸。所需 3-磷酸甘油主要由糖代谢提供。肝、肾等组织含有甘油激酶,能催化游离甘油磷酸化生成 3-磷酸甘油,供甘油三酯合成。脂肪细胞缺乏甘油激酶,不能直接利用甘油合成甘油三酯。

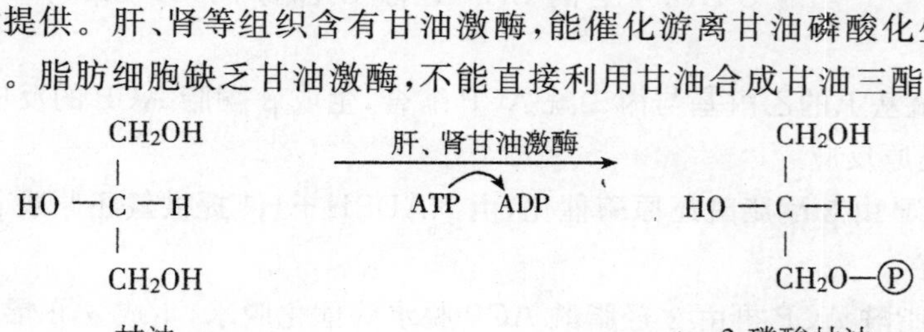

2.甘油一酯的途径

小肠黏膜上皮细胞主要以此途径合成甘油三酯。该途径主要利用消化吸收的甘油一酯为起始物,再加上 2 分子脂肪酰 CoA,合成甘油三酯。

8.3.4 激素调节对甘油代谢的影响

对甘油三脂代谢影响较大的激素有胰岛素、肾上腺素、胰高血糖素、甲状腺激素、生长激素和糖皮质激素等,其中胰岛素促进甘油三脂的合成,其余激素促进甘油三脂的分解,因此,胰岛素、肾上腺素和胰高血糖素最为重要。

（1）胰岛素既促进甘油三酯的合成又抑制脂肪动员

①胰岛素激活乙酰 CoA 羧化酶和柠檬酸裂解酶，从而促进脂肪酸的合成；同时，胰岛素激活酰基转移酶，从而促进磷脂酸和甘油三酯的合成。

②胰岛素抑制激素敏感性脂酶、肉碱酰基转移酶Ⅰ等，从而抑制脂肪动员。

（2）肾上腺素和胰高血糖素既抑制甘油三酯的合成又促进脂肪动员

胰高血糖素激活腺苷酸环化酶，腺苷酸环化酶催化合成 cAMP，cAMP 激活蛋白激酶 A，蛋白激酶 A 一方面抑制乙酰 CoA 羧化酶，从而抑制脂肪酸及甘油三酯的合成；另一方面激活激素敏感性脂酶，从而促进脂肪动员。

8.4 磷脂的代谢

8.4.1 甘油磷脂的代谢

1.甘油磷脂的合成

机体各组织细胞内质网均含有合成甘油磷脂的酶系，以肝脏、肾脏、小肠最为活跃。合成所需原料包括，脂肪酸、甘油、磷酸盐、胆碱、丝氨酸、肌醇等。需要 ATP 提供能量，还需 CTP 参加，CTP 磷脂合成中很重要，不但能功能，而且参与合成 CDP-乙醇胺、CDP-胆碱等主要的活性中间体。

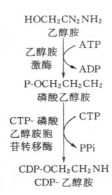
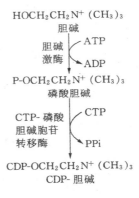

其合成过程如下：

CDP-乙醇胺、CDP-胆碱主要通过甘油二酯途径合成，磷脂酰丝氨酸、磷脂酰肌醇和心磷脂主要通过 CDP-甘油二酯途径合成。两条途径都消耗 CTP，只是 CTP 所起的作用不一样。

①甘油二酯途径。以 CDP-胆碱为例，胆碱激酶催化胆碱磷酸化，生成 CDP-胆碱。CDP-胆碱与 CTP 反应，生成 CDP-胆碱。CDP-胆碱与甘油二酯缩合，生成磷脂酰胆碱（图 8-8）。磷脂酰乙醇胺的合成过程与 CDP-胆碱相同。

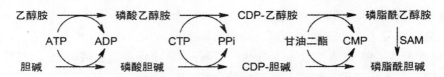

图 8-8　甘油二酯的合成途径

此外,磷脂酰乙醇胺可以从 S-腺苷甲硫氨酸获得甲基合成磷脂酰胆碱,这种方式合成的磷脂酰胆碱占人肝脏合成磷脂酰胆碱的 10%～15%。

②CDP-甘油二酯途径。甘油三酯合成过程产生的磷脂酸可以通过 CDP-甘油二酯途径合成甘油磷脂,即磷脂酸先与 CTP 反应,生成 CDP-甘油二酯。CDP-甘油二酯与丝氨酸、肌醇或磷脂酰甘油缩合,生成磷脂酰丝氨酸、磷脂酰肌醇或心磷脂。

$$磷脂酸 \xrightarrow[\text{磷脂酸胞苷酸转移酶}]{CTP\ \ PPi} CDP\text{-}甘油二酯 \xrightarrow[\text{磷脂酰丝氨酸合酶}]{丝氨酸\ \ CMP} 磷脂酰丝氨酸$$

2. 甘油磷脂与脂肪肝

在肝内合成的磷脂,除了作为质膜的组成成分外,还参加脂蛋白的合成,并以 VLDL 的形式将肝内合成的脂肪转运出去。正常成人肝中脂类含量约占肝重的 5%,其中以磷脂含量最多,约占 3%,而甘油三酯约占 2%。如果肝中脂类含量超过 10%,且主要是甘油三酯堆积,肝实质细胞脂肪化超过 30% 以上即为脂肪肝。形成脂肪肝常见的原因:①磷脂合成原料不足如胆碱、蛋氨酸、必需脂肪酸等缺乏,可导致磷脂合成不足,引起 VLDL 合成障碍,致使肝细胞内的甘油三酯因不能运出而使含量升高;②肝细胞内甘油三酯的来源过多,如高脂、高糖饮食或大量酗酒;③肝功能障碍,影响极低密度脂蛋白的合成与释放。上述这些原因都可导致肝细胞内甘油三酯堆积形成脂肪肝,长期脂肪肝可导致肝硬化。磷脂及其合成原料和有关的辅助因子(叶酸、维生素 B_{12}、CTP 等)在临床上常用于防治脂肪肝,就是因为它们能促进肝中磷脂的合成,以促进脂蛋白的合成。

3. 甘油磷脂的分解

生物体内存在能使甘油磷脂水解的多种磷脂酶类,分别作用于甘油磷脂分子中不同的酯键,生成不同的产物。磷脂酶 A_1,水解磷脂分子 C_1 酯键,水解产物是溶血磷脂 2 及脂肪酸;磷脂酶 A_2,专一水解甘油磷脂 C_2 位酯键,水解产物是溶血磷脂 1 及多不饱和脂肪酸;磷脂酶 B_1,即溶血磷脂酶 1,作用于溶血磷脂 1 位酯键,水解产物为甘油磷酸胆碱及脂肪酸;磷脂酶 B_2 则作用于溶血磷脂 2 位酯键;磷脂酶 C,作用于磷脂 C_3 位酯键,水解产物为二酰甘油及磷酸胆碱或磷酸乙醇胺等;磷脂酶 D,作用于磷酸取代基间酯键,水解产物为磷脂酸和胆碱或乙醇胺等。溶血磷脂 1 是一类具较强表面活性的物质,能使红细胞膜或其他细胞膜破坏引起溶血或细胞坏死。

8.4.2　鞘磷脂的代谢

1. 鞘磷脂的合成

体内含量最多的鞘磷脂是神经鞘磷脂。全身各组织细胞内质网中都含有合成鞘磷脂的酶,但以脑组织最为活跃。鞘磷脂由鞘氨醇、脂肪酸及磷酸胆碱所构成。鞘氨醇与脂肪酸相连,生成 N-脂酰鞘氨醇,其末端羟基与磷酸胆碱通过磷酸酯键相连即神经鞘磷脂。神经鞘磷脂是神经髓鞘的主要成分,也是构成生物膜的重要磷脂。

$$CH_3(CH_2)_{12}CH=CHCHOH$$
$$|$$
$$CHNHCOR$$
$$|\quad O$$
$$CH_2O-P-O-CH_2CH_2H^+(CH_3)_3$$
$$|$$
$$OH$$

鞘磷脂的合成原料包括软脂酰 CoA、丝氨酸、脂酰 CoA 和磷酸胆碱,此外还需要磷酸吡哆醛、NADPH 和 Mn^{2+} 等。①在脱羧酶的催化下,软脂酰 CoA 与丝氨酸缩合并脱羧,生成 3-酮基二氢鞘氨醇。②在还原酶的催化下,3-酮基二氢鞘氨醇被 NADPH 还原,生成二氢鞘氨醇。③在酰基转移酶的催化下,二氢鞘氨醇从脂酰 CoA 获得酰基,生成 N-脂酰二氢鞘氨醇。④N-脂酰二氢鞘氨醇由脱氢酶催化脱氢,生成 N-脂酰鞘氨醇。⑤N-脂酰鞘氨醇从磷脂酰胆碱获得磷酸胆碱,生成鞘磷脂(图 8-9)。

2. 鞘磷脂的分解

神经鞘磷脂的分解是在神经鞘磷脂酶催化下进行的。此酶存在于脑、肝、脾、肾等细胞的溶酶体中,水解磷酸酯键,产物为 N-脂酰鞘氨醇和磷酸胆碱。先天性缺乏此酶的病人,由于神经鞘磷脂不能降解而在细胞内积存,导致鞘脂累积症,可引起肝、脾大及痴呆等。

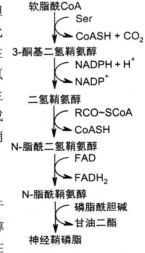

图 8-9　鞘磷脂的合成

8.5 胆固醇的代谢

8.5.1 胆固醇的生物合成

1.合成部位

成人除脑组织及成熟红细胞外,几乎全身各组织均可合成胆固醇,每天约合成 $1\sim1.5g$,其中肝合成胆固醇的能力最强,占总合成量的 $70\%\sim80\%$,小肠次之,合成量占总量的 10% 。胆固醇的合成主要在胞液及内质网中进行。

2.合成原料

乙酰辅酶 A 是合成胆固醇的直接原料。乙酰辅酶 A 来自线粒体糖的有氧氧化及脂肪酸的 β-氧化,线粒体内的乙酰辅酶 A 通过柠檬酸—丙酮酸循环进入胞液。胆固醇合成还需供氢体 NADP $H+H^+$ 、供能物质 ATP。实验证明合成 1 分子胆固醇需要 18 分子乙酰辅酶 A、36 分子 ATP 及 16 分子 $NADPH+H^+$ 。

3.合成过程

胆固醇的合成过程比较复杂,有近 30 步酶促反应,大致可分为三个阶段。

(1)甲羟戊酸(MVA)的合成

2 分子乙酰辅酶 A 先缩合成乙酰乙酰辅 CoA,再与另 1 分子乙酰辅 CoA 缩合成 β-羟-β-甲基戊二酰单酰辅 CoA(HMGCoA),再经 HMGCoA 还原酶的催化,由 NADPH 供氢还原为甲羟戊(MVA)。HMGCoA 是胆固醇和酮体合成的重要中间产物,而 HMGCoA 还原酶存在于胞液,是胆固醇合成的关键酶,所以胞液中的 HMGCoA 用于合成胆固醇。

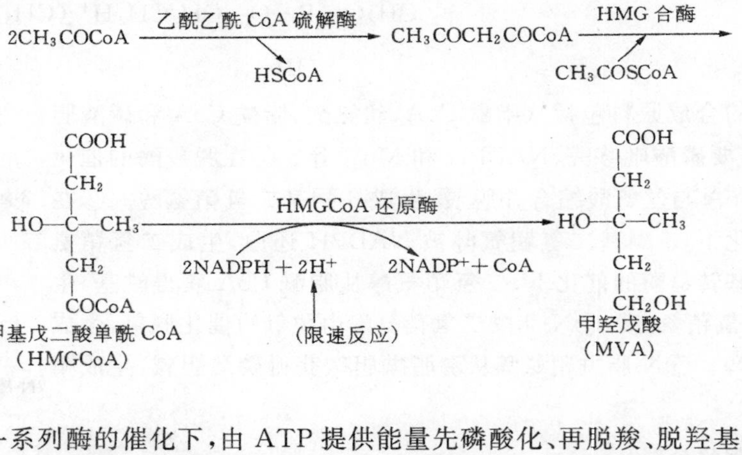

(2)合成鲨烯

甲羟戊酸在一系列酶的催化下,由 ATP 提供能量先磷酸化、再脱羧、脱羟基生成活泼的 5 碳焦磷酸化合物。然后 3 分子 5 碳焦磷酸化合物缩合生成 15 碳的焦磷酸法尼酯,2 分子 15 碳的焦磷酸法尼酯再缩合,还原即生成 30 碳的多烯烃化合物鲨烯。

(3)醇的生成

含 30 个碳原子的多烯烃鲨烯,在微粒体鲨烯环氧酶等多种酶的催化下,进行羟化、环化、脱甲基、还原等反应,最后生成胆固醇,反应过程需要消耗氧及由 NADPH 提供氢。

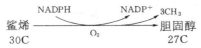

4.合成的调节

HMGCoA 还原酶是胆固醇合成的限速酶,各种因素通过影响 HMGCoA 还原酶活性来调节胆固醇合成速度。

（1）饥饿与饱食的调节

饥饿与禁食可使 HMGCoA 还原酶活性降低,可抑制胆固醇的合成。摄入高糖等饮食后,HMGCoA 还原酶活性增加,胆固醇合成增多。

（2）激素的调节

胰高血糖素和糖皮质激素能抑制 HMGCoA 还原酶的活性,使胆固醇的合成减少。胰岛素、甲状腺激素能诱导 HMGCoA 还原酶的合成,从而增加胆固醇的合成。甲状腺激素还可促进胆固醇向胆汁酸的转化,且转化作用大于合成作用,因此,甲状腺功能亢进的病人,血清中胆固醇的含量反而降低。

（3）胆固醇的负反馈调节

食物胆固醇可反馈阻遏 HMGCoA 还原酶的合成,使胆固醇的合成减少;反之,降低食物胆固醇含量,则可解除对此酶合成的阻遏作用并使合成增多。这种反馈调节主要存在于肝细胞,小肠黏膜细胞的胆固醇合成则不受这种反馈调节。

（4）药物的影响

某些药物如洛伐他汀和辛伐他汀,能竞争性地抑制 HMGCoA 还原酶的活性,使体内胆固醇的合成减少。另外有些药物如阴离子交换树脂可通过干扰肠道胆汁酸盐的重吸收,促使体内更多胆固醇转变为胆汁酸盐,降低血清胆固醇的浓度。

8.5.2　胆固醇的酯化

细胞内和血浆中的游离胆固醇都可以被酯化成胆固醇酯,但不同部位催化胆固醇的酶及其反应过程不同。

1.胞内胆固醇的酯化

在组织细胞内,游离胆固醇可在脂酰辅酶 A 胆固醇酯酰转移酶（ACAT）的催化下,接受脂酰辅酶 A 的脂酰基形成胆固醇酯。

2.血浆内胆固醇的酯化

血浆中,在卵磷脂胆固醇酯酰转移酶（LCAT）的催化下,卵磷脂 C_2 位的脂酰基（一般多是不饱和脂酰基）转移至胆固醇 C_3 位的羟基上,生成胆固醇酯及溶血卵磷脂。LCAT 是由肝实质细胞合成,而后分泌入血,在血浆中发挥催化作用。肝实质细胞有病变或损害时,可使 LCAT 活性降低,引起血浆胆固醇酯含量下降。

8.5.3 胆固醇的转化与排泄

1. 胆固醇的转化

胆固醇的环戊烷多氢菲母核在体内不能氧化分解,只能在其侧链发生氧化,所以体内胆固醇不能彻底氧化分解成 CO_2 碳和 H_2O,只能转变成其他的生理活性物质,参与代谢及调节,或排出体外(图 8-10)。

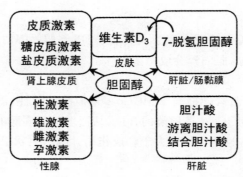

图 8-10 胆固醇转化

(1)转化为胆汁

胆固醇在肝中转变成胆汁酸(bile acid)是体内胆固醇的主要去路,每天生成 0.4～0.6g。胆固醇通过 7α-羟化酶催化而生成 7α-羟胆固醇,然后再经 3α- 及 12α-羟化,最后经侧链裂解成 24C 的初级游离型胆汁酸。7α-羟化酶为胆汁酸生成的限速酶。

(2)转化为类固醇激素

胆固醇在肾上腺皮质转化成肾上腺皮质激素,在卵巢和睾丸等转化成性激素。

类固醇激素主要在肝脏内灭活,转化成易于排泄的形式,其中大部分随尿液排泄,少部分随胆汁排泄。

(3)转化为 7-脱氢胆固醇

在皮肤,胆固醇可被氧化为 7-脱氢胆固醇,后者经紫外线照射形成维生素 D_3。维生素 D_3 经肝细胞微粒体 25-羟化酶催化而形成 25-羟维生素 D_3。经过血浆转运,在肾脏中进一步羟化,形成具有生理活性的 1,25-二羟维生素 D_3,促进钙磷吸收及成骨作用。

2. 胆固醇的排泄

大部分胆固醇转化成胆汁酸,汇入胆汁,通过胆道排入小肠,其中一部分随粪便排出体外,大部分被肠黏膜重吸收,通过门静脉返回肝脏,再排入肠道,构成胆汁酸的肠肝循环。

HO 胆固醇 ——肠道菌——> HO H 粪固醇

此外,一部分胆固醇直接随胆汁或通过肠黏膜排入肠道,其中约 0.4g 被肠道菌还原成粪固醇,随粪便排出体外,其余部分被重吸收。

皮肤通过皮脂腺尚可排出少量胆固醇和鲨烯,成人每天约排出 0.1g。

8.6　血浆脂蛋白代谢

8.6.1　血脂概述

血脂包括甘油三酯、磷脂、胆固醇酯、胆固醇和脂肪酸等,其来源和去路形成动态平衡(表 8-1)。空腹 12～14 小时血脂水平维持在 400～700mg/dl,但受膳食、种族、性别、年龄、职业、运动状况、生理状态和激素水平等因素的影响,波动较大,如,青年人血浆胆固醇水平低于老年人。由于各组织器官之间脂类的交换或转运都通过血液循环进行,因而血脂水平可以反映其脂类代谢情况。某些疾病影响血脂水平,如糖尿病患者和动脉粥样硬化患者的血脂水平明显偏高,所以血脂测定具有重要的临床意义。

表 8-1　血脂的来源和去路

来源	食物脂类消化吸收	脂库动员	体内合成	
去路	氧化功能	进入脂库储存	转化为其他物质	构成生物膜

8.6.2　血浆脂蛋白的分类、组成及结构

1.分类

血浆脂蛋白主要由甘油三酯、磷脂、胆固醇及其酯和蛋白质组成,因其所含的脂类成分和蛋白质种类、比例不同以及各类脂蛋白的理化性质不同,可分为多种。常用于血浆脂蛋白分类的方法有电泳分离法和超速离心法。

(1)电离分离法

电离分离法是常用的分离蛋白质的方法。根据电泳支持物的不同,可分为醋酸纤维素薄膜电泳、聚丙烯酰胺凝胶电泳等。用醋酯酰胺作支持物,以 pH8.6 的巴比妥溶液作缓冲液,可将血清蛋白分为清蛋白、α_1 球蛋白、α_2 球蛋白、β 球蛋白和 γ 球蛋白 5 种浓度为 35～55g/L,约占血浆总蛋白的 50%。肝每天合成 12g 清蛋白,以前清蛋白形式合成。球蛋白的浓度为 15～30g/L。正常情况下,清蛋白与球蛋白的浓度比值(A/G)为 1.5～2.5∶1。若用分辨率更高的聚丙烯酰胺凝胶电泳方法,可将血浆蛋白质分成数十条区带。

(2)超离心法

超离心法是根据血浆在一定浓度介质中进行超速速离心时,因所含的脂蛋白的密度不同,其漂浮速率不同而进行分离的方法,也称密度分离法。由于各种脂蛋白所含脂类及蛋白质的量各不相同,其密度亦各不相同,据此通常可将血浆脂蛋白分为乳糜微粒(CM)、极低密度脂蛋白(VLDL)、低密度脂蛋白(1LDL)和高密度脂蛋白(HDL)四大类。除上述四类脂蛋白外,还有一种其组成及密度介于 VLDL 及 LDL 之间的脂蛋白即中间密度脂蛋白(IDL),它是 VLDL 在血浆中的代谢物。

2.组成

4 种脂蛋白都含有三酰甘油、磷脂、胆固醇及其酯、载脂蛋白。但不同的脂蛋白其组成比例不同。乳糜微粒含三酰甘油最多，达 $80\%\sim95\%$，蛋白质含量最少，约占 1%，其密度最小，颗粒最大，几乎不带电。VLDL 以三酰甘油为主要成分，而磷脂、胆固醇、载脂蛋白含量均比乳糜微粒多。LDL 含胆固醇最多，接近 50%。HDL 含蛋白质最多，可达 50%，磷脂含量占 25%，三酰甘油最少，颗粒最小，密度最大。

3.结构

各种血浆脂蛋白的基本结构相似，即近似于球形，由疏水性较强的甘油三酯和胆固醇酯形成脂核，表面覆盖由磷脂、胆固醇和载脂蛋白形成的单分子层，其疏水基团与脂核结合，亲水基团朝外（图 8-11）。

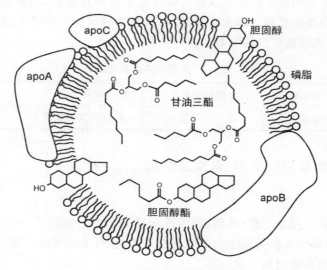

图 8-11　糜烂微粒结构

8.6.3　血浆蛋白的代谢

1.代谢的主要酶类

①肝脂肪酶（HL）。肝脂肪酶是在肝实质细胞中合成。与 LPL 功能相似，但其活性不需要 apoCⅡ作为激活剂；主要作用于小颗粒脂蛋白，如 VLDL 残粒、CM 残粒及 HDL 中的 TG 水解，促进肝内的 VLDL 转化为 IDL，使 IDL 转变为 LDL。

②脂蛋白脂肪酶（LPL）。脂蛋白脂肪酶是脂肪细胞、心肌细胞、骨骼肌细胞、乳腺细胞以及巨噬细胞等合成和分泌的一种糖蛋白。apoCII 为 LPL 必备的辅因子，具有激活 LPL 的作用。

LPL 的功能是催化 CM 和 VLDL 核心的甘油三酯分解为脂肪酸和甘油，使脂蛋白逐渐变为直径较小的残粒。

③卵磷脂胆固醇脂酰转移酶（LCAT）。apoAⅠ为该酶的重要激活剂。

2.脂蛋白受体

血浆脂蛋白受体是一类位于细胞膜上的糖蛋白。它能以高度的亲和力与相应的脂蛋白配体作用,从而介导细胞对脂蛋白的摄取与代谢。参与脂蛋白代谢的受体主要有 LDL 受体、VLDL 受体、HDL 受体及清道夫受体。

3.代谢过程

(1)乳糜微粒(CM)

从形成到清除经历新生乳糜微粒、成熟乳糜微粒和乳糜微粒残体三个阶段(图 8-12)。

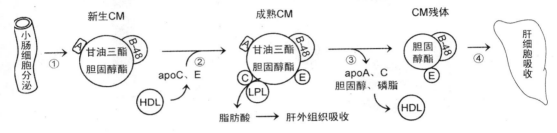

图 8-12　CM 代谢

食物脂类被消化吸收后,在滑面内质网重新酯化成甘油三酯、磷脂、胆固醇酯,与apoB-48、apoA 及少量 apoC、apoE 形成新生乳糜微粒。

新生乳糜微粒通过淋巴系统、左侧锁骨下静脉进入血液,从高密度脂蛋白获得 apoC-Ⅱ 和apoE,形成成熟乳糜微粒。

在循血液循环流经脂肪组织和心肌、骨骼肌、泌乳期的乳腺等组织时,成熟乳糜微粒的apoC-Ⅱ激活毛细血管内皮细胞表面的脂蛋白脂肪酶。脂蛋白脂肪酶(LPL)催化水解乳糜微粒的甘油三酯,释放的脂肪酸大部分被组织细胞通过膜转运体摄取,其中80%被脂肪细胞、心肌、骨骼肌摄取,20%被肝细胞摄取(肝细胞摄取后基本不分解,而是加工后转运到肝外组织)。最终,乳糜微粒中90%的甘油三酯都被水解,而且 apoC、apoA、部分胆固醇与磷脂酰胆碱转移至高密度脂蛋白。结果,乳糜微粒成分逐渐减少,成为富含apoB-48、apoE、胆固醇酯和胆固醇的乳糜微粒残体。

乳糜微粒残体流向肝脏,与肝细胞膜 apoE 受体、低密度脂蛋白受体(LDL 受体,又称apoB-100/E 受体)和 LDL 受体相关蛋白(LRP)结合,被肝细胞以受体介导内吞方式摄取,在溶酶体中降解,释出的胆固醇酯和甘油三酯被水解、代谢。乳糜微粒代谢迅速,半衰期为5~15分钟,饭后 12~14 小时血浆中便不再检出。

(2)高密度脂蛋白(HDL)

HDL 主要在肝,其次在小肠合成。HDL 按其密度高低又可分为 HDL_1、HDL_2 及 HDL_3。血浆中主要含 HDL_2 及 HDL_3。HDL_1 又称 HDLc,仅在摄取高胆固醇膳食时才在血中出现。

肝合成的新生 HDL 以磷脂、胆固醇和 apoAⅠ为主,形成圆盘状磷脂双层结构。入血后,在 LCAT 的作用下,血浆胆固醇变成胆固醇酯,通过胆固醇酯转运蛋白(CETP)将胆固醇酯转入 HDL 的内核,在此过程中所消耗的磷脂酰胆碱及游离的胆固醇又不断地从外周细胞膜、CM 及 VLDL 得到补充,再由 LCAT 催化生成胆固醇酯进入内核,使 HDL 内核中的胆固醇酯增加,并接受由 CM 和 VLDL 释出的磷脂、apoAI、AII 等。同时,其表面的 apoC 及 apoE 转移

現代生物化学原理及技术研究

到 CM 及 VLDL 上,即转变为单脂层球状的成熟 HDL。成熟的 HDL 由肝细胞膜上的 HDL
受体识别而被摄取、降解、清除,其过程见图 8-13。

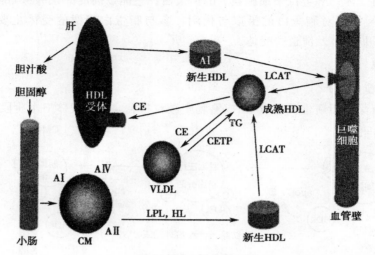

图 8-13　HDL 代谢和胆固醇逆向运转

(3)低密度脂蛋白(LDL)

其代谢主要是受体介导入胞,其中 2/3 通过与 LDL 受体结合被细胞摄取(70%被肝细胞
摄取,30%被肝外组织细胞例如肾上腺皮质、睾丸、卵巢摄取),并在溶酶体中被水解,释出的游
离胆固醇被细胞利用。LDL 是健康人空腹时主要的血浆脂蛋白,占脂蛋白总量的 1/2～ 2/3,
半衰期为 2～3 天。

LDL 的主要代谢途径为 LDL 受体途径。LDL 与 LDL 受体结合后,被溶酶体中的酶水
解,apoB$_{100}$被水解为氨基酸,胆固醇酯被水解成游离胆固醇及脂肪酸。游离胆固醇可用于类
固醇激素的合成,还可反馈抑制细胞内胆固醇的合成(图 8-14)。若发生 LDL 受体缺陷,可导
致血浆 LDL 升高,成为动脉粥样硬化(AS)发生的重要机制。

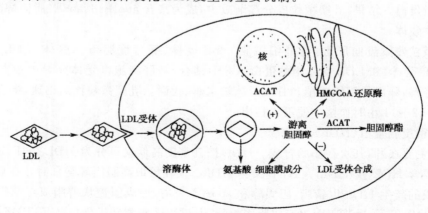

图 8-14　LDL 受体途径

(4)极低密度的脂蛋白(VLDL)

主要形成于肝实质细胞,其形成和代谢经历新生极低密度脂蛋白(含甘油三酯、胆固醇、胆

固醇酯、apoB-100、少量 apoC、apoE)→成熟极低密度脂蛋白。极低密度脂蛋白残体即中密度脂蛋白(IDL)转化过程,此代谢过程与乳糜微粒类似。IDL 的另一去路为一部分被肝细胞 LDL 受体介导摄取,其余继续被脂蛋白脂肪酶水解所含甘油三酯,最后成为富含胆固醇酯、胆固醇和 apoB-100 的低密度脂蛋白(LDL)。VLDL 的半衰期不到 1 个小时。

8.6.4　血浆脂蛋白代谢异常

1.高脂蛋白血症

空腹血脂浓度高于正常参考值上限即称为高脂血症(hyperlipidemia)。临床上常见的有高胆固醇血症、高三酰甘油血症或者两者同时超过正常上限。一般以成人空腹 12～14 小时血浆三酰甘油超过 2.26mmol/L(200mg/dl),胆固醇超过 6.21mmol/L(240mg/dl),儿童胆固醇超过 4.14mmol/L(160mg/dl)作为高脂血症的诊断标准。

由于血脂在血浆中以脂蛋白的形式存在,因此高脂血症也可认为是高脂蛋白血症(hyper-lipoproteinemia)。高脂蛋白血症可按脂蛋白电泳图谱进行分型。1970 年世界卫生组织(WHO)建议将高脂蛋白血症分为六型,其血脂、脂蛋白的含量变化见表 8-2。我国高脂蛋白血症约 40％属于 II 型,50％属于 IV 型。

表 8-2　高脂蛋白血症分类

分类	血脂变化	脂蛋白变化
I	三酰甘油 ↑↑↑　胆固醇 ↑	乳糜微粒增高
IIa	胆固醇 ↑↑	低密度脂蛋白增高
IIb	胆固醇 ↑↑　三酰甘油 ↑↑	低密度及极低密度脂蛋白同时增高
III	胆固醇 ↑↑　三酰甘油 ↑↑	中密度脂蛋白增加
IV	三酰甘油 ↑↑	低密度脂蛋白增加
V	三酰甘油 ↑↑↑胆固醇 ↑	低密度脂蛋白及乳糜蛋白同时增加

高脂蛋白血症按病因分为原发性和继发性两大类。原发性高脂蛋白血症病因不明,可能与脂蛋白代谢中的关键酶、载脂蛋白和脂蛋白受体的遗传缺陷有关,如家族性高胆固醇血症。继发性高脂蛋白血症是继发于糖尿病、肾病、甲状腺功能减退和肝脏病等疾患。

2.肥胖症

全身性的脂肪堆积过多,而导致体内发生一系列病理生理变化,称为肥胖症。目前国际上用体重指数(body mass index,BMI)作为肥胖度的衡量标准。BMI＝体重(kg)/身高^2(m^2)。我国规定 BMI 在 24～26 之间为轻度肥胖;26～28 为中度肥胖;大于 28 为重度肥胖。成年人的肥胖,脂肪细胞体积增大但数目一般不增多;生长发育期儿童发生的肥胖,脂肪细胞体积增大,数目也增多。

引起肥胖症的原因很多,除遗传因素和内分泌失调外,常见的原因是热量摄入过多,体力活动过少,致使过多的糖、脂酸、甘油、氨基酸等转变成三酰甘油储存于脂肪组织中。

肥胖症患者常伴有高血糖、高血脂、高血压和高胰岛素血症,并会发生一系列内分泌和代谢改变。肥胖症的防治原则主要是控制饮食和增加活动量。

3. 胆结石

在胆囊或胆道形成结石称为胆结石。胆结石的产生往往是因血浆胆固醇过高,胆汁浓而淤积或与发病部位感染有关,如炎症、寄生虫、手术等原因造成的感染。胆结石主要由胆固醇、胆色素、胆酸、脂肪酸钙、碳酸钙等无机盐组成。

临床治疗上常采用的利胆药包括去氢胆酸、鹅去氧胆酸、熊去氧胆酸等。去氢胆酸的主要作用是促进胆汁分泌,增加胆汁中的水分,使胆汁稀释而有利于排空胆汁。或用鹅去氧胆酸、熊去氧胆酸等改变胆汁中胆酸的成分,减少胆固醇的合成和分泌,有利于溶解胆结石。

4. 动脉粥样硬化与冠心病

动脉粥样硬化(atherosclerosis,AS)病因复杂,主要是由于血浆中胆固醇浓度过高,沉积于大、中动脉内膜上,形成粥样硬化斑块,从而影响受累器官的血液供应。这些变化如果发生在冠状动脉,会引起心肌缺血,甚至心肌梗死,简称冠心病。LDL 增高可促进动脉粥样硬化的发生,HDL 升高有抗动脉粥样硬化的作用。因此,降低 LDL 水平以及提高 HDL 水平是防治动脉粥样硬化和冠心病的基本原则。

降低血脂可采取控制饮食、适当运动、服用降脂药物等措施。服用降脂药物可降低血中胆固醇、三酰甘油的含量,具有降脂功效的中药有 60 余种,其中以降低三酰甘油为主的有:柴胡、大黄、金银花、冬青子等;以降低胆固醇为主的有:甘草、枸杞、杜仲、银杏叶、人参、首乌、葛根等;对胆固醇和三酰甘油都有降低作用的有:决明子、灵芝、香菇、冬虫夏草、女贞子、丹参、绞股蓝、山楂、虎杖等。

第9章 蛋白质的降解与氨基酸代谢

9.1 蛋白质的营养作用

9.1.1 食物中蛋白质的生理功能

1. 蛋白质参与体内多种重要的生理活动

体内具有多种特殊功能的蛋白质,例如酶、某些激素、抗体和某些调节蛋白等。肌肉的收缩、物质的运输、血液的凝固等也均由蛋白质来实现。此外,氨基酸代谢过程还可产生胺类、神经递质、嘌呤和嘧啶等重要的含氮化合物。

2. 蛋白质也是能源物质

蛋白质在体内氧化分解可释放约 17kJ/g 的热量(蛋白质的供能作用可由糖或脂肪代替)。由此,提供足够食物蛋白质对正常代谢和各种生命活动的进行是十分重要的,对于生长发育的儿童和康复期的患者,供给足量、优质的蛋白质尤为重要。

3. 维持细胞、组织的生长、更新、修补

蛋白质是细胞的主要组成成分,儿童处于生长发育阶段,必须摄取含蛋白质比较丰富的膳食,才能维持其生长和发育;成人也必须摄取足够的蛋白质,才能维持其组织更新,组织创伤时,更需要蛋白质作为修补的原料。

9.1.2 氮平衡

蛋白质含氮量平均为 16%,所以测定食物含氮量(摄入氮)就可以分析食物中蛋白质的含量。蛋白质通过分解代谢所产生的含氮排泄物主要随尿液、粪便排出体外,所以测定尿液、粪便中的含氮量(排出氮)就可以分析体内蛋白质的分解情况。体内蛋白质的合成与分解维持动态平衡,每天通过蛋白质分解代谢排出的氮必须由食物蛋白来补充,所以测定摄入氮与排出氮在一定程度上可以分析体内蛋白质的合成和分解情况。

氮平衡(nitrogen balance)是指摄入氮与排出氮之间的平衡关系,它反映出体内蛋白质的代谢状况。氮平衡有以下三种情况:

(1)氮总平衡

氮摄入量=氮排出量,说明摄取的蛋白质量基本上能满足体内组织蛋白更新的需要,表示体内蛋白质的合成代谢与分解代谢维持动态平衡。氮总平衡常见于健康成人。

(2)氮的正平衡

氮摄入量>氮排出量,部分摄入的氮用于合成体内蛋白质,以供细胞增殖。儿童、孕妇及恢复期的患者属于这种情况。

(3)氮负平衡

氮摄入量＜氮排出量,说明摄取的蛋白质量不足以补充体内分解掉的蛋白质,表示体内蛋白质的分解代谢多于合成代谢。例如,长时间饥饿者以及消耗性疾病、大面积烧伤和大量失血等患者的蛋白质代谢均属于氮负平衡。

根据氮平衡不仅可以分析体内蛋白质的代谢状况,还可以估算机体的蛋白质需要量。

9.1.3 食物蛋白质的营养价值

1.必需氨基酸

必需氨基酸和非必需氨基酸20种标准氨基酸中有8种氨基酸,包括:异亮氨酸、苯丙氨酸、色氨酸、苏氨酸、亮氨酸、甲硫氨酸、赖氨酸和缬氨酸。不能在人体内合成,依赖食物供给(因此食物蛋白质的营养作用不能被糖和脂肪替代),缺乏其中任何一种都会引起氮负平衡。这8种氨基酸称为必需氨基酸。其余12种氨基酸可以在人体内合成,不依赖食物供给,称为非必需氨基酸)。人体内合成的精氨酸量可以满足健康成人的代谢需要,但对于生长发育期的个体来说仍然需要从食物中获取;组氨酸合成量不多,食物中若长期缺乏也能造成氮负平衡,因而有人将组氨酸和精氨酸也归入必需氨基酸(表9-1)。

表 9-1 成人、儿童和婴儿必需氨基酸的最低日需要量

必须氨基酸	异亮氨酸	苯丙氨酸	色氨酸	苏氨酸	亮氨酸	甲硫氨酸	赖氨酸	缬氨酸
成人	10	14	35	7	14	13	12	10
儿童	30	27	4	35	45	27	60	33
婴儿	70	125	17	87	161	58	103	93

2.食物蛋白质的互补作用

几种营养价值较低的蛋白质混合食用,互相补充必需氨基酸的种类和数量,从而提高蛋白质在体内的利用率,称为蛋白质的互补作用。蛋白质的互补作用有重要的现实意义,如小米中赖氨酸含量低,而色氨酸较多,大豆则相反,两者单独食用的营养价值都不太高,若混合食用可互相补充所需氨基酸之不足,提高营养价值。近年来我国发展的强化食品是营养科学进步和人类饮食生活发展的必然要求,是提高食物蛋白质营养价值的重要途径。

蛋白质营养对疾病的防治具有重要意义,特别是在外科创伤或手术后,患者机体中蛋白质分解代谢急剧增加,很快出现氮负平衡,使病情进一步恶化。据报道,住院患者死亡中有10%～30%死亡的直接原因或主要原因是营养不良。由于静脉高营养剂的使用,使许多危重患者转危为安。目前,临床上使用的高营养剂主要有水解蛋白和复合氨基酸液,这些高营养剂的主要质量指标是含一定比例的完整必需氨基酸。高营养剂疗法是提高临床疗效的重要方法,日益受到医务工作者的重视。

3.蛋白质营养的评价

蛋白质的营养价值主要是为机体提供必需的氨基酸和构成其他含氮物质所需要的氮源。蛋白质的营养价值高低取决于其分子中必需氨基酸的含量和比例,因为它与氮素转化有关。

因此,根据氮素转化进行蛋白质营养效价评价有以下几个方面。

(1)蛋白质消化率

食物蛋白质在人体内消化率的高低,是评价食物蛋白质营养价值的一个重要方面。

$$蛋白质消化率 = \frac{食物氮 - (粪氮 - 粪代谢氮)}{食物氮} \times 100\%$$

(2)蛋白质利用率

利用率是指食物蛋白质(氨基酸)被消化吸收后在体内被利用的程度。利用率的测定方法分为生物法和化学法。

①蛋白质的生物学价值(生物价)。蛋白质的生物学价值是被生物体利用保留的氮量与吸收的氮量之比,用 BV 表示:

$$BV(\%) = \frac{氮储流量}{氮吸收量} \times 100\%$$

②蛋白质净利用率(NPU)。是蛋白质实际被利用的程度。

$$NPU(\%) = \frac{氮储留量}{氮食入量} \times 100\%$$

③蛋白质效率比值(PER)。动物体重增加与摄入蛋白质质量之比,它是测定食物蛋白质营养质量的最常用指标。

$$PER(\%) = \frac{体重增加(g)}{食用蛋白质(g)}$$

④氨基酸分数(AAS)将所测蛋白质与标准蛋白质中的各种必需氨基酸的含量进行比较。

$$AAS = \frac{每克待测蛋白质中某种必须氨基酸的质量(mg)}{每克标准蛋白质中某种必须氨基酸的质量(mg)} \times 100\%$$

9.1.4　人体对蛋白质的需要量

根据测定,体重 60kg 的正常成人在食用不含蛋白质膳食时,每天排氮量约 3.18g,相当于 20g 蛋白质。这个数据不代表进食蛋白质时体内蛋白质的分解量。由于食物蛋白质与人体蛋白质组成的差异,不可能被全部吸收利用,故每天至少需要食入一般食物蛋白质 30～45g 才能维持蛋白质总氮平衡。这个量代表正常成人每天蛋白质的最少生理需要量。我国营养学会推荐成人每日蛋白质的需要量为 80g。儿童、妊娠四个月以后和哺乳期妇女、恢复期、消耗性疾病和术后患者等,蛋白质需要量应按体重计算高于正常成人,婴儿应高于成人的三倍。

9.2　蛋白质的消化、吸收与腐败

9.2.1　蛋白质的消化

各种生物体皆具有特异的蛋白质组成与结构。因此,人及动物不能用食物中异体蛋白质来直接修补或更新组织,而必须经消化过程。食物蛋白质消化的意义是:消除食物蛋白质的种属特异性或抗原性;使大分子蛋白质变为小分子肽和氨基酸,以便吸收和被机体利用。蛋白质消化的实质是一系列酶促水解反应。其基本过程如下:

$$食物蛋白质 \xrightarrow[\text{水解酶}]{\text{胃}} 胨及多肽 \xrightarrow[\text{水解酶}]{\text{肠}} 寡肽、氨基酸$$

1.蛋白质消化吸收的场所

食物蛋白的消化从胃开始,但主要在小肠中进行和完成(图 9-1)。

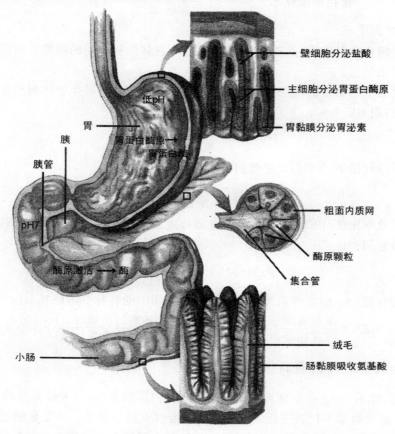

图 9-1 蛋白质的消化吸收

（1）胃内消化

胃黏膜主细胞能分泌胃蛋白酶原。胃蛋白酶原由胃黏膜壁细胞分泌的胃酸激活成胃蛋白酶,胃蛋白酶反过来也激活胃蛋白酶原。胃蛋白酶属于内肽酶,对肽键的要求并不苛刻,其最适 pH 值为 1.5～2.5。由于食物在胃内停留时间很短,食物蛋白在胃内的消化并不完全,主要水解产物是多肽和少量氨基酸。

（2）小肠内消化

小肠是消化蛋白质的主要场所。小肠内有胰腺和小肠黏膜细胞分泌的多种蛋白酶和肽酶,食物蛋白在这些酶的共同作用下水解成氨基酸。

2.水解酶的作用

蛋白质的消化吸收有赖于胃肠道中的蛋白水解酶,且这些酶具有各自的作用特点。

胃肠道中蛋白水解酶刚分泌出来时,多以酶原形式存在。酶原即无催化活性的酶。蛋白水解酶以酶原形式存在对保护组织受其分解作用有重要的生理意义。酶原经过激活才能成为有活性的酶。如：

$$胃蛋白酶原 \xrightarrow[\text{HCl 或}]{\text{胃蛋白酶}} 胃蛋白酶 + 六个多肽$$

$$胰蛋白酶原 \xrightarrow{\text{肠激酶}} 胰蛋白酶 + 六肽$$

$$糜蛋白酶原 \xrightarrow{\text{胰蛋白酶或}} 糜蛋白酶$$

$$弹性蛋白酶原 \xrightarrow{\text{胰蛋白酶}} 弹性蛋白酶$$

$$\begin{matrix} 羧基肽酶原 & \longrightarrow & 羧基肽酶 \\ (A \text{ 或 } B) & & (A \text{ 或 } B) \end{matrix}$$

胰腺中含有胰蛋白酶抑制剂,它具有抑制胰蛋白酶的活性保护胰腺的作用从牛的胰腺中提取出来的,抑肽酶对急性胰腺炎具有较好的效果。

3.蛋白质的消化过程

食物蛋白质在胃肠道经多种蛋白水解酶的共同作用,最后完全水解为氨基酸。蛋白质消化过程小结如下：

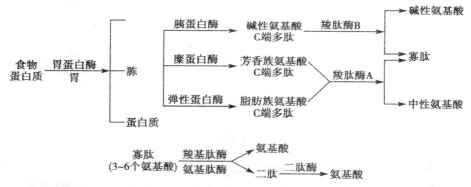

胃蛋白酶和糜蛋白酶有凝乳作用,可使乳中酪蛋白与 Ca^{2+} 结合成不溶性的变性酪蛋白钙,这样易于消化。

关于结合蛋白质的消化,如食物中核蛋白、血红蛋白等,它们在消化道经酸或酶的作用使辅基与蛋白质分开,蛋白质部分按上述方式水解为氨基酸,而辅基部分则分别在相应酶的催化下进行各自特有的代谢。

9.2.2 氨基酸的吸收

氨基酸的吸收主要在小肠中进行。关于吸收机制,目前尚未完全阐明,一般认为它是一个耗能的主动吸收过程。

1.运输氨基酸的载体

由于氨基酸侧链结构的差异,主动转运氨基酸的载体也不相同,分别参与不同氨基酸的吸收。

①中性氨基酸载体。它是主要载体,侧链中不带电荷的氨基酸都可藉此载体转运。可转运芳香族氨基酸、脂肪族氨基酸、含硫氨基酸、组氨酸、谷氨酰胺等。

②酸性氨基酸载体。其作用是转运天冬氨酸及谷氨酸。

③碱性氨基酸载体。其作用是转运精氨酸、赖氨酸等,但转运速率较慢。

④亚氨基酸与甘氨酸载体。主要转运脯氨酸、羟脯氨酸及甘氨酸。

上述氨基酸的主动转运不仅存在于小肠黏膜细胞,类似的作用也可能存在于肾小管细胞、肌细胞等细胞膜上。这对于细胞浓集氨基酸作用具有普遍意义。

2.氨基酸的吸收方式

食物蛋白质在胃肠道经酶的水解,产物除氨基酸外,尚有相当量的水解不完全寡肽和多肽等中间产物。实验证明:小分子肽比游离氨基酸更容易吸收,吸收肽经酶作用大部分水解为氨基酸。吸收的氨基酸是人体氨基酸的主要来源,关于氨基酸吸收机制尚未完全阐明,一般认为肽和氨基酸的吸收主要有两种方式:

(1)γ-谷氨酰基循环

氨基酸的吸收是在 γ-谷氨酰转移酶(结合在细胞膜上)的催化下,通过与谷胱甘肽(GSH)作用而转运入细胞的。其主要机制如图 9-2 所示。

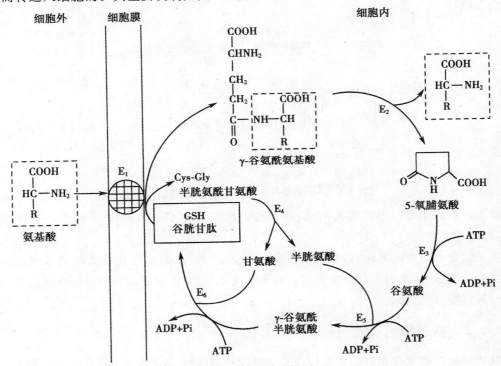

E_1:γ-谷氨酰基转移酶;E_2:γ-谷氨酰环化酶;
E_3:5-氧脯氨酸酶;E_4:肽酶;E_5:γ-谷氨酰半胱氨酸合成酶;$E6$:谷胱甘肽合成酶

图 9-2　γ-谷氨酰基循环

通过图 9-2 所述反应,氨基酸进入细胞内,完成了氨基酸的吸收。反应中产生的半胱氨酸、甘氨酸和谷氨酸等在 ATP 和酶的作用下可再生成谷胱甘肽,使氨基酸的吸收不断运转。即可把图 9-2 所述一系列反应所形成的循环看成两个阶段,首先是谷胱甘肽对氨基酸的运转,其次是谷胱甘肽的再生。此转运氨基酸循环体系的特点是唯有 γ-谷氨酰转移酶位于细胞膜上,其余的酶均在细胞液中,同时每转运 1 分子氨基酸需要消耗 3 分子 ATP。

蛋白质未经消化不易吸收,有时某些抗原、毒素蛋白可少量通过肠黏膜细胞进入人体内也易导致过敏或毒性反应(食物中毒)。实验已证实少量蛋白质是可通过特殊途径直解吸收,如胞饮作用、肽通道和细胞间通道和特异性受体选择吸收等。有时这些蛋白质的吸收可导致发生变态反应或其他免疫反应,严重时可引起休克,甚至死亡。

(2)主动运转

氨基酸的吸收不是简单扩散而是耗能的主动转运过程,这个过程需 Na^+、运载蛋白、ATP和酶等。实验表明在肠黏膜细胞膜上具有转运氨基酸的载体蛋白,能与氨基酸及 Na^+ 形成三联体,将氨基酸及 Na^+ 转运入细胞,Na^+ 则借钠泵排出细胞外,并消耗 ATP。

(3)肽的吸收

肠粘膜细胞上还存在着吸收二肽或三肽的运转体系。肽的吸收也是一个耗能的主动吸收过程,吸收作用在小肠近端较强,故肽吸收细胞甚至先于游离氨基酸。

9.2.3　蛋白质在肠中的腐败作用

肠道细菌可使部分蛋白质或其未吸收的消化产物分解,称为蛋白质的腐败作用。腐败作用是细菌本身的代谢过程。腐败作用的大多数产物对人体有害,但也可以产生少量脂肪酸及维生素等可被机体利用的物质。

1.氨的生成

肠道中的氨主要有两个来源:一是未被吸收的氨基酸在肠道细菌作用下脱氨基而生成;二是血液中尿素渗入肠道,受肠菌尿素酶的水解而生成氨,这些氨均可被吸收入血液在肝合成尿素。降低肠道的 pH 值,可减少氨的吸收。

酪胺和由苯丙氨酸脱羧基生成的苯乙胺,进入脑组织可分别经 β-羟化而形成β-羟酪胺和苯乙醇胺。它们的化学结构与儿茶酚胺类似,称为假神经递质。假神经递质增多,可使大脑发生异常抑制。

2.胺类的生成

肠道细菌的蛋白酶使蛋白质水解成氨基酸,再经氨基酸脱羧基作用,产生胺类。例如,组氨酸脱羧基生成组胺,赖氨酸脱羧基生成尸胺,色氨酸脱羧基生成色胺,酪氨酸脱羧基生成酪胺等。

3.其他有害物质的生成

除了胺类和氨以外,通过腐败作用还可产生其他有害物质,例如苯酚、吲哚及硫化氢等。正常情况下,上述有害物质大部分随粪便排出,只有小部分被吸收,经肝的代谢转变而解毒,故不会发生中毒现象。

9.3　氨基酸的一般代谢

9.3.1　氨基酸的代谢概况

人体内蛋白质处于不断降解与合成的动态平衡。成人每天约有 1％～2％ 的体内蛋白质被降解。不同蛋白质的寿命差异很大,短则数秒钟,长则数月。食物蛋白质在消化道经多种酶的催化,最终水解为各种氨基酸,由小肠吸收进入体内;体内组织蛋白质可经溶酶体或胞浆中蛋白酶作用水解成氨基酸,加之其他物质经代谢转变而合成的氨基酸交融在一起分布于全身各组织参与代谢,总称为氨基酸代谢库。由于氨基酸不能自由通过细胞膜,所以各种组织中氨基酸的含量并不相同。例如,肌肉中氨基酸占总代谢库的 50％ 以上,肝约占 10％,肾约占 4％,但肝、肾体积较小,因此它们所含氨基酸浓度很高,氨基酸的代谢也很旺盛。大多数氨基酸主要在肝中分解代谢,有些氨基酸(如支链氨基酸)则主要在骨骼肌中分解代谢(图 9-3)。

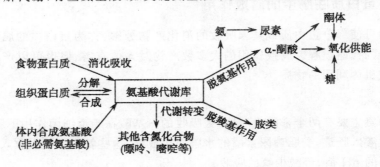

图 9-3　氨基酸的代谢概况

体内的蛋白质处于不断合成与降解的动态平衡。成人体内的蛋白质每天约有 1％～2％ 被降解,其中主要是肌肉蛋白质。体内蛋白质的降解是由一系列蛋白酶(protease)和肽酶(peptidase)完成的。蛋白质降解的速率用半寿期($t_{1/2}$)表示,半寿期是指将其浓度减少到开始值的 50％ 所需要的时间。肝中蛋白质的 $t_{1/2}$ 短的低于 30 分钟,长的超过 150 小时,但肝中大部分蛋白质的 $t_{1/2}$ 为 1～8 天。人血浆蛋白质的 $t_{1/2}$ 约为 10 天,结缔组织中一些蛋白质的 $t_{1/2}$ 可达 80 天以上,眼晶体蛋白质的 $t_{1/2}$ 更长。体内许多关键酶的 $t_{1/2}$ 都很短,例如胆固醇合成的关键酶 HMPCoA 还原酶的 $t_{1/2}$ 为 0.5～2 小时。

体内蛋白质的降解也是由相关的蛋白酶催化完成的。蛋白质在真核生物体内降解的两条途径:①溶酶体的蛋白质降解(ATP-非依赖途径)。在溶酶体内,利用溶酶体中的组织蛋白酶(cathepsin)降解外源性蛋白、膜蛋白和长寿命蛋白。该途径为不依赖 ATP 的过程。②泛素介导的蛋白质降解(ubiquitin-mediated protein degradation)(ATP-依赖途径)。依赖 ATP 和泛素化的过程降解异常蛋白和短寿命蛋白。泛素由 76 个氨基酸组成,高度保守,普遍存在于真核细胞,故名泛素。共价结合泛素的蛋白质能被蛋白酶体识别和降解,这是细胞内短寿命蛋白和一些异常蛋白降解的普遍途径,泛素相当于蛋白质被摧毁的标签。26S 蛋白酶体(proteasome)是一个大型的蛋白酶,可将泛素化的蛋白质在蛋白酶体降解成短肽,产生一些约 7～9

个氨基酸残基组成的肽链,肽链进一步水解生成氨基酸。

泛素控制的蛋白质降解具有重要的生理意义,它不仅能够清除错误的蛋白质,而且对细胞生长周期、DNA 复制及染色体结构都有重要的调控作用。

9.3.2　氨基酸的脱氨基作用

氨基酸分解代谢的最主要反应是脱氨基作用。氨基酸的脱氨基作用在体内大多数组织中均可进行。氨基酸可以通过多种方式脱去氨基,例如氧化脱氨基、转氨基、联合脱氨基及非氧化脱氨基等,以联合脱氨基为最重要。

1.转氨基

转氨基是指将氨基酸的 α-氨基转移到一个 α-酮酸的羰基位置上,生成相应的 α-酮酸和一个新的 α-氨基酸,反应由转氨酶催化。

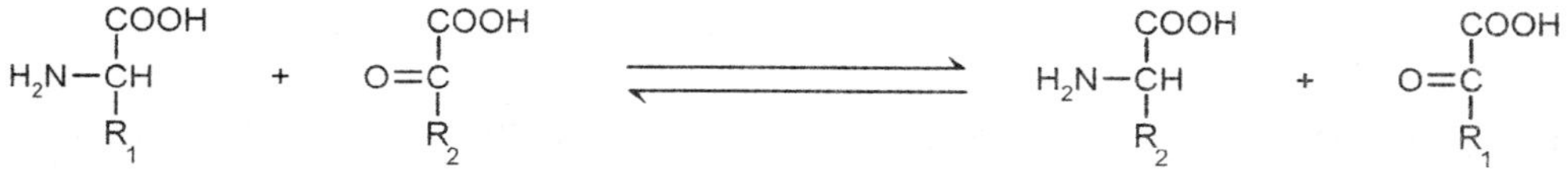

氨基酸1　　　　　α-酮酸2　　　　　　　　　　　　　　氨基酸2　　　　　α-酮酸1

转氨基反应具有以下特点:

①转氨基反应是可逆的,只要有相应的 α-酮酸存在,就可以通过其逆反应合成非必需氨基酸。

②反应过程只发生氨基转移,未产生游离氨。

③作为一个四底物可逆反应,其中有两种底物一定是 α-酮戊二酸和谷氨酸,即转氨基反应都是氨基酸把 α-氨基转移给 α-酮戊二酸,生成谷氨酸和相应的 α-酮酸的反应.或其逆反应。

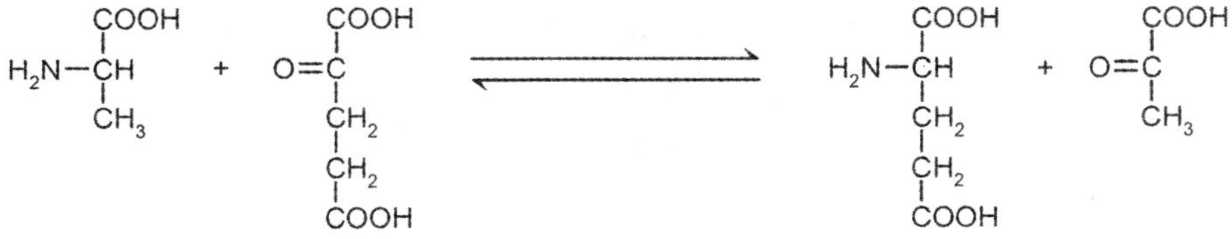

丙氨酸　　　　　α-酮戊二酸　　　　　　　　　　　　　谷氨酸　　　　　丙酮酸

④转氨酶需要维生素 B_6 的活性形式——磷酸吡哆醛或磷酸吡哆胺作为辅助因子。

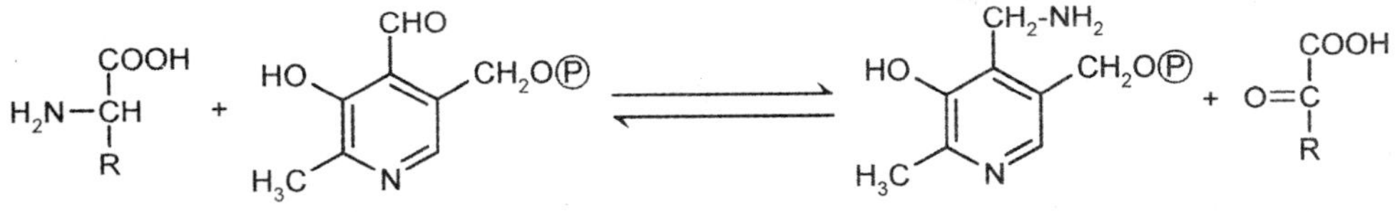

氨基酸　　　　　磷酸吡哆醛　　　　　　　　　　　磷酸吡哆胺　　　　　α-酮酸

⑤许多氨基酸都能通过转氨基反应脱氨基,但赖氨酸、脯氨酸和羟脯氨酸等例外。

2.氧化脱氨基作用

氨基酸在酶促下进行伴有氧化的脱氨反应,称为氧化脱氨基作用,在体内有 L-谷氨酸脱氢酶及氨基酸氧化酶类所催化的反应,其中以 L-谷氨酸脱氢酶的作用最为重要。L-谷氨酸脱

氢酶是以 NAD^+、$NADP^+$ 为辅酶的不需氧脱氢酶,它催化 L-谷氨酸生成 α-酮戊二酸和 NH_3。L-谷氨酸脱氢酶在肝、肾和脑的细胞线粒体中活性较强,其催化的反应是可逆的。

$$\underset{(CH_2)_2COOH}{\overset{\overset{\displaystyle H}{|}\ \overset{\displaystyle NH}{|}}{\underset{|}{H-C-COOH}}} \xrightarrow[\text{L-谷氨酸脱氢酶}]{NAD^+\ \ \ NADH+H^+} \underset{(CH_2)_2COOH}{\overset{NH}{\overset{\|}{C-COOH}}} \underset{-H_2O}{\overset{+H_2O}{\rightleftharpoons}} \underset{\underset{\alpha\text{-酮戊二酸}}{(CH_2)_2COOH}}{\overset{O}{\overset{\|}{C-COOH}}}+NH_3$$

谷氨酸脱氢酶广泛分布于肝、肾、脑等多种细胞线粒体中。该酶活性高、特异性强,是一种不需氧的脱氢酶;催化可逆反应,其逆反应为还原加氨,在体内非必需氨基酸合成过程中起着十分重要的作用。一般情况下,反应偏向于谷氨酸的合成,但当谷氨酸浓度高而 NH_3 浓度低时,则有利于 α-酮戊二酸的生成。

体内存在的 L-氨基酸氧化酶与 D-氨基酸氧化酶虽也能催化氨基酸氧化脱氨,但人体对内氨基酸脱氨的意义不大。

3. 联合脱氨作用

转氨作用是体内一种重要的脱氨方式,但是通过转氨作用只有氨基的转移,而无游离氨的释放,其最终结果只是一种新的氨基酸代替原来的氨基酸。研究发现,体内氨基酸的脱氨主要是联合脱氨作用,即转氨作用和脱氨作用相耦联。联合脱氨作用有以下两种方式。

(1)转氨作用耦联氧化脱氨作用

α-氨基酸与 α-酮戊二酸经转氨作用生成谷氨酸,后者在 L-谷氨酸脱氢酶的催化下,经氧化脱氨作用而释出游离氨。反应过程如下:

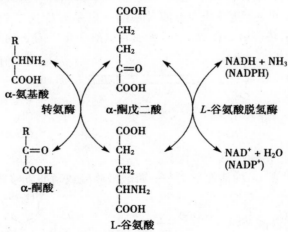

转氨—脱氨作用有下列特点:

①耦联的顺序。对多数氨基酸的脱氨作用,一般先转氨,然后再氧化脱氨。

②转氨作用的氨基受体是 α-酮戊二酸。因为氧化脱氨时,L-谷氨酸脱氢酶的活性高而特异性强。只有 α-酮戊二酸作为转氨作用的氨基受体,才能生成谷氨酸。而其他 α-酮酸虽可参与转氨作用,但它们生成的相应氨基酸因缺乏适当的酶,而不易进一步氧化脱氨。

由于 L-谷氨酸脱氢酶在肝、肾、脑中活性最强,因此联合脱氨作用主要是在肝、肾等组织内进行得比较活跃,这些组织中氨基酸可通过此方式脱氨。

（2）转氨耦联 AMP 循环脱氨作用

反应的基本过程如下：

草酰乙酸在 AST 的催化下，经转氨作用生成天冬氨酸。

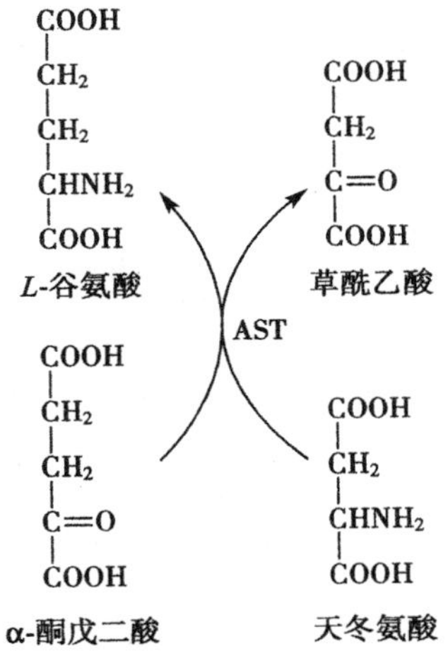

天冬氨酸与次黄嘌呤核苷酸（IMP）反应生成腺苷酸代琥珀酸，后者进一步生成腺嘌呤核苷酸（AMP）和延胡索酸。

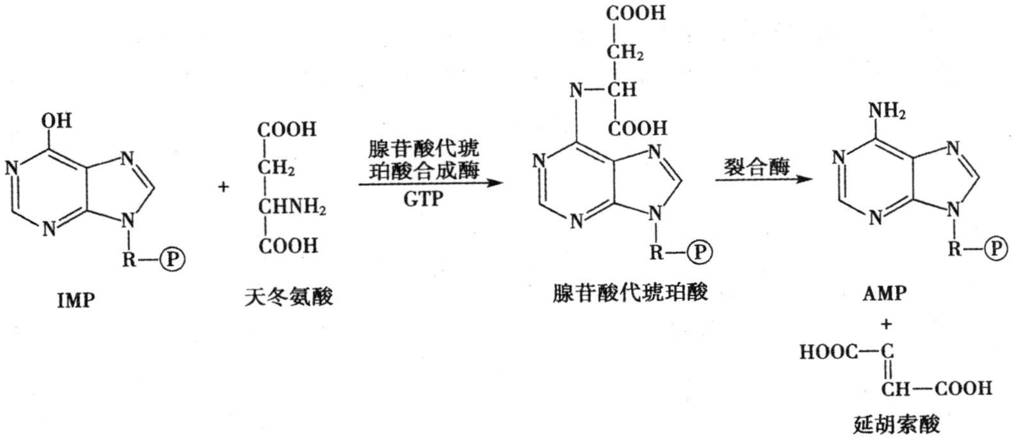

AMP 脱氨生成 IMP。许多组织含有腺苷酸脱氨酶，它催化 AMP 水解脱氨，生成 IMP 可再进行如上循环。

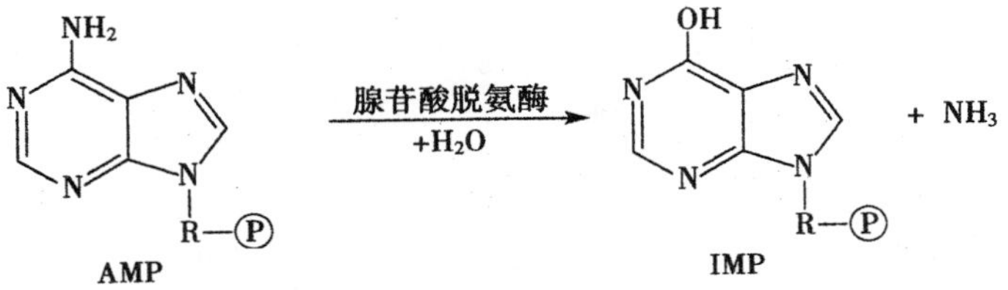

转氨-AMP 循环脱氨作用小结如图 9-4 所示。

4. 嘌呤核苷酸循环

在肌肉组织中氨基酸的脱氨过程虽不如肝、肾活跃，但全身肌肉很多，故其代谢总量很高，

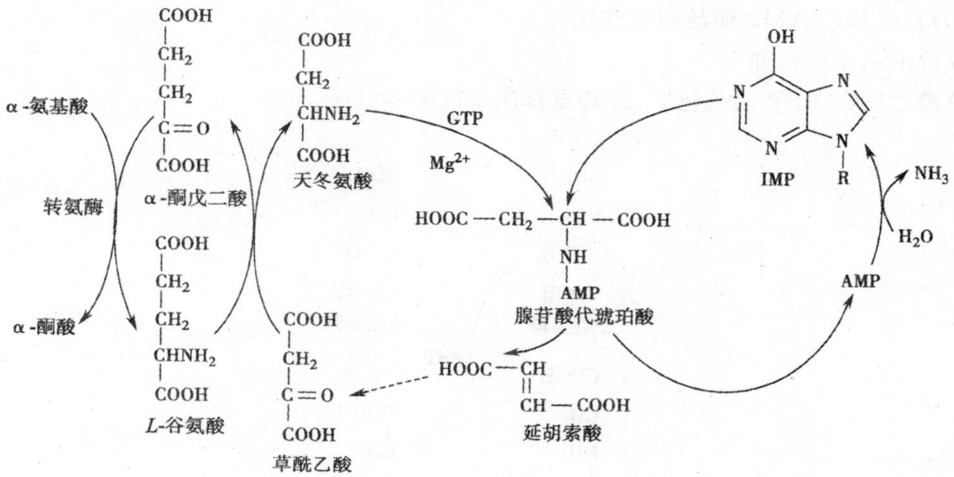

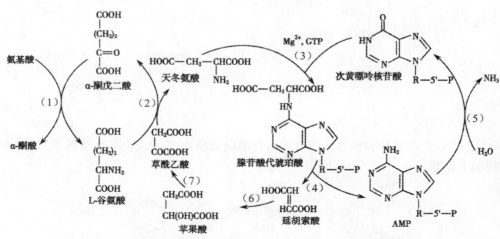

图 9-4 转氨—AMP 循环脱氧

尤其是对缬氨酸、亮氨酸及异亮氨酸等支链氨基酸,因肌肉中支链氨基酸转氨酶的活性要比肝高得多,故肌肉是支链氨基酸分解的重要场所。但是,肌肉中谷氨酸脱氢酶活性不高,难以进行上述的联合脱氨方式,研究表明,在肌肉中可以通过嘌呤核苷酸循环脱氨。在此过程中,氨基酸首先通过连续的转氨基作用,将氨基转移给草酰乙酸,生成天冬氨酸;天冬氨酸与次黄嘌呤核苷酸(IMP)反应生成腺苷酸代琥珀酸,后者经过裂解,释放出延胡索酸并生成腺嘌呤核苷酸(AMP)。AMP 在活性较强的腺苷酸脱氨酶催化下脱去氨基生成 IMP,最终完成了氨基酸的脱氨基作用,IMP 可以再参加循环,延胡索酸则可经三羧酸循环转变成草酰乙酸,再次参加转氨反应(图 9-5)。

(1)转氨酶;(2)天冬氨酸氨基转移酶;(3)腺苷酸代琥珀酸合成酶;
(4)腺苷酸代琥珀酸裂解酶;(5)腺苷酸脱氨酶;(6)延胡索酸酶;⑦苹果酸脱氢酶

图 9-5 嘌呤核苷酸循环

5.非氧化脱氨基作用

某些氨基酸还可以通过非氧化脱氨基作用脱去氨基,但不是体内氨基酸脱氨的主要方式。

如丝氨酸可在丝氨酸脱水酶的催化下生成氨和丙酮酸。

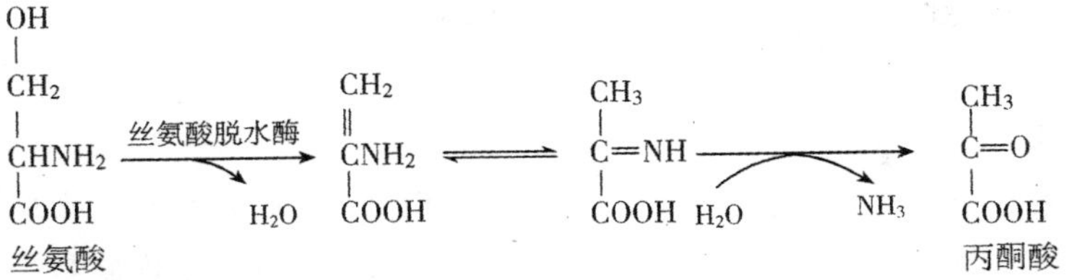

9.3.3　α-酮酸的代谢

氨基酸经脱氨后产生的 α-酮酸可以进一步代谢，主要有以下代谢途径。

1. 转变成糖和酮体

各种氨基酸脱氨基后产生的 α-酮酸结构差异很大，其代谢途径也不尽相同。这里不详述各种 α-酮酸转变成糖或酮体的具体代谢途径，但不外乎转变为乙酰辅 CoA、丙酮酸及三羧酸循环的中间物，例如琥珀酸单酰辅 CoA、延胡索酸、草酰乙酸及 α-酮戊二酸等。

（1）生糖氨基酸

它是即在体内可沿糖异生途径转变为糖的氨基酸。如甘氨酸、丙氨酸、丝氨酸、羟脯氨酸、苏氨酸、甲硫氨酸、半胱氨酸、缬氨酸、谷氨酸、天冬氨酸、精氨酸、色氨酸、脯氨酸、组氨酸。

（2）生糖兼生酮氨基酸

某些氨基酸在代谢过程中，即能生成糖又能生成酮体，如色氨酸、酪氨酸、苯丙氨酸、异亮氨酸。

（3）生酮氨基酸

亮氨酸及赖氨酸的相应 α-酮酸，在分解过程中生成酮体，故称为生酮氨基酸。

2. 还原氨基化生成非必需氨基酸

体内的一些营养非必需氨基酸可通过相应的 α-酮酸经氨基化而生成。这些 α-酮酸也可来自糖代谢和三羧酸循环的产物。例如，丙酮酸、草酰乙酸、α-酮戊二酸分别转变成丙氨酸、天冬氨酸和谷氨酸，循联合脱氨基作用的逆向反应进行，即可生成非必需氨基酸。

3. 氧化供能

α-酮酸在体内可以通过三羧酸循环与氧化磷酸化体系彻底氧化成 CO_2 和 H_2O，同时释放能量供生理活动的需要。氨基酸也是一类能源物质，氨基酸的代谢与糖和脂肪的代谢密切相关。氨基酸可转变成糖与脂肪；糖也可以转变成脂肪及多数非必需氨基酸的碳链骨架。三羧酸循环是物质代谢的总枢纽，通过它可以使糖、脂肪酸及氨基酸完全氧化，也可使其彼此相互转变，构成一个完整的代谢体系。

9.4　氨的代谢

氨具有毒性，尤其脑组织对氨的毒性作用特别敏感。机体内代谢产生的氨以及消化道吸收来的氨进入血液，形成血氨。体内的氨主要在肝合成尿素而解毒。因此，一般来说，除门静脉血液外，体内血液中氨的浓度很低。正常人血浆中氨的浓度一般不超过 $47\sim65\,\mu mol/L$（1mg/L）。严重肝病患者尿素合成功能降低，血氨增高，引起脑功能紊乱，常与肝性脑病的发病有关。

9.4.1 体内氨的来源

1. 肠道吸收

肠道中的氨主要来自两种途径:一是肠道内蛋白质、氨基酸的腐败作用产生氨;二是血中尿素渗入肠道后水解产生氨。肠道产氨的量较多,每天约 4g,肠道内腐败作用增强时,氨的产生量增多。NH_3 比 NH_4^+ 易于透过细胞膜而被吸收入血,NH_3 与 NH_4^+ 互变与肠内 pH 有关,在碱性环境中,偏向于 NH_3 的生成,所以肠道 pH 偏碱时,氨的吸收增加。临床上对高血氨病人采用酸性透析液做结肠透析而不用碱性肥皂水灌肠,就是为了减少氨的吸收。

2. 肾小管上皮细胞分泌的氨

在肾远曲小管上皮细胞内,谷氨酰胺在谷氨酰胺酶的催化下,水解成谷氨酸和 NH_3。正常情况下这部分氨主要被分泌到肾小管管腔内,与 H^+ 结合成 NH_4^+,并以铵盐的形式由尿排出,这对调节机体的酸碱平衡起着重要的作用。

酸性尿可促使 NH_3—NH_4^+,有利于肾小管细胞的氨扩散入尿,相反碱性尿则不利于氨的排出,氨可被吸收入血,引起血氨升高。因此,临床上对因肝硬化产生腹水的病人,不宜使用碱性利尿药,以防血氨升高。

3. 氨基酸脱氨

氨基酸脱氨基作用是氨的主要来源。此外胺类物质的氧化分解也可产生氨;核苷酸及其降解产物嘌呤、嘧啶等化合物分解代谢中也产生氨。

9.4.2 体内氨的转运

肝外组织代谢产生的 NH_3 多数转运至肝脏合成尿素。NH_3 有毒,不能直接通过血液循环转运,而是以谷氨酰胺和丙氨酸的形式来转运。

1. 谷氨酰胺的运氨作用

谷氨酰胺是中性无毒分子,易溶于水,在脑和肌肉等组织内合成后可以通过血液循环转运至肝脏和肾脏,由谷氨酰胺酶催化水解成谷氨酸和 NH_3。在肝脏,NH_3 用于合成其他含氮化合物,或合成尿素,通过肾脏排出体外。在肾脏,NH_3 与 H^+ 结合成 NH_4^+,随尿液排出体外。由于肾脏排 NH_3 的过程伴随着 H^+ 的排出,所以肾脏排 NH_3 量取决于血液的酸度。谷氨酰胺的合成反应和分解反应都是不可逆反应。

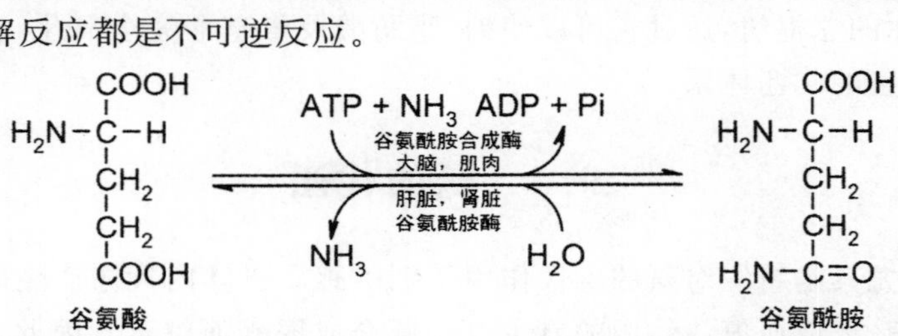

谷氨酰胺除作为氨的解毒和运输形式外,还可为某些含氮化合物的合成提供原料,如嘌呤及嘧啶的合成。脑组织对氨的毒性极为敏感,在脑中固定和转运氨的过程中谷氨酰胺起着主

要作用。故临床上对肝性脑病患者可服用或输入谷氨酸盐以降低血氨的浓度。近年研究表明谷氨酰胺具有明显的改善细胞免疫功能和肠道免疫功能、增加蛋白质合成从而增加肌肉力量、提高运动能力、调节体内氨基酸代谢平衡、调节酸碱平衡等重要的功能。

2.丙氨酸-葡萄糖循环

在肌肉组织中,氨基酸还可以通过转氨基反应将氨基转移给丙酮酸,生成丙氨酸,丙氨酸通过血液循环转运至肝脏。在肝脏,丙氨酸通过联合脱氨基作用释放 NH_3,用于合成尿素,丙酮酸则通过糖异生途径合成葡萄糖。葡萄糖通过血液循环转运至肌肉组织,通过糖酵解途径分解成丙酮酸,丙酮酸通过转氨基反应获得氨基生成丙氨酸,从而构成一个循环过程,称为丙氨酸-葡萄糖循环(图 9-6)。

丙氨酸-葡萄糖循环的意义在于:它既实现了 NH_3 的无毒转运,又得以使肝脏为肌肉活动提供能量。

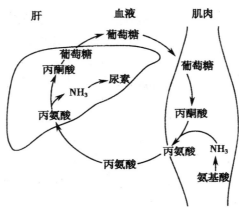

图 9-6　丙氨酸-葡萄糖循环

9.4.3　体内氨的去路

体内氨的去路有三条:①在肝内合成尿素,然后由肾排出,这是体内氨的主要去路;②重新合成氨基酸;③合成其他含氮化合物。

1.鸟氨酸循环合成尿素

尿素是蛋白质分解代谢的最终无毒产物。尿素的生成也是体内氨代谢的主要途径,约占尿排出总氮量的 80%。实验证明,肝脏是合成尿素的主要器官。尿素合成的途径称为鸟氨酸循环或尿素循环。该循环首先是氨与二氧化碳结合形成氨甲酰磷酸,然后鸟氨酸接受由氨甲酰磷酸提供的氨甲酰基形成瓜氨酸,瓜氨酸与天冬氨酸结合形成精氨酸代琥珀酸分解为精氨酸及延胡索酸。最后,精氨酸水解为尿素和鸟氨酸。其主要反应如下:

(1)氨甲酰磷酸的生成

反应由氨甲酰磷酸合成酶Ⅰ催化,它存在于肝细胞线粒体。此反应是不可逆的,需 ATP、Mg^{2+} 参与,N-乙酰谷氨酸是此酶的变构激活剂。

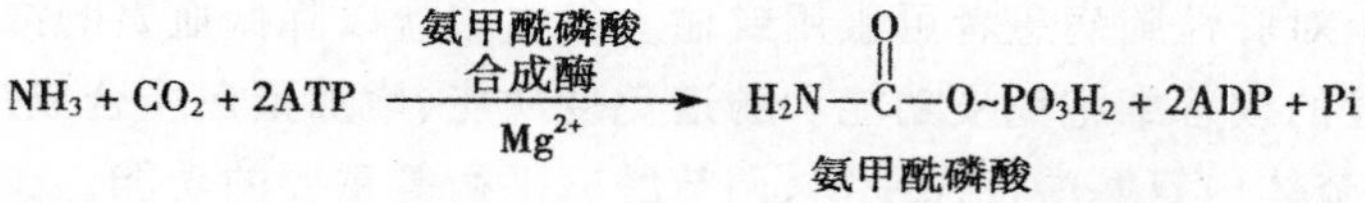

$$NH_3 + CO_2 + 2ATP \xrightarrow[Mg^{2+}]{\text{氨甲酰磷酸}\atop\text{合成酶}} H_2N-\overset{\overset{\displaystyle O}{\|}}{C}-O\sim PO_3H_2 + 2ADP + Pi$$

氨甲酰磷酸

（2）瓜氨酸合成

瓜氨酸存在于肝细胞线粒体内，它是鸟氨酸与氨甲酰磷酸作用得到的。

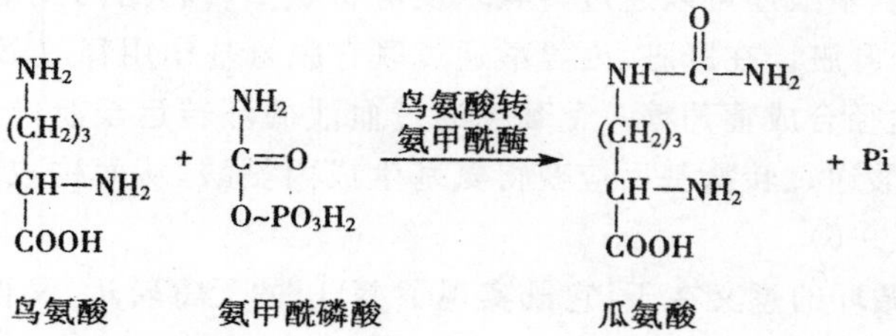

鸟氨酸　　　氨甲酰磷酸　　　　　　　　　　瓜氨酸

（3）精氨酸的合成

肝细胞线粒体合成的瓜氨酸经膜载体转运到胞质，与天冬氨酸缩合转变为精氨酸。反应中生成的延胡索酸，可经三羧酸循环生成草酰乙酸，后者经转氨作用生成天冬氨酸再参与上述反应。

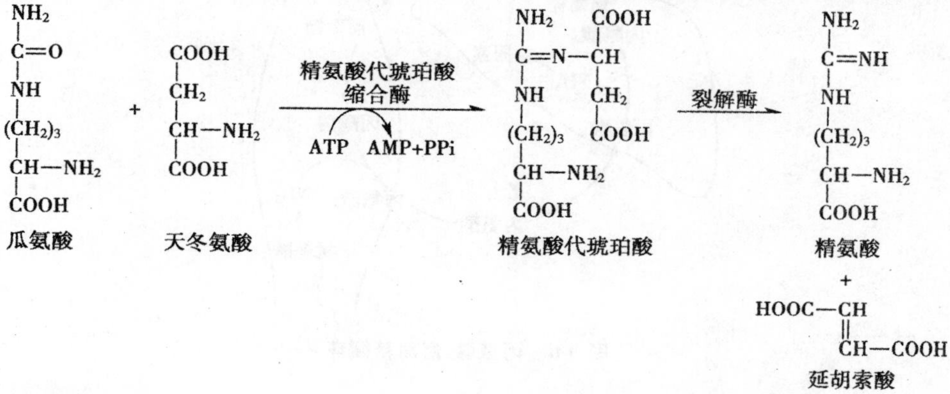

瓜氨酸　　　天冬氨酸　　　　　　　　　　精氨酸代琥珀酸　　　　　　　精氨酸

+
HOOC—CH
‖
CH—COOH
延胡索酸

（4）尿素的生成

精氨酸在精氨酸酶的作用下水解生成尿素和鸟氨酸，后者经膜载体转运到线粒体，再参与尿素生成循环。

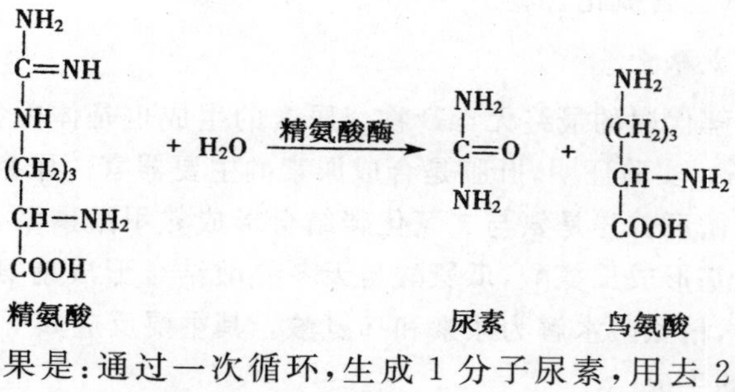

精氨酸　　　　　　　　　　　　　尿素　　　　鸟氨酸

鸟氨酸循环总的结果是：通过一次循环，生成 1 分子尿素，用去 2 分子氨，并消耗 3 分子 ATP。

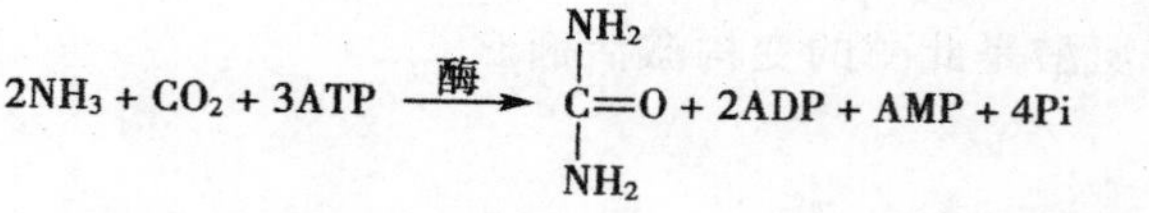

$$2NH_3 + CO_2 + 3ATP \xrightarrow{\text{酶}} \overset{\displaystyle NH_2}{\underset{\displaystyle NH_2}{C=O}} + 2ADP + AMP + 4Pi$$

· 180 ·

尿素的合成过程小结如图 9-7。

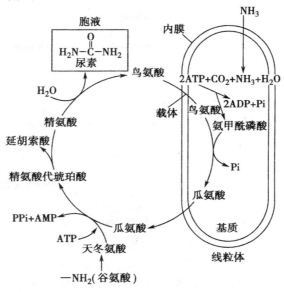

图 9-7　尿素合成过程

2. 尿素合成的调节

①高蛋白质膳食时尿素的合成速度加快,排出的含氮物中尿素约占 90%;反之,低蛋白质膳食时尿素合成速度减慢,尿素排出量可占含氮排泄量的 60%。

②AGA 是谷氨酸和乙酰辅酶 A 通过 AGA 合酶催化而生成。AGA 是 CPS-I 的变构激活剂,精氨酸是 AGA 合酶的激活剂,因此,精氨酸浓度增高时,尿素生成加速。

③鸟氨酸循环的中间产物如鸟氨酸、瓜氨酸、精氨酸的浓度增加时,都可增加尿素合成速度。

④参与尿素合成的酶系中每个酶的活性相差很大,其中精氨酸代琥珀酸合酶的活性最低,是尿素合成的限速酶,其活性的改变将影响尿素合成的速度。

3. 尿素合成的生理意义

NH_3 是含氮化合物分解产生的有毒物质,尿素是 NH_3 的主要排泄形式。

NH_3 具有毒性,脑组织对 NH_3 尤为敏感。肝功能严重受损时尿素合成发生障碍,会导致血氨升高,称为高血氨症。血氨升高时大量的 NH_3 进入脑组织,与脑细胞内的 α-酮戊二酸结合生成谷氨酸,并进一步生成谷氨酰胺,结果一方面消耗较多的 NADH 和 ATP 等能源物质,另一方面消耗大量的 α-酮戊二酸,使三羧酸循环速度降低,影响 ATP 的合成,使脑组织供能不足;此外还消耗了谷氨酸,而谷氨酸是神经递质。能量及神经递质严重缺乏时将影响到脑功能直至昏迷,临床上称为氨中毒或肝昏迷,这就是肝昏迷的氨中毒学说。

鸟氨酸循环的中间产物如鸟氨酸、瓜氨酸和精氨酸的浓度可以影响尿素的合成速度,所以,临床上常输注精氨酸以促进尿素合成,降低血氨浓度。

4. 鸟氨酸循环的一氧化氮合酶支路

精氨酸除在精氨酸酶作用下,水解为尿素和鸟氨酸外,还可通过一氧化氮合酶(NOS)作用,使精氨酸越过上述通路直接氧化为瓜氨酸,并产生 NO,从而使天冬氨酸携带的氨最终不形成尿素,而是被氧化为 NO(图 9-8)。

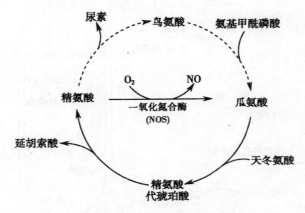

图 9-8 鸟氨酸循环 NOS 支路

NOS 支路处理氨的数量有限,远不如生成尿素大循环那样多,生成的 NO 也不是代谢终产物,而是一种具有重要生物活性的物质。NO 作为细胞信号转导的重要信息分子,对心血管、消化道等平滑肌的松弛,感觉传入和学习记忆等有重要作用。先天性精氨酸代琥珀酸合成酶缺乏或其裂解酶缺乏可出现严重的精神障碍症状。还有研究表明 NO 在抑制肿瘤生长方面发挥重要作用。

5.合成非必需氨基酸

氨还可以通过还原性加氨的方式固定在 α-酮戊二酸上而生成谷氨酸;谷氨酸的氨基又可以通过转氨基作用,转移给其他 α-酮酸,生成相应的氨基酸,从而合成某些非必需氨基酸。

6.生成谷氨酰胺

氨还可与谷氨酸反应生成谷氨酰胺,在肾小管上皮细胞通过谷氨酰胺酶的作用水解成氨和谷氨酸,谷氨酸被肾小管上皮细胞重吸收而进一步利用。

7.肾脏秘氨

谷氨酰胺酶的作用使谷氨酰胺水解成的氨,由肾小管上皮细胞分泌,随尿排出。

8.氨中毒和高氮血症

正常情况下,血氨浓度处于较低水平。当肝功能严重损伤时,尿素合成障碍,血氨浓度增高,称为高氮血症。氨进入脑组织,可与脑中的 α-酮戊二酸经还原氨基化而合成谷氨酸,氨还可进一步与脑中的谷氨酸结合生成谷氨酰胺。这两步反应需消耗 $NADH+H^+$ 和 ATP,并使脑细胞中的 α-酮戊二酸含量减少,导致三羧酸循环和氧化磷酸化作用减弱,从而使脑组织中 ATP 生成减少,引起大脑功能障碍,严重时可产生昏迷,这就是肝昏迷氨中毒学说的基础。尿素合成的遗传缺陷也可导致高氮血症。

9.5 个别氨基酸的特殊代谢

除了一般代谢之外,有些氨基酸还通过特殊代谢产生一些具有重要生理功能的含氮化合物。本节主要介绍以下特殊代谢：氨基酸脱羧基代谢、一碳单位代谢、含硫氨基酸代谢、芳香族氨基酸代谢。

9.5.1　氨基酸的脱羧基作用

部分氨基酸可以脱羧基生成相应的胺。脱羧反应由特异的氨基酸脱羧酶催化，并且需要磷酸吡哆醛作为辅助因子。虽然氨基酸脱羧基只生成少量胺类，但它们具有重要的生理功能。

1. 组胺

组氨酸经组氨酸脱羧酶催化，生成组胺。组胺广泛分布于乳腺、肝、肺、肌肉及胃黏膜等的肥大细胞中，是一种强烈的血管舒张剂，并能增加毛细血管通透性。创伤性休克及过敏反应等均与组胺生成过多有关。组胺还可刺激胃液分泌，可用于研究胃的分泌活动。

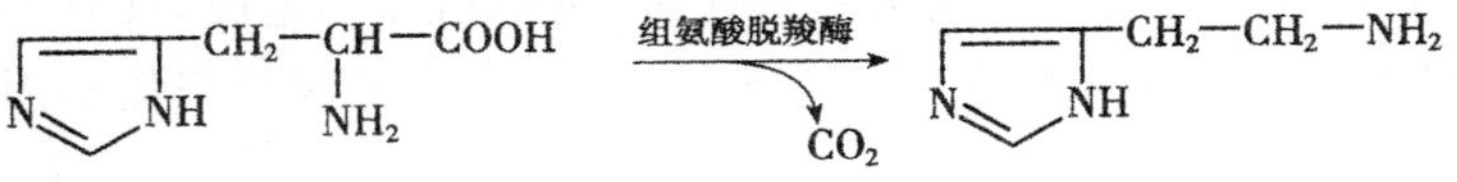

组氨酸　　　　组胺

2. γ-氨基丁酸(GABA)

由谷氨酸脱羧基生成。

$$HOOC\text{-}CH(NH_2)\text{-}[CH_2]_2\text{-}COOH \xrightarrow[\text{谷氨酸脱羧酶}]{CO_2} H_2N\text{-}[CH_2]_3\text{-}COOH$$

谷氨酸　　　　谷氨酸脱羧酶　　　　γ-氨基丁酸

谷氨酸脱羧反应由谷氨酸脱羧酶催化，该酶在脑组织中活性最高，所以其 GABA 含量最多。GABA 是一种抑制性神经递质，其生成不足会引起中枢神经系统的过度兴奋。磷酸吡哆醛是谷氨酸脱羧酶的辅助因子，因此临床上给妊娠呕吐孕妇和抽搐惊厥婴幼儿补充维生素 B_6，以促进 γ-氨基丁酸生成，使中枢兴奋得到抑制，缓解其临床症状。

3. 5-羟色胺

色氨酸在脑组织中经色氨酸羟化酶作用，可生成 5-羟色氨酸，后者再脱羧生成 5-羟色胺(5-HT)。

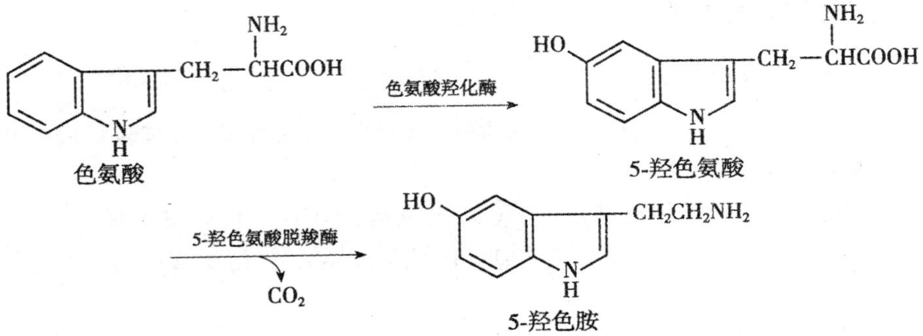

5-羟色胺广泛分布于体内各组织，除神经组织外，还存在于胃肠、血小板及乳腺细胞中。脑内的 5-羟色胺为抑制性神经递质，与睡眠、疼痛和体温调节有密切关系。在外周组织，5-羟色胺有收缩血管的作用。

4. 牛磺酸

半胱氨酸首先氧化成磺酸丙氨酸,再脱去羧基生成牛磺酸。在肝细胞中牛磺酸可与胆汁酸结合生成结合胆汁酸。现发现脑组织中也含有较多的牛磺酸,表明它可能对脑功能也有作用。

$$
\begin{array}{ccc}
\underset{\text{L-半胱氨酸}}{\begin{array}{c}CH_2SH\\|\\CH-NH_2\\|\\COOH\end{array}} & \xrightarrow{3[O]} & \underset{\text{磺酸丙氨酸}}{\begin{array}{c}CH_2SO_3H\\|\\CH-NH_2\\|\\COOH\end{array}} \xrightarrow[\underset{CO_2}{\downarrow}]{\text{磺酸丙氨酸脱羧酶}} \underset{\text{牛磺酸}}{\begin{array}{c}CH_2SO_3H\\|\\CH_2NH_2\end{array}}
\end{array}
$$

5. 多胺

鸟氨酸及蛋氨酸经脱羧基等作用可产生多胺,包括精脒和精胺,鸟氨酸先脱羧基生成腐胺,S-腺苷蛋氨酸脱酸生成 S-腺苷甲硫基丙胺,然后腐胺从 S-腺苷甲硫基丙胺转入丙胺基而转变为精脒和精胺(图 9-9)。

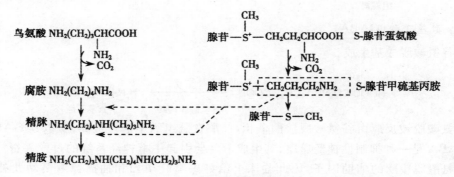

图 9-9 多胺的生成

精脒和精胺是调节细胞生长的重要物质。凡生长旺盛的组织如胚胎、再生肝、癌瘤组织等,其鸟氨酸脱羧酶活性较强,多胺含量也较多。临床上测定肿瘤病人血或尿中多胺的含量作为观察病情和辅助诊断的指标。

9.5.2 一碳单位代谢

1. 一碳单位的种类与来源

部分氨基酸在分解代谢过程中产生的含一个碳原子的活性基团,其转移或转化过程称为一碳单位代谢或一碳代谢。

体内重要的一碳单位有甲酰基($-CHO$)、次甲基($-CH=$)、亚胺甲基($-CH=NH$)、亚甲基($-CH_2-$)和甲基($-CH_3$)等(图 9-10),它们来自甘氨酸、组氨酸、丝氨酸、色氨酸和甲硫氨酸。

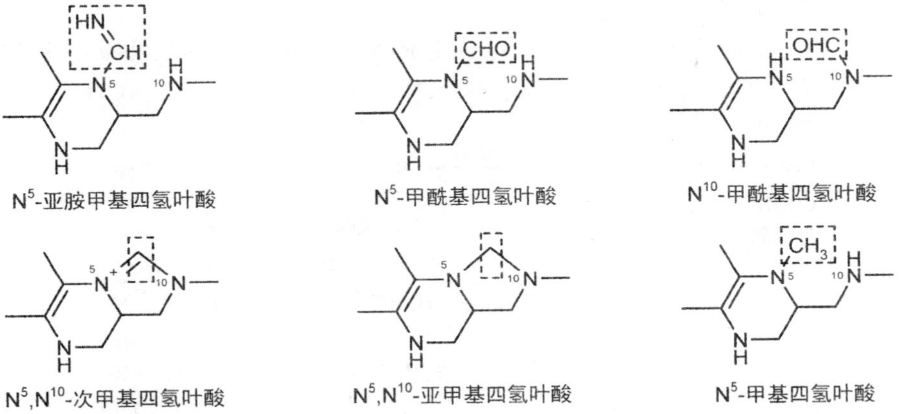

N^5-亚胺甲基四氢叶酸　　　　N^5-甲酰基四氢叶酸　　　　N^{10}-甲酰基四氢叶酸

N^5,N^{10}-次甲基四氢叶酸　　　　N^5,N^{10}-亚甲基四氢叶酸　　　　N^5-甲基四氢叶酸

图 9-10　一碳单位

2. 一碳单位的载体和转运形式

四氢叶酸（FH_4）是一碳单位的载体。哺乳动物体内四氢叶酸可由叶酸经二氢叶酸还原酶催化，通过两步还原反应生成。

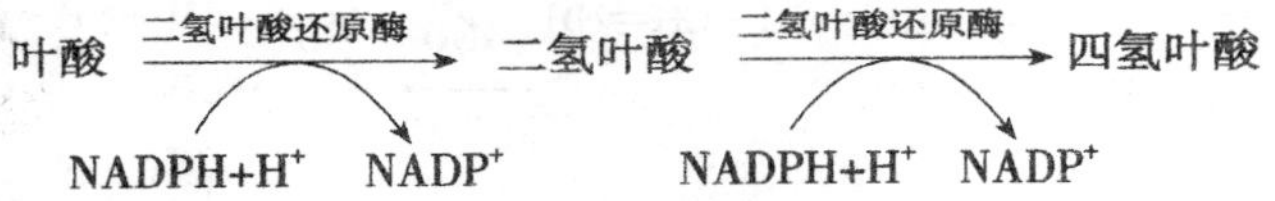

$$叶酸 \xrightarrow[\text{NADPH+H}^+ \quad \text{NADP}^+]{\text{二氢叶酸还原酶}} 二氢叶酸 \xrightarrow[\text{NADPH+H}^+ \quad \text{NADP}^+]{\text{二氢叶酸还原酶}} 四氢叶酸$$

通常 FH_4 分子上的 N^5 和 N^{10} 是一碳单位的结合位置，如 N^5—甲基四氢叶酸（N^5—CH_3—FH_4）、N^5,N^{10}-亚甲四氢叶酸（N^5,N^{10}—CH_2—FH_4）、N^5,N^{10}-次甲四氢叶酸（N^5,N^{10}—CH—FH_4）、N^{10}-甲酰四氢叶酸（N^{10}—CHO—FH_4）及 N^5-亚氨甲基四氢叶酸（N^5—$CH=NH$—FH_4）等。

3. 一碳单位的互变

一碳单位主要来源于甘氨酸、丝氨酸、组氨酸、色氨酸及甲硫氨酸的代谢。

（1）甘氨酸与一碳单位的生成

甘氨酸经氧化脱氨生成乙醛酸，再氧化成甲酸。甲酸和乙醛酸可分别与 FH_4 反应生成 N^{10}。甲酰四氢叶酸和 N^5,N^{10} 次甲四氢叶酸。实际上，凡是在代谢过程中产生的甲酸都可通过此种反应产生可利用的一碳单位，如色氨酸。

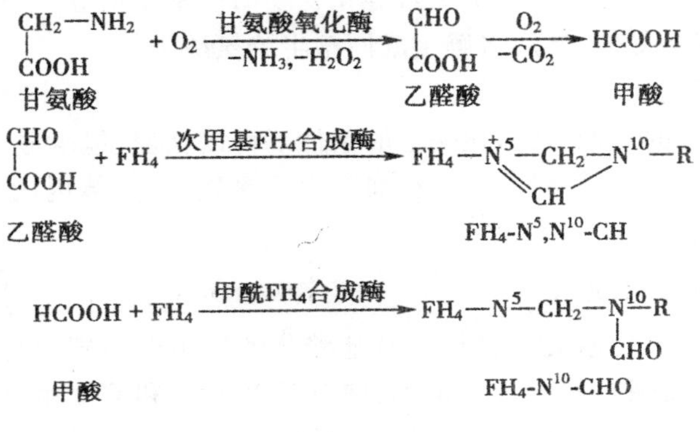

(2)丝氨酸与一碳单位的生成

丝氨酸与 FH_4反应，其羟甲基与 FH_4结合生成 N^5，N^{10}-亚甲基四氢叶酸，同时转变为甘氨酸。FH_4-N^5，$N^{10}-CH_2$也可转变为 FH_4-N^5，$N^{10}-CH_2$和 $FH_4-N^5-CH_3$。

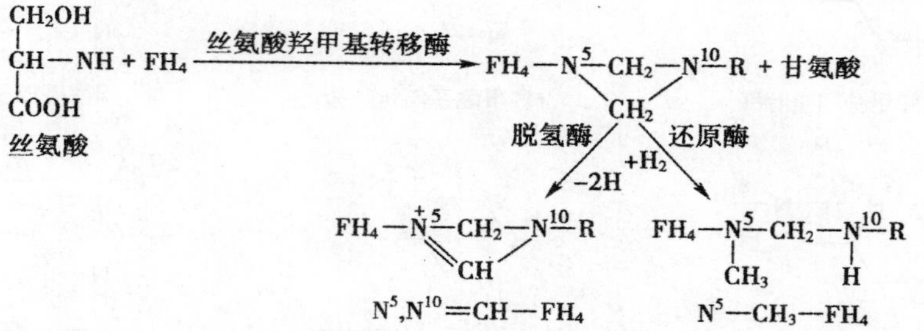

CH₂OH
CH—NH + FH₄
COOH
丝氨酸
丝氨酸羟甲基转移酶
FH₄—N5—CH₂—N10—R + 甘氨酸
CH₂
脱氢酶
-2H
+H₂
还原酶
FH₄—N5—CH₂—N10—R
CH
N5,N10=CH—FH₄
FH₄—N5—CH₂—N10—R
CH₃
H
N5—CH₃—FH₄

(3)组氨酸与一碳单位的生成

组氨酸分解的中间产物亚氨甲酰谷氨酸及甲酰谷氨酸，它们可分别与 FH_4 反应生成 N^5-亚氨甲基四氢叶酸和 N^5-甲酰四氢叶酸。两者皆可转变为 N^5，N^{10}—甲基四氢叶酸。

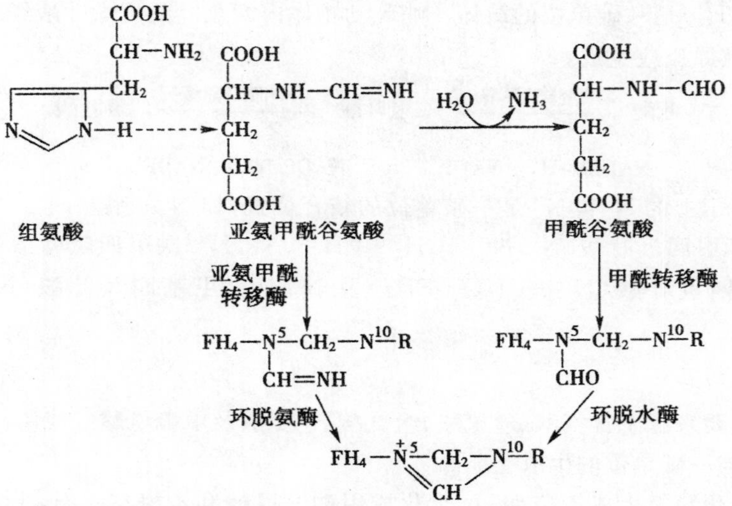

COOH
CH—NH₂
CH₂
N
N—H
COOH
CH—NH—CH=NH
CH₂
CH₂
COOH
H₂O
NH₃
COOH
CH—NH—CHO
CH₂
CH₂
COOH
组氨酸
亚氨甲酰谷氨酸
甲酰谷氨酸
亚氨甲酰
转移酶
甲酰转移酶
FH₄—N5—CH₂—N10—R
CH=NH
FH₄—N5—CH₂—N10—R
CHO
环脱氨酶
环脱水酶
FH₄—N5—CH₂—N10—R
CH

(4)甲硫氨酸与一碳单位的生成

甲硫氨酸是体内甲基的重要来源，其活性形式是 S-腺苷甲硫氨酸(SAM)，也是一碳单位的载体。它参与合成胆碱、肌酸和肾上腺素等化合物的甲基化反应。SAM 在甲基移换酶的催化下，将甲基转移给甲基受体，然后水解生成同型半胱氨酸。

(5)一碳单位的互变

四氢叶酸一碳单位的几种形式，在一定的条件下可以互变，但生成 N^5-甲基四氢叶酸的反应为不可逆反应。因此，$FH_4—N^5—CH_3$在细胞内含量较高，是体内的主要存在形式，一碳单位的互变见图 9-11。

4.一碳单位代谢的生理意义

一碳单位代谢与核酸代谢关系密切。氨基酸分解产生的一碳单位由四氢叶酸携带和转运，参与嘌呤碱基和嘧啶碱基的合成。例如：嘌呤环的 C-2 和 C-8 由 N^{10}-甲酰基四氢叶酸提供，脱氧胸苷酸的 5-甲基由 N^5，N^{10}-甲烯基四氢叶酸提供。

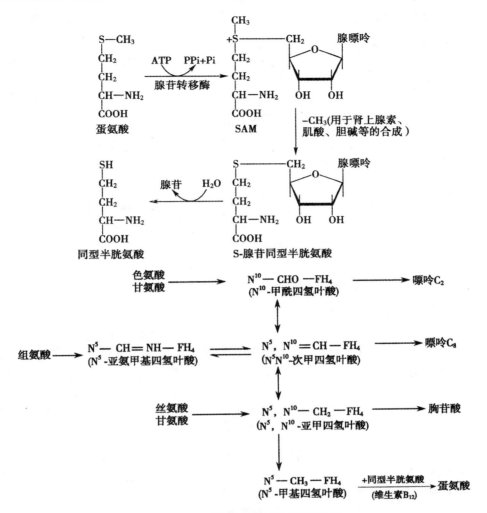

图 9-11 一碳单位的来源及相互转变

当一碳单位代谢发生障碍时,核酸代谢会受影响。例如:磺胺药及某些抗癌药物(如氨基蝶呤等)会干扰细菌及肿瘤细胞叶酸和四氢叶酸的合成,从而影响其一碳单位代谢与核酸代谢,使其分裂增殖受阻,达到抑菌或抗癌的目的。

9.5.3 含硫氨基酸代谢

1. 甲硫氨酸循环

(1)循环过程

甲硫氨酸循环是甲硫氨酸供出甲基后生成同型半胱氨酸、同型半胱氨酸获得甲基再生甲硫氨酸的过程,也是 N^5-甲基四氢叶酸为生物合成提供活性甲基的必由之路,有四氢叶酸、维生素 B_2 和 ATP 参与。

①四氢叶酸再生。N^5-甲基四氢叶酸将甲基传递给同型半胱氨酸,使四氢叶酸再生,反应由 N^5-甲基四氢叶酸甲基转移酶催化,需要维生素 B_2 作为辅助因子。值得注意的是:不可因甲

硫氨酸在此生成而将其归入非必需氨基酸,因为同型半胱氨酸就是甲硫氨酸的去甲基化产物,人体内不能合成。

②甲硫氨酸活化。甲硫氨酸与 ATP 反应,生成 S-腺苷甲硫氨酸(SAM),反应由甲硫氨酸腺苷转移酶催化。

③SAM 转甲基。S-腺苷甲硫氨酸称为活性甲硫氨酸,其甲基称为活性甲基,可以用于合成一组甲基化合物,反应由相应的甲基转移酶催化。

④同型半胱氨酸再生。SAM 供出甲基后生成的 S-腺苷同型半胱氨酸进一步脱去腺苷生成同型半胱氨酸,循环过程见图 9-12。

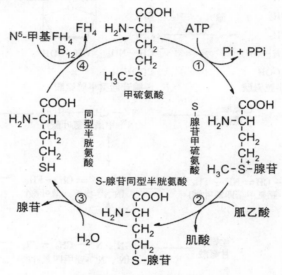

图 9-12 甲硫氨酸循环图

(2)循环的生理意义

①甲硫氨酸循环提供活性甲基,用于合成许多重要的甲基化合物。

②N^5-甲基四氢叶酸通过甲硫氨酸循环供出甲基,使四氢叶酸得到再生,参与其他一碳单位代谢。

维生素 B_2 是 N^5-甲基四氢叶酸甲基转移酶的辅助因子。当缺乏维生素 B_2 时,N^5-甲基四氢叶酸的甲基不能转移出去,既影响甲硫氨酸的再生,又影响四氢叶酸的游离,进而影响一碳单位代谢,导致核酸合成减慢,细胞分裂速度下降。因此,维生素 B_2 不足也会出现类似于叶酸缺乏的症状如巨幼红细胞性贫血。

2.半光氨酸与胱氨酸代谢

(1)半胱氨酸氧化分解产生活性硫酸根

半胱氨酸可以脱硫化氢脱氨基,生成丙酮酸、氨和硫化氢。硫化氢可以氧化生成硫酸,生成的硫酸一部分以无机盐形式随尿液排出,另一部分与 ATP 反应,生成活性硫酸根,即 3′-磷酸腺苷-5′-磷酸硫酸(PAPS)。

3′-磷酸腺苷-5′-磷酸硫酸性质活泼,为各种代谢提供活性硫酸根:①参与糖胺聚糖合成。合成硫酸软骨素、硫酸角质素和肝素等,进而合成蛋白聚糖。②参与蛋白质硫酸化。例如结合到蛋白聚糖的酪氨酸羟基上。③参与生物转化：与类固醇、酚类物质结合，促使其随尿液排出。

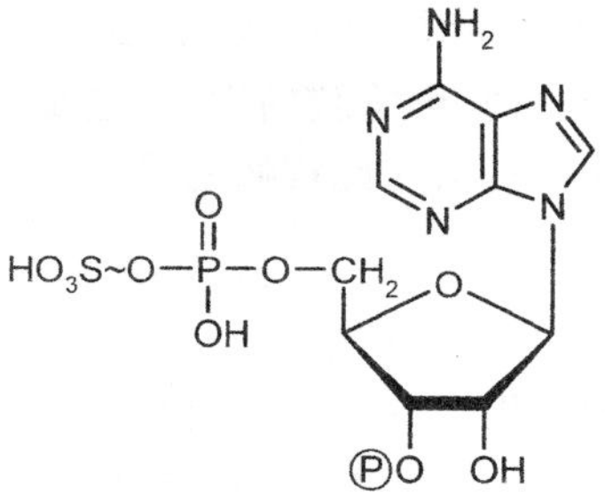

$$3'\text{-磷酸腺苷-}5'\text{-磷酸硫酸}$$

（2）半胱氨基酸氧化脱酸生成牛磺酸

牛磺酸在肝细胞内参与合成结合胆汁酸及其他生物转化；牛磺酸在脑组织中含量较多，可能起抑制性神经递质作用。

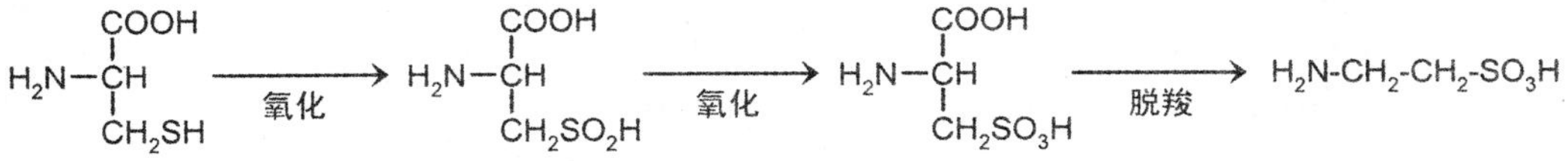

半胱氨酸 → 氧化 → 亚磺丙氨酸 → 氧化 → 磺基丙氨酸 → 脱羧 → 牛磺酸

（3）半胱氨酸参与合成谷胱甘肽

还原型谷胱甘肽（GSH）由谷氨酸、半胱氨酸和甘氨酸合成。

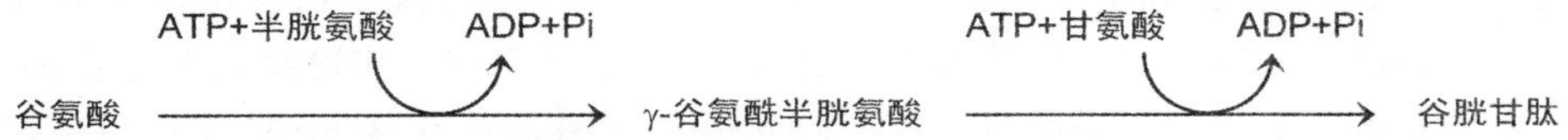

谷氨酸 →（ATP+半胱氨酸，ADP+Pi）→ γ-谷氨酰半胱氨酸 →（ATP+甘氨酸，ADP+Pi）→ 谷胱甘肽

还原型谷胱甘肽是重要的抗氧化剂具有下列功能：

①保护巯基酶及其他巯基蛋白，从而维持这些分子的生理功能。

②清除活性氧及其他氧化剂，此功能要消耗红细胞 10% 的葡萄糖。

③参与生物转化第二相反应，与药物或毒物等结合，阻断这些物质对 DNA、RNA、蛋白质结构的破坏与功能的干扰。

9.5.4　芳香族氨基酸代谢

芳香族氨基酸包括苯丙氨酸、酪氨酸和色氨酸。苯丙氨酸在结构上与络氨酸相似，在体内苯丙氨酸可以转化为酪氨酸。

1.苯丙氨酸代谢

一般情况下，苯丙氨酸在苯丙氨酸羟化酶作用下，羟化成酪氨酸进一步代谢。

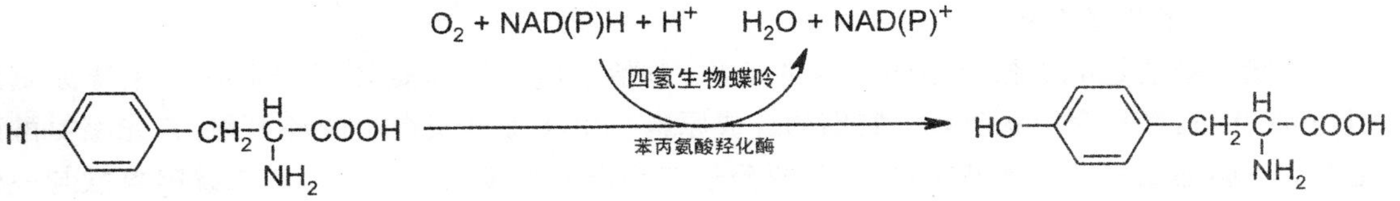

$$O_2 + NAD(P)H + H^+ \quad H_2O + NAD(P)^+$$

苯丙氨酸 →（四氢生物蝶呤，苯丙氨酸羟化酶）→ 酪氨酸

当苯丙氨酸羟化酶先天性缺陷时，苯丙氨酸不能正常地转变成酪氨酸，体内苯丙氨酸蓄

积,并可经转氨基作用生成苯丙酮酸,后者进一步转变成苯乙酸等衍生物。此时,尿中出现大量苯丙酮酸等代谢产物,称为苯丙酮酸尿症(PKU)。我国新生儿 PKU 发病率为 $1/(1\sim1.6)$ 万,苯丙氨酸和苯丙酮酸等物质的堆积影响脑的发育,造成一系列神经系统损害,故患儿的智力发育障碍。采用低苯丙氨酸饮食是治疗此疾病的手段之一。

2.络氨酸代谢

(1)合成黑色素

在黑色素细胞中酪氨酸酶的作用下,酪氨酸羟化为多巴、多巴醌,后者经一系列反应转变为吲哚-5,6-醌,黑色素即是吲哚醌的聚合物。酪氨酸酶遗传性缺陷,可导致黑色素合成障碍,皮肤、毛发等变白,称为白化病。

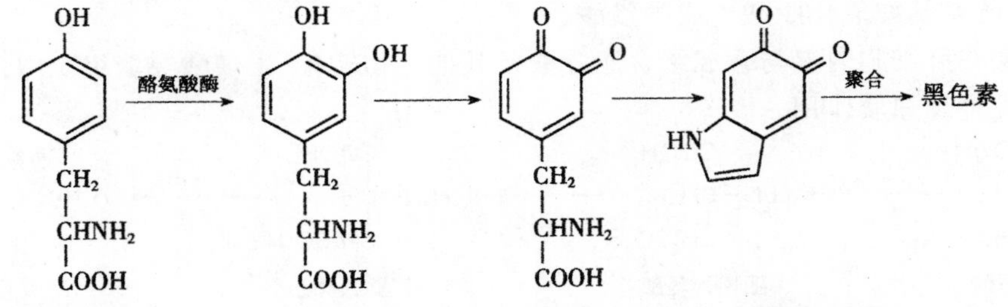

酪氨酸　　　　多巴　　　　多巴醌　　　　吲哚-5,6-醌

(2)转化成儿茶酚胺

在神经组织或肾上腺髓质中,酪氨酸由酪氨酸羟化酶(以四氢生物蝶呤作为辅助因子)催化羟化,生成多巴。多巴由多巴脱羧酶催化脱羧基,生成多巴胺。多巴胺由多巴胺 β-羟化酶催化羟化,生成去甲肾上腺素。去甲肾上腺素由 N-甲基转移酶催化从 SAM 获得甲基,生成肾上腺素。

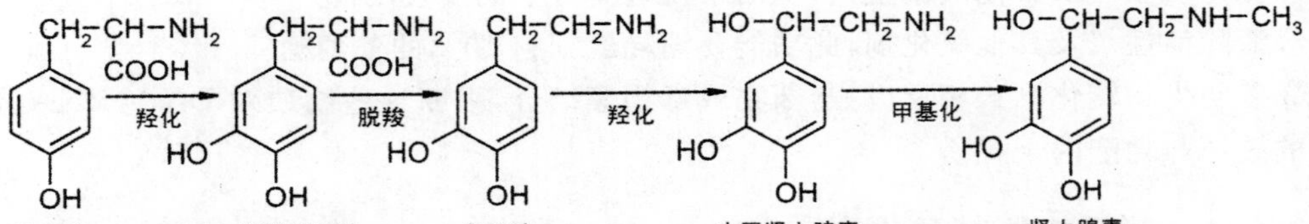

酪氨酸　　　3,4-二羟苯丙氨酸　　　多巴胺　　　去甲肾上腺素　　　肾上腺素

由酪氨酸代谢生成的多巴胺、去甲肾上腺素和肾上腺素都是具有儿茶酚结构的胺类物质,故统称为儿茶酚胺。酪氨酸羟化酶是催化儿茶酚胺合成的关键酶,其活性受儿茶酚胺的反馈抑制。

儿茶酚胺是重要的生物活性物质,其中多巴胺和去甲肾上腺素是神经递质,多巴胺生成不足是 Parkinson's 病(又称为震颤麻痹)发生的重要原因;肾上腺素是外周激素。

(3)合成甲状腺激素

甲状腺激素是甲状腺分泌的激素的统称,包括三碘甲腺原氨酸(T_3)和四碘甲腺原氨酸(T_4),其中 T_4 又称为甲状腺素。它们的合成原料是甲状腺球蛋白中的酪氨酸,首先酪氨酸碘化生成一碘酪氨酸和二碘酪氨酸,然后两分子二碘酪氨酸缩合生成 T_4,或二碘酪氨酸与一碘酪氨酸缩合生成 T_3,最后 T_3 和 T_4 从甲状腺球蛋白上水解下来,并储存于甲状腺滤泡胶质中。当甲状腺受到垂体分泌的促甲状腺素(TSH)刺激时,甲状腺激素分泌入血。T_3 的合成量通常

是 T_4 的 1/20,但活性比 T_4 高 3～5 倍。

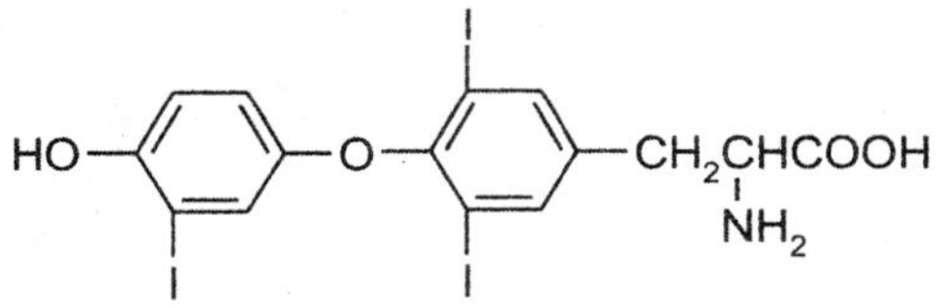

三碘甲腺原氨酸 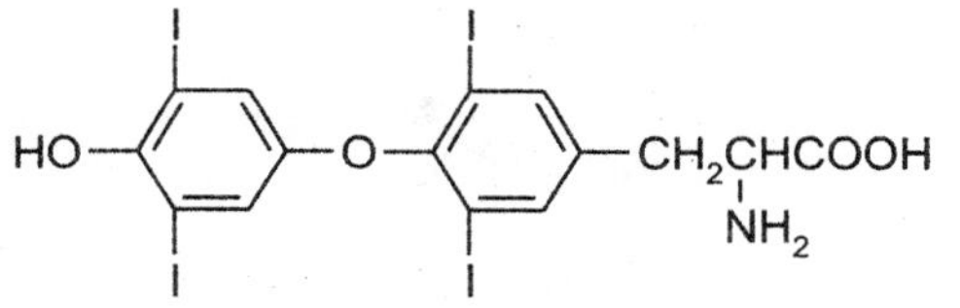　　　　　　　　甲状腺素

甲状腺激素的作用主要是促进糖类、脂类和蛋白质代谢以及能量代谢,促进机体生长发育,对骨和脑的发育尤为重要。婴幼儿缺乏甲状腺激素时,中枢神经系统发育发生障碍,长骨生长停滞,表现出反应迟钝和身材矮小等特征,称为呆小症,属于碘缺乏病。碘缺乏病是机体缺碘所表现的一组疾病的总称。缺碘多具有地区性,缺碘会影响甲状腺激素的合成,结果 TSH 不断刺激甲状腺,引起甲状腺组织增生、肿大,发生地方性甲状腺肿。在食盐中加碘可以预防缺碘,我国将每年的 5 月 15 日定为"防治碘缺乏病日"。

(4)分解代谢

酪氨酸分解是先经转氨基作用,转变为对-羟苯丙酮酸,然后氧化脱羧生成尿黑酸,进一步在尿黑酸氧化酶及异构酶等作用下,逐步转变为乙酰乙酸及延胡索酸,所以苯丙氨酸和酪氨酸都是生糖兼生酮氨基酸。

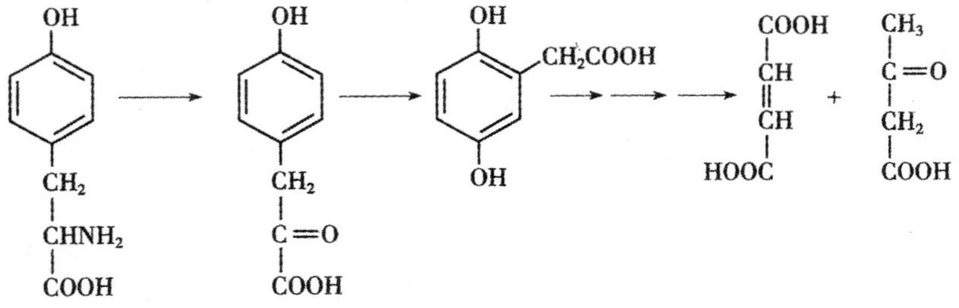

酪氨酸　　　　对-羟苯丙酮酸　　尿黑酸　　　　　延胡索酸　　乙酰乙酸

罕见的先天性尿黑酸症患者,因尿黑酸氧化酶缺乏,引起大量尿黑酸从尿中排出。尿黑酸在碱性条件下易被氧化成醌类化合物,进一步生成黑色化合物,故此类患者尿液加碱放置时迅速变黑,患者的骨及组织都有黑色物沉积。

3.色氨酸代谢

色氨酸除生成 5-羟色胺外,本身还可分解代谢。在肝中,色氨酸在色氨酸加氧酶的作用下,生成一碳单位。色氨酸分解可产生丙酮酸与乙酰乙酰辅酶 A,所以色氨酸是生糖兼生酮氨基酸。此外,色氨酸分解还可产生尼克酸,即维生素 PP,这是体内合成维生素的特例,但其合成量甚少,很难满足机体的需要。

氨基酸具有重要的生理功能,除作为合成蛋白质的原料外,还可转变成某些激素、神经递质及核苷酸等含氮物质(表 9-2)。

表 9-2　由氨基酸衍生的主要含氮化合物

氨基酸	衍生化合物	生理作用
天冬氨酸、谷氨酸、甘氨酸	嘌呤碱	碱基
天冬氨酸	嘧啶碱	碱基
苯丙氨酸、酪氨酸	儿茶酚胺、甲状腺素	激素
色氨酸	5-羟色氨酸、尼克胺	神经递质、维生素
甘氨酸	γ-氨基丁酸	神经递质
组氨酸	组胺	血管舒展剂
半胱氨酸	牛黄胺	结合胆汁酸成分
苯丙氨酸、酪氨酸	黑色素	皮肤色素
甘氨酸	卟啉化合物	细胞色素类、血红素
甘氨酸、精氨酸、甲硫氨酸	肌酸、磷酸肌酸	能量的储存者
甲硫氨酸、鸟氨酸	精脒、精胺	细胞增殖促进剂

9.5.5　支链氨基酸

支链氨基酸包括缬氨酸、亮氨酸和异亮氨酸。

支链氨基酸的分解代谢主要在骨骼肌中进行。3 种氨基酸分解代谢的开始阶段基本相同，首先在氨基转移酶催化下脱去氨基生成相应的 α-酮酸，然后在支链 α-酮酸脱氢酶复合体催化下发生氧化脱羧等反应，生成相应的脂酰 CoA，再分别进行不同的分解代谢。缬氨酸分解产生琥珀酰 CoA（生糖氨基酸），亮氨酸分解产生乙酰 CoA 和乙酰乙酸（生酮氨基酸），异亮氨酸分解产生乙酰 CoA 和琥珀酰 CoA（生糖兼生酮氨基酸）。

$$\left.\begin{array}{l} \text{结氨酸} \\ \text{亮氨酸} \\ \text{异亮氨酸} \end{array}\right\} \xrightarrow[\text{氨基转移酶}]{} \text{相应的 } \alpha\text{-酮酸} \xrightarrow[\text{脱羧基}]{} \text{相应的脂酰 CoA} \xrightarrow[\beta\text{-氧化}]{} \begin{array}{l} \text{琥珀酰 CoA} \\ \text{乙酰 CoA}+\text{乙酰乙酸} \\ \text{乙酰 CoA}+\text{琥珀酰 CoA} \end{array}$$

第 10 章　核酸的降解与核苷酸代谢

10.1　核酸的酶促降解

10.1.1　核酸的降解

生物组织中的核酸往往以核蛋白的形式存在,动物和异养型微生物可分泌消化酶类分解食物或体外的核蛋白和核酸。核蛋白可分解成核酸与蛋白质,核酸由各种水解酶催化逐步水解,生成核苷酸、核苷、戊糖和碱基等,这些水解产物均可被吸收,但动物体较少利用这些外源性物质作为核酸合成的原料,进入小肠粘膜细胞的核苷酸、核苷绝大部分进一步被分解。植物一般不能消化体外的有机物。

所有生物细胞都含有核酸代谢的酶类,能分解细胞内的各种核酸促进其更新。核酸降解产生的 1-磷酸核糖可由磷酸核糖变位酶催化转变为 5-磷酸核糖进入核苷酸合成代谢或糖代谢,碱基可进入核苷酸补救合成途径或分解排出体外。细胞内核酸的降解过程如下:

$$核酸 \xrightarrow{核酸酶} 核苷酸 \xrightarrow{核苷酸酶} 核苷 + 磷酸 \xleftrightarrow{核苷磷酸化酶} 嘌呤碱和嘧啶碱 + 戊糖-1-磷酸$$

10.1.2　核酸酶

催化核酸水解的酶称为核酸酶(nuclease)。核酸酶催化核酸分子中 $3',5'$-磷酸二酯键的水解断裂,属于磷酸二酯酶(phosphodiesterase)。根据其作用底物可分为脱氧核糖核酸酶(DNase,deoxyribonuclease)和核糖核酸酶(RNase,ribonuclease);按其作用位置又可分为核酸外切酶(exonuclease)和核酸内切酶(endonuclease)。

1. 核酸外切酶

从核酸链一端逐个水解产生单核苷酸的酶称为核酸外切酶。核酸外切酶有多种,有的作用于 DNA,有的作用于 RNA,有的对二者都有催化作用。核酸外切酶有两种作用方式,一种是从核酸链的 $3'$ 端开始逐个水解生成 $5'$-核苷酸,具有 $3' \rightarrow 5'$ 外切活性,如蛇毒磷酸二酯酶(VPD);另一种则是从核酸链的 $5'$ 端开始逐个水解生成 $3'$-核苷酸,具有 $5' \rightarrow 3'$ 外切活性,如牛脾磷酸二酯酶(SPD),如图 10-1 所示。

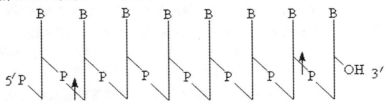

图 10-1　核酸外切酶的水解位置(B 代表碱基)

VDP 和 SDP 对 DNA 和 RNA 都有催化作用,分别用 VPD 和 SPD 水解核酸可得到 5′-单核苷酸的混合物和 3′-单核苷酸的混合物,用离子交换法可将混合物分离得到各种单核苷酸。这些单核苷酸在医药和科研上都具有重要应用价值。

2.核糖核酸内切酶

核酸内切酶特异地水解多核苷酸链内部的酯键,对碱基和磷酸二酯键的位置都具有选择性,是专一性很强的磷酸二酯酶。为方便说明核酸酶的水解位点,3′,5′-磷酸二酯键中的 3′-磷酯键用 a 表示,5′-磷酯键用 b 表示(图 10-2)。如牛胰核糖核酸酶(RNaseⅠ)特异地作用于嘧啶核苷酸的磷酸二酯键的 b 位,生成 3′-嘧啶核苷酸或末端为 3′-嘧啶核苷酸的寡核苷酸;RNaseT 1 专一性水解鸟苷酸的磷酸二酯键的 b 位,生成 3′-GMP 或末端为 3′-GMP 的寡核苷酸。因 RNaseⅠ和 RNaseT 1 都在 b 位切断磷酸二酯键,水解产物均带有 3′-磷酸。牛胰 RNase 是最早分离纯化并结晶的 RNase,由 124 个氨基酸残基组成,分子中的 4 个二硫键极大地稳定了它的结构,温度达 100℃时仍可表现出催化活性。

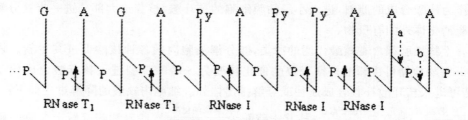

图 10-2　RNase 作用的专一性

3.脱氧核糖核酸酶

脱氧核糖核酸酶专一性催化单股或双股 DNA 链的水解,包括外切酶和内切酶。外切酶有 5′→3′外切和 3′→5′外切两种作用方式。内切酶可在链内磷酸二酯键 a 位或 b 位切断 DNA,如牛胰脱氧核糖核酸酶(DNaseI)可切割双链或单链 DNA,作用于磷酸二酯键的 a 位,产物为带有 5′磷酸末端的寡核苷酸;而牛脾脱氧核糖核酸酶(DNaseII)作用于磷酸二酯键的 b 位,降解产物是带有 3′磷酸末端的寡核苷酸。有些 DNA 内切酶具有序列专一性,这就是限制性内切酶(restriction endonuclease)。

限制性核酸内切酶 1979 年在细菌中发现,此类酶能识别并结合外源性 DNA 的特异序列,将其切割降解。与这种限制性核酸内切酶相伴存在的还有一种修饰性甲基化酶(modification methylase),能使细菌自身 DNA 的某些核苷酸甲基化而不被限制酶降解。这两种酶构成细菌的"限制—修饰"体系,该体系通过限制酶降解外来 DNA,"限制"其功能;而细菌自身 DNA 的特异序列因甲基化修饰而受到保护。核酸限制性内切酶现已发现多种,主要是从细菌和霉菌中分离得到的,也有报道称从支原体和真核细胞中分离到了限制性内切酶。

限制性核酸内切酶特异的识别序列(或称识别位点)通常情况下正读与倒读字母顺序相同,即呈回文结构(palindromic structure),约含 4～8 个碱基对(图 10-3)。有些限制性内切酶能将两条链交错切开,切口处形成单链突出的两个末端,两末端单链彼此互补,易于连接,故称为粘性末端(cohesive end)。有的限制性内切酶将双链切开后形成平齐末端(blunt end)。几种限制性内切酶的识别序列和切割后形成的各种不同末端如下:

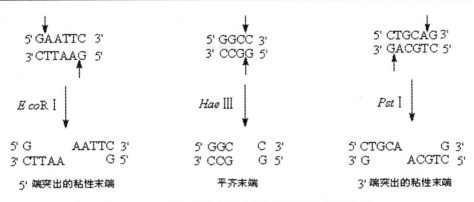

图 10-3　几种限制性内切酶的识别序列和切割结果

限制性内切酶的命名比较特殊,以 EcoRI 为例,第一个大写字母 E 是大肠杆菌的属名 (Escherichia);第二、三两个小写字母 co 是种名(coli)的前两个字母;第四个大写字母 R 表示菌株;最后的罗马数字是酶的编号,表示从同一菌株中分离出来的限制性内切酶的先后顺序。

限制性内切酶具有重要的生物学意义。它可以降解异源 DNA,防范外来 DNA 对遗传信息的干扰,保证自身遗传物质的稳定性。在分子生物学技术中可作为切割 DNA 分子的手术刀,用以制作 DNA 限制酶谱,分离限制片段,是进行 DNA 结构分析和体外重组的重要工具。

10.2　核苷酸的降解

10.2.1　核苷酸的降解

在组织细胞内,核苷酸在核苷酸酶(nucleotidase)或磷酸单酯酶(phosphomonoesterase)催化下生成核苷和无机磷酸,核苷再经核苷酶(nucleosidase)催化分解为碱基和戊糖。分解核苷的酶有两类:一类是核苷磷酸化酶(nucleoside phosphorylase),广泛存在于生物体内,催化的反应可逆;另一类是核苷水解酶(nucleoside hydrolase),存在于植物和微生物体内,具有一定的特异性,只作用于核糖核苷,对脱氧核糖核苷无作用,催化的反应不可逆。反应如下:

$$核苷 + 磷酸 \underset{}{\overset{核苷磷酸化酶}{\rightleftharpoons}} 戊糖\text{-}1\text{-}磷酸 + 碱基$$

$$核苷 + H_2O \overset{核苷水解酶}{\longrightarrow} 核糖 + 碱基$$

嘌呤碱和嘧啶碱可用于核苷酸的补救合成,也可进一步分解。

10.2.2　嘌呤核苷酸的分解

1. 嘌呤核苷酸的分解代谢过程

体内各种嘌呤核苷酸首先在核苷酸酶的催化下水解去除磷酸生成嘌呤核苷。核苷在核苷磷酸化酶作用下,磷酸解生成游离的碱基和 1-磷酸核糖。鸟嘌呤脱氨生成黄嘌呤;腺苷经脱氨及磷酸解生成次黄嘌呤。黄嘌呤和次黄嘌呤均可受黄嘌呤氧化酶作用生成尿酸。尿酸是人体内嘌呤碱分解代谢的终产物,随尿排出体外(见图 10-4)。

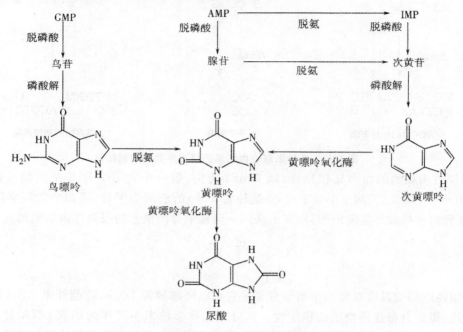

图 10-4　嘌呤核苷酸的分解代谢

2.嘌呤代谢障碍疾病

(1)痛风

痛风是一种核酸代谢障碍的疾病,由于嘌呤分解代谢过盛,尿酸的生成太多或排泄受阻,以致血液中尿酸浓度增高。正常人血浆中尿酸含量为 $0.12\sim0.36mmol/L$。痛风患者血中尿酸的含量升高,当超过 8mg％时,尿酸盐结晶即可沉积于关节、软组织、软骨甚至肾等处,而导致关节炎、尿路结石和肾疾病等。痛风多见于成年男性,其原因尚不完全清楚,可能与嘌呤核苷酸代谢酶的缺陷有关。此外,当进食高嘌呤饮食、体内核酸大量分解(如白血病、恶性肿瘤等)或肾疾病而尿酸排泄障碍时,均可导致血中尿酸升高。7-碳-8-氮次黄嘌呤(别嘌呤醇)的化学结构与次黄嘌呤相似,是黄嘌呤氧化酶的竞争性抑制剂,可以抑制黄嘌呤的氧化,减少尿酸的生成。同时,别嘌呤醇在体内经代谢转变与 5-磷酸核糖-1-焦磷酸盐(PRPP)反应生成别嘌呤醇核苷酸,消耗 PRPP,使嘌呤核苷酸的合成减少,故别嘌呤醇是一种治疗痛风的药物。

(2)Ieasch-Nyhan 综合征

Ieasch-Nyhan 是一种由于伴性连锁退行性障碍导致的次黄嘌呤-鸟嘌呤磷酸核糖转移酶(HGPRT)完全缺乏。以强制性自毁行为构成典型的临床特征,即患病儿童(3~4 岁)的自毁行为,对他人的攻击性,智力发育缺陷。高尿酸盐血症引起早期肾结石,逐渐出现痛风症状。

次黄嘌呤-鸟嘌呤磷酸核糖转移酶完全缺乏导致磷酸核糖焦磷酸过度聚积,促使嘌呤从头合成途径速率升高,伴有尿酸盐的过度生成。由于大脑非常依赖补救合成 IMP 与 GMP,次黄嘌呤-鸟嘌呤磷酸核糖转移酶的完全缺乏可能与神经发育障碍有关。引起次黄嘌呤-鸟嘌呤磷

次黄嘌呤　　　　　　　　别嘌呤醇

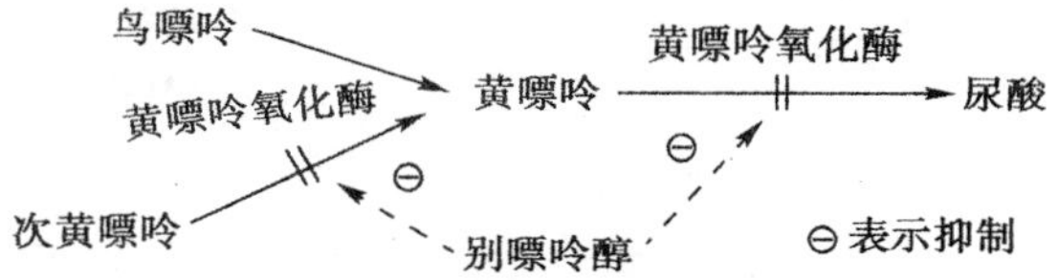

⊖ 表示抑制

酸核糖转移酶完全缺乏的基因突变包括缺失、移码突变等。

（3）磷酸核糖焦磷酸合成酶异常与痛风

以嘌呤核苷酸从头合成与降解增加为特征的痛风涉及 3 种类型的磷酸核糖焦磷酸合成酶变异：两种变异涉及酶动力学改变，分别为磷酸核糖焦磷酸合成酶最大反应速度（V_{max}）增加与米氏常数（K_m）降低；另外一种为磷酸核糖焦磷酸合成酶异常，表现为对反馈抑制发生抵抗。上面三种类型的痛风的分子生物学基础与人类伴性染色体退行性改变有关。

10.2.3　嘧啶核苷酸的分解

嘧啶碱的分解主要是经脱氨、还原、水解，生成 β-氨基酸进入有机酸代谢。胞嘧啶需脱氨转变为尿嘧啶才能进行分解，尿嘧啶和胸腺嘧啶的分解过程类似。不同生物中胞嘧啶脱氨生成尿嘧啶的过程不尽相同，胞苷脱氨酶广泛分布于各种生物，胞嘧啶脱氨酶可能只存在于细菌和酵母菌中。尿嘧啶还原成二氢尿嘧啶后水解开环，最终生成氨、CO_2、β-丙氨酸。胸腺嘧啶分解成 β-氨基异丁酸、CO_2 和氨。嘧啶碱的分解过程如图 10-5。

生成的 β-丙氨酸可用于辅酶 A 的合成，也可转化成乙酸再进入三羧酸循环或转化为脂肪酸。β-氨基异丁酸可转化为琥珀酰辅酶 A 进一步代谢，也可直接随尿排出。胸腺嘧啶一般只存在于 DNA 中，摄入富含 DNA 的食物或经放射治疗、化学药物治疗的癌症患者，DNA 分解代谢加强，尿中 β-氨基异丁酸排出增多。动物体内嘧啶碱的分解主要在肝中进行。

10.2.4　嘧啶核苷酸抗代谢物

细胞快速分裂需要充足的脱氧胸腺嘧啶核苷酸用于 DNA 合成。目前，对肿瘤治疗药物的研究重点之一集中在胸苷酸合酶（thymidylate synthase）以及二氢叶酸还原酶（dihydrofolate reductase）抑制剂方面。

胸苷酸合酶抑制剂：5-氟尿嘧啶（5-fluorouracil,5-FU）是一种临床应用的抗癌药物。乳清磷酸核糖转移酶能够利用 5-FU 作为假底物，催化形成一磷酸氟尿嘧啶核苷，最终转变成 dUMP 的类似物—磷酸脱氧氟尿嘧啶核苷（FdUMP）。一磷酸脱氧氟尿嘧啶核苷以下不可逆抑制剂的作用方式抑制胸苷酸酶活性，阻断 dTMP 的合成（图 10-6）。

5-FU 作用机制简介：5-FU 作为假底物（尿嘧啶类似物）经过一系列催化过程形成 FdUMP 后，胸苷酸合酶借助巯基连接到 FdUMP 的第 6 位碳原子上，而甲烯四氢叶酸连接到

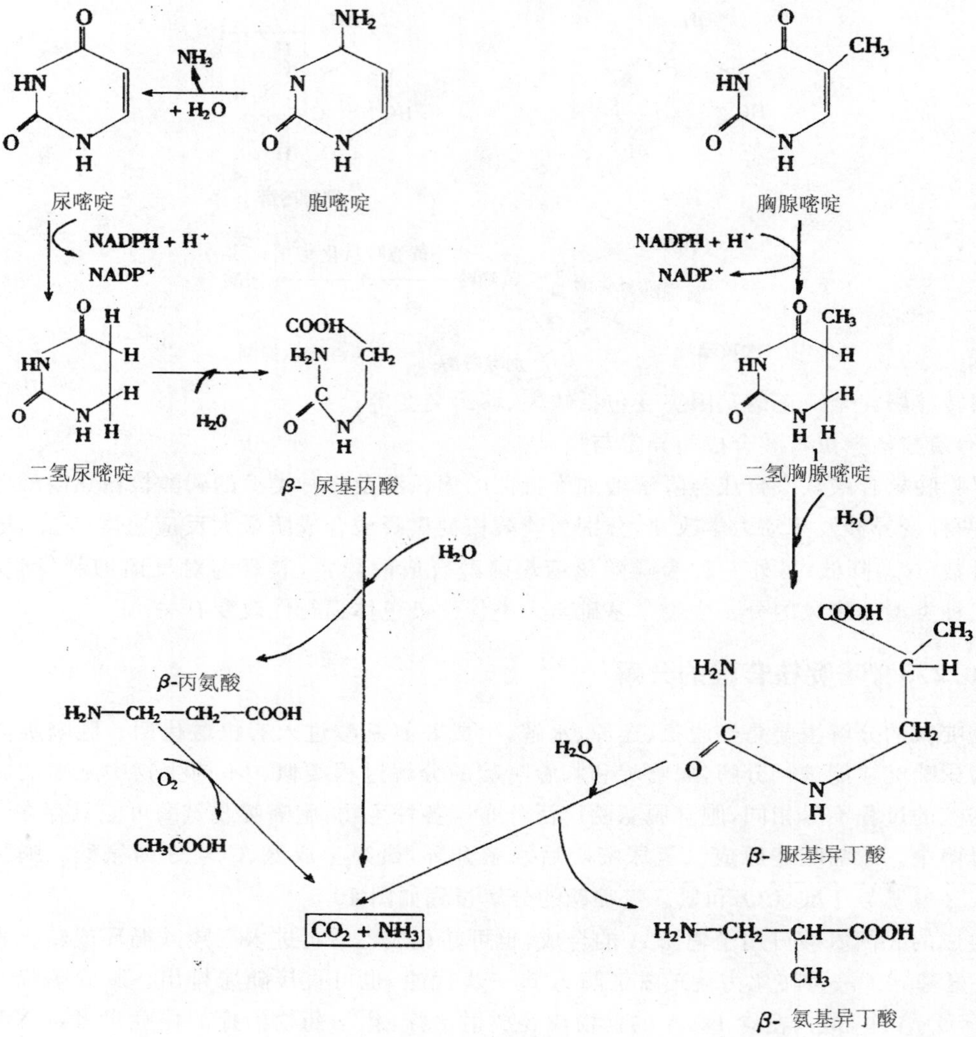

图 10-5 嘧啶碱的分解过程

FdUMP 中间复合体的第 5 位碳原子上。由于第 6 位碳原子同时存在 F[+]，胸苷酸合酶不能够将 F[+] 从 FdUMP 上摘除。催化过程被阻止在由 FdUMP、甲烯四氢叶酸以及胸苷酸合酶组成的复合体阶段。在上述反应过程中，胸苷酸合酶将底物 FdUMP 转变为一种反应性抑制剂，是一种典型的"自杀性"抑制剂的作用方式（图 10-7）。

二氢叶酸还原酶抑制剂（图 10-6）：胸苷酸合酶催化 dUMP 转变成为 dTMP 的反应过程中，N^5, N^{10}-甲烯四氢叶酸供出一碳单位后，自身氧化生成二氢叶酸。二氢叶酸还原酶催化二氢叶酸重新生成四氢叶酸，然后由丝氨酸提供一碳单位形成 N^5, N^{10}-甲烯四氢叶酸。以上四氢叶酸的循环使得 dUMP 转变成为 dTMP 的过程得以继续进行。甲氨蝶呤和氨蝶呤是二氢叶酸还原酶的抑制剂，以竞争性抑制四氢叶酸再生的方式阻滞 dTMP 的合成（图 10-6）。氨蝶呤与甲氨蝶呤在嘌呤核苷酸的抗代谢物中已经介绍，这两种药物对治疗多种快速生长肿瘤性疾病有重要的价值。

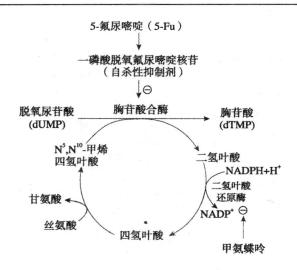

图 10-6 胸苷酸合酶与二氢叶酸还原酶抑制剂的作用机制

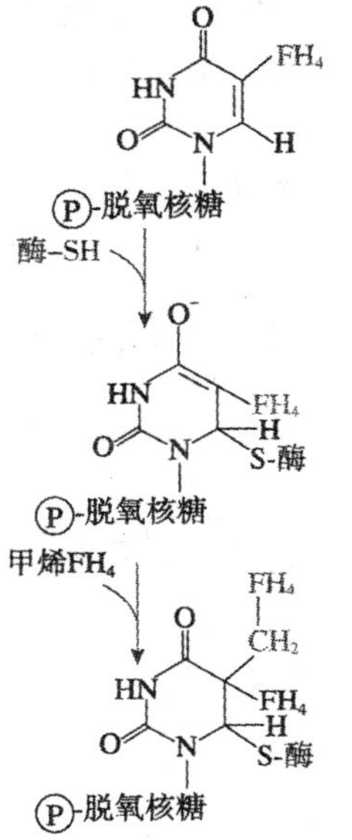

临床应用甲氨蝶呤常产生耐药性。实验研究表明:在甲氨蝶呤存在下培养哺乳动物肿瘤细胞时,细胞系的耐药性是由于基因变异造成的结果。研究发现产生耐药性的肿瘤细胞所含二氢叶酸还原酶的活性明显增高。延长甲氨蝶呤与细胞的培养时间能够诱导编码二氢叶酸还原酶的基因呈现选择性的放大效应,是一些细胞含有高达几百个表达二氢叶酸还原酶的基因拷贝。其他导致突变的机制涉及比较传统的方式,如编码甲氨蝶呤转移体基因的突变。上述的研究提示,临床治疗肿瘤时应使用足量的抗癌药物,以防止突变细胞的存活。

阿糖胞苷(arabinosyl cytosine)是另一类具有不同作用机制的抗肿瘤药物,结构参见图 10-8。在细胞内激酶的作用下阿糖胞苷被磷酸化为三磷酸衍生物,这种三磷酸衍生物能够选择性地抑制 DNA 聚合酶的活性,干扰 DNA 的复制。

图 10-7 氟脱氧尿苷酸抑制胸苷酸合酶机制

临床上早期使用 $3'$-叠氮-$2',3'$-双脱氧胸苷(AZT)治疗获得性免疫缺陷综合征(图 10-8)。AZT 通过合成代谢途径转变为相应的 $5'$-三磷酸衍生物,能够抑制病毒逆转录酶作用。其他嘧啶类似物如 $2',3'$-双脱氧胞苷、$2',3'$-双脱氧次黄苷在细胞内首先转变为相应的三磷酸衍生物,然后加入到 DNA 分子中。由于这类衍生物缺少 $3'$-OH 末端,通过阻止复制链延长的方式干扰病毒的复制。

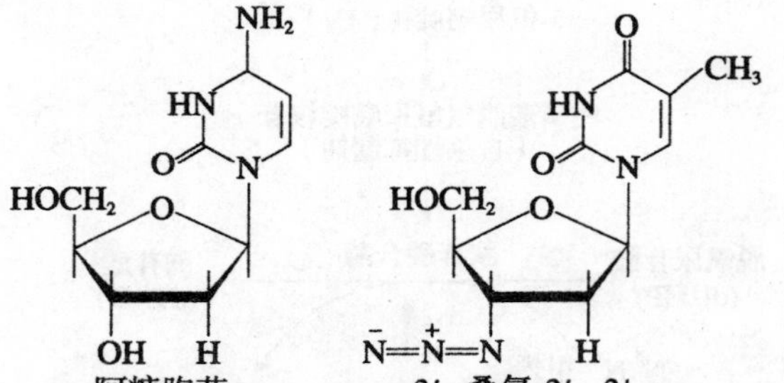

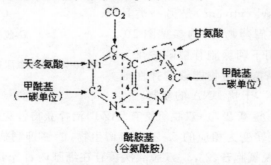

阿糖胞苷

3′-叠氮-2′, 3′-
双脱氧胸苷

图 10-8　嘧啶核苷类似物

10.3　核苷酸的生物合成

核苷酸的生物合成有两条基本途径。一条是从头合成(de novo synthesis)途径,以氨基酸、磷酸戊糖、CO_2 和 NH_3 等小分子化合物为原料合成核苷酸。另一条是补救合成(salvage synthesis)途径,以细胞内游离的碱基或核苷为原料合成核苷酸。补救合成所需的碱基和核苷主要来源于细胞内核酸的分解;此外,细菌生长介质或动物吸收的外源性碱基和核苷也可用于补救途径。两条途径在不同的组织中重要性不同,肝脏主要进行从头合成,而脑和骨髓只能进行补救合成。

10.3.1　核糖核苷酸的生物合成

1.嘌呤核糖核苷酸的生物合成

(1)从头合成途径

用同位素标记的各种营养物喂鸽子,以鸽肝为材料进行同位素示踪分析阐明了嘌呤核苷酸的合成途径。实验表明:N_3 和 N_9 来源于谷氨酰胺,N_1 来源于天冬氨酸,C_4、C_5 和 N_7 来源于甘氨酸,C_2 和 C_8 来源于一碳单位,C_6 来源于 CO_2(图 10-9)。

图 10-9　嘌呤环中各原子的来源

嘌呤核苷酸的从头合成途径在胞液中进行,各种生物反应过程基本相同,分两个阶段:首先形成 IMP;再由 IMP 转化为 AMP 和 GMP。

①IMP 的生成。IMP 生成过程如图 10-10 所示,从 5-磷酸核糖开始经 11 步酶促反应形成次黄嘌呤核苷酸。合成要点如下:

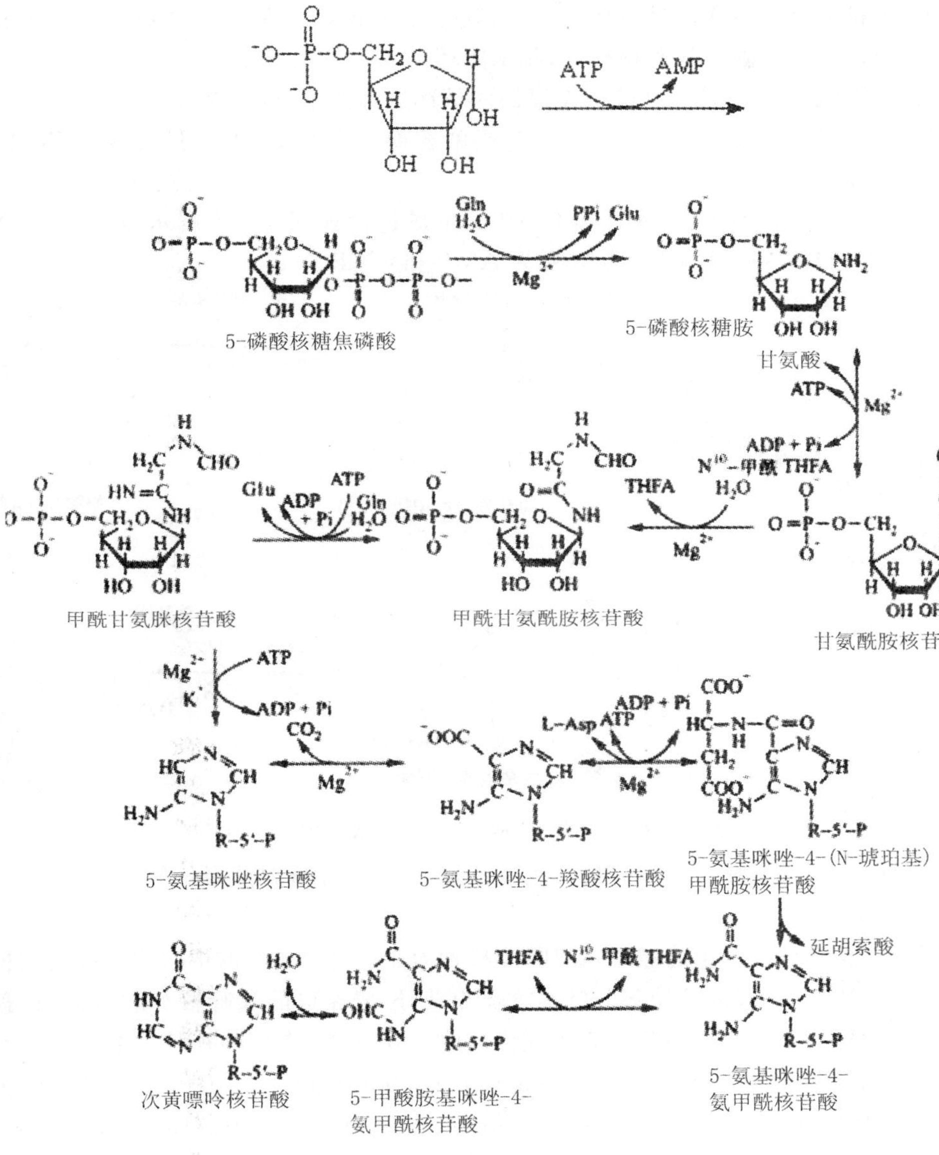

催化反应的酶:(1)5-磷酸核糖焦磷酸合成酶;(2)PRPP 酰胺转移酶;(3)甘氨酰胺核苷酸合成酶;
(4)转甲酰基酶;(5)甲酰甘氨脒核苷酸合成酶;(6)氨基咪唑核苷酸合成酶;(7)氨基咪唑核苷酸羧化酶;
(8)氨基咪唑琥珀基氨甲酰核苷酸合成酶;(9)腺苷酸琥珀酸裂解酶;(10)氨基咪唑氨甲酰核苷
酸转甲酰基酶;(11)次黄嘌呤核苷酸合酶

图 10-10　IMP 的合成(R 代表核糖)

· 第一个反应是 5-磷酸核糖活化为 5-磷酸核糖-1-焦磷酸(5-phosphoribosy-1-pyrophos-phate,PRPP),PRPP 是核苷酸合成中磷酸核糖的供体。

· 第二个反应是使 PRPP 的 C_1 脱焦磷酸与 Gln 的氨基结合成 5-磷酸核糖胺(PRA),此氨基的 N 原子即嘌呤环的 N_9,由此开始了嘌呤环在 5-磷酸核糖上的合成装配。该反应中,核糖由 α 构型变为 β 构型。

· 在 PRA 的氨基上依次由甘氨酸、甲酰四氢叶酸提供 C、N 原子形成甲酰甘氨酰胺核苷酸，再与 Gln 反应成为甲酰甘氨脒核苷酸，脱水闭环生成 5-氨基咪唑核苷酸。

· CO_2、天冬氨酸、甲酰四氢叶酸依次提供六员环的其他原子，生成 IMP。

· 此阶段并非先合成次黄嘌呤，再使之与磷酸核糖结合为 IMP，而是直接在 PRPP 上逐步合成咪唑环和嘧啶环，生成 IMP。

②AMP 和 GMP 的生成。AMP 和 GMP 的生成过程如图 10-11 所示，IMP 是 AMP 和 GMP 的前体，由 IMP 各经过两步反应转变为 AMP 和 GMP。

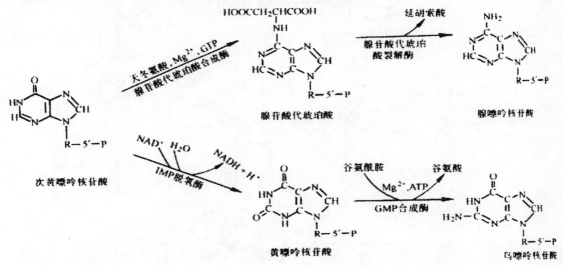

图 10-11　由 IMP 合成 AMP 和 GMP 的过程

肝脏是动物体从头合成嘌呤核苷酸的主要器官，其次是小肠黏膜及胸腺。

（2）补救合成途径

该途径是以核酸分解产生的嘌呤碱或嘌呤核苷为原料合成核苷酸的过程。在磷酸核糖转移酶催化下，将 PRPP 的磷酸核糖部分转移给嘌呤碱，形成相应的嘌呤核苷酸，这是补救合成的主要方式。此外，AMP 也可由腺苷激酶催化生成。故 AMP 有两种补救合成方式。参与补救合成的酶有腺嘌呤磷酸核糖转移酶（adenine phosphoribosyl transferase，APRT）、次黄嘌呤-鸟嘌呤磷酸核糖转移酶（hypoxanthine-guanine phosphoribosyl transferase，HGPRT）、核苷磷酸化酶和腺苷激酶。

补救合成是嘌呤碱或嘌呤核苷重新的利用，能量和原料消耗少，过程简单。反应如下：

$$腺嘌呤 + PRRP \xrightarrow{APRT} AMP + PPi$$

$$次黄嘌呤/鸟嘌呤 + PRPP \xrightarrow{HGPRT} IMP/GMP + PPi$$

$$碱基 + 核糖-1-磷酸 \xrightleftharpoons{核苷磷酸化酶} 核苷 + 磷酸$$

$$腺苷 + ATP \xrightleftharpoons{腺苷激酶} AMP + ADP$$

除腺苷激酶外，其他嘌呤核苷激酶均无活性，因此，次黄嘌呤和鸟嘌呤虽可转变为次黄苷和鸟苷，但二者并不能磷酸化生成 IMP 和 GMP。

核苷酸的补救合成既是一条非常经济的合成途径,也是脑和骨髓等缺乏从头合成酶系的组织合成嘌呤核苷酸的唯一途径,补救合成途径对这些组织而言具有重要意义。HGPRT 缺失的患儿智力发育障碍,并有咬自己口唇、手指等毁容动作,称为自毁容貌症,是一种隐性遗传性疾病。

(3)嘌呤核苷酸合成的调节

从头合成途径(如图 10-12)是嘌呤核苷酸的主要来源,但这是一个大量消耗氨基酸和 ATP 的过程,合成速度受到精确调节,既能保证需要,又不供过于求,以避免浪费。调节机制是反馈调节。产物 IMP、AMP、GMP 反馈抑制途径起始时的两种酶,即 PRPP 合成酶和 PRPP 酰胺转移酶;而底物 PRPP 前馈激活 PRPP 酰胺转移酶。PRPP 酰胺转移酶是变构酶,有无活性的二聚体和有活性的单体两种形式,IMP、AMP、GMP 使活性形式变成无活性形式,PRPP 则相反。途径分支处的腺苷酸代琥珀酸合成酶和 IMP 脱氢酶分别受其产物 AMP 和 GMP 抑制。此外,IMP 转变为 AMP 需要 GTP,IMP 转变为 GMP 需要 ATP,因此 ATP 可促进 GMP 的生成,GTP 可促进 AMP 的生成。这种交叉调节对维持 ATP 和 GTP 浓度的平衡具有重要意义。

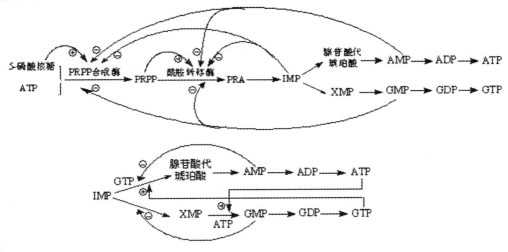

图 10-12　嘌呤核苷酸合成的调节

嘌呤核苷酸生物合成的阐明具有重要的理论和实践意义。以此为指导可进行有关核苷酸生产的菌种的选育和抗肿瘤药物设计。肌苷酸是嘌呤核苷酸从头合成的中间产物,正常情况下积累有限,用普通菌株发酵生产肌苷酸产量很低。若使肌苷酸之后催化某反应的酶失活,肌苷酸即可积累,应用诱发突变的方法可获得积累肌苷酸较多的突变株。但这种突变株不能从头合成 AMP 或 GMP,培养时必须补给腺嘌呤或鸟嘌呤,使其通过补救途径合成两种核苷酸。某些抗肿瘤药是嘌呤、叶酸等物质的结构类似物,能以竞争性抑制的方式干扰嘌呤核苷酸的合成,进而阻止核酸和蛋白质的合成,限制癌瘤生长速度。治疗急性白血病的 6-巯基嘌呤(6-mercaptopurine,6MP)与次黄嘌呤结构类似(图 10-13),可抑制 HGPRT 阻断补救合成途径;它在体内可转变为 6-巯基嘌呤核苷酸反馈抑制 PRPP 酰胺转移酶,并抑制 IMP 转变为 AMP 和 GMP,使从头合成受阻。

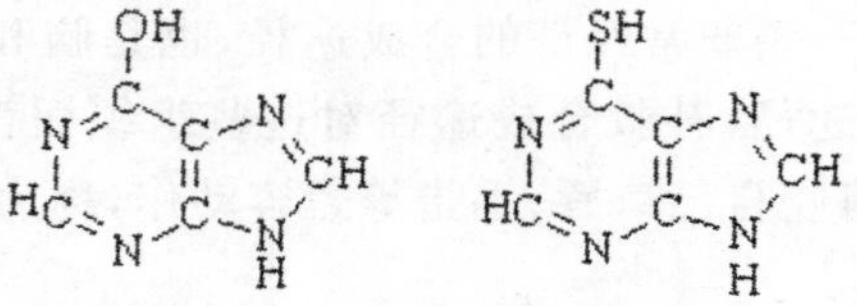

次黄嘌呤　　　　　6-巯基嘌呤

图 10-13　次黄嘌呤与 6-巯基嘌呤的结构

2.嘧啶核苷酸的生物合成

（1）从头合成途径

据同位素示踪实验，嘧啶环中 N_1、C_4、C_5、C_6 来自天冬氨酸，N_3 来自谷氨酰胺，C_2 来自 CO_2（图 10-14）。

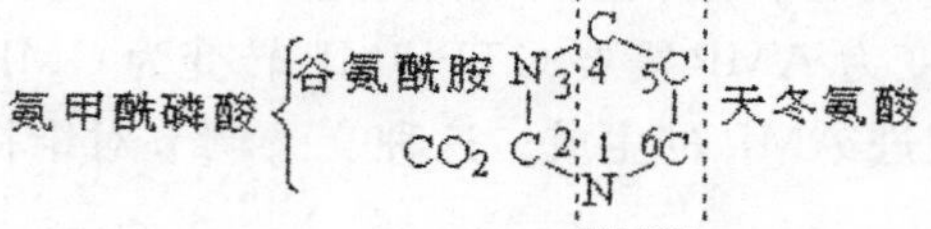

图 10-14　嘧啶环中各原子的来源

①反应过程。嘧啶核苷酸的从头合成与嘌呤核苷酸不同，它是先合成嘧啶环，再与 PRPP 结合为核苷酸。整个过程分为尿苷酸(UMP)的合成和胞苷酸(CMP)的合成两个阶段(图 10-15)。

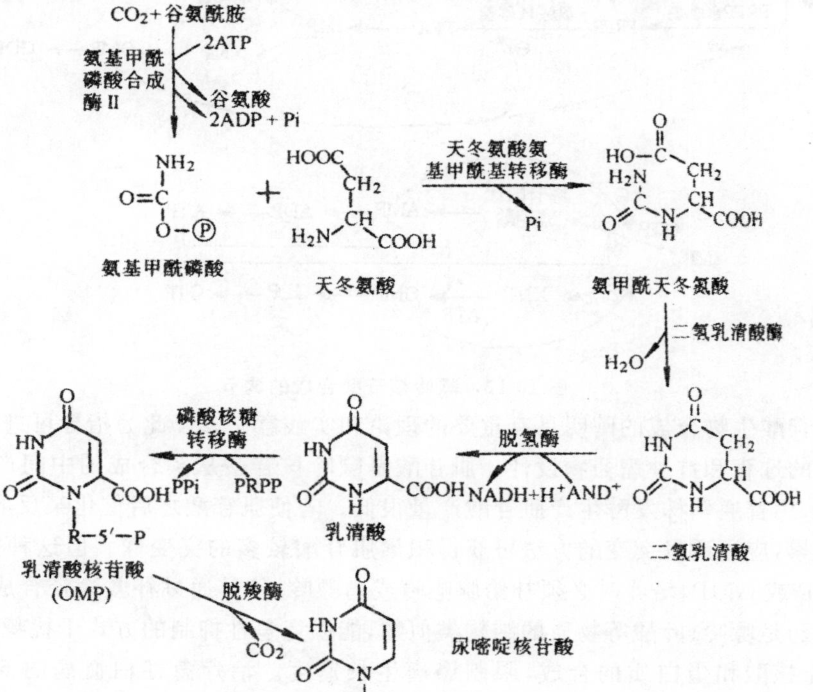

催化各反应的酶：①氨甲酰磷酸合成酶；②天冬氨酸氨甲酰转移酶；③二氢乳清酸酶；
④二氢乳清酸脱氢酶；⑤乳清酸磷酸核糖转移酶；⑥乳清酸核苷-5-磷酸脱羧酶

图 10-15　尿嘧啶核苷酸的合成

204

UMP 的合成。第一步是由氨甲酰磷酸合成酶Ⅱ催化生成氨甲酰磷酸。氨甲酰磷酸也是尿素合成的中间产物,但它是在肝线粒体中由氨甲酰磷酸合成酶Ⅰ催化生成。这两种酶的产物虽然相同,但性质和功能不同(表 10-1)。

表 10-1　两种氨甲酰磷酸合成酶同工酶的比较

	氨甲酰磷酸合成酶Ⅰ	氨甲酰磷酸合成酶Ⅱ
分布	肝线粒体	细胞液(各种细胞)
氮源	氨	谷氨酰胺
调节物	N-乙酰谷氨酸(变构激活)	UMP、CTP(反馈抑制)
功能	尿素合成	嘧啶合成

由天冬氨酸氨甲酰基转移酶(aspartate transcarbamoylase,ATCase)催化,氨甲酰磷酸与天冬氨酸结合成氨甲酰天冬氨酸,后者经二氢乳清酸酶催化脱水,形成具有嘧啶环的二氢乳清酸,再经二氢乳清酸脱氢酶催化脱氢成为乳清酸(orotic acid)。乳清酸在乳清酸磷酸核糖转移酶催化下与 PRPP 化合为乳清酸核苷酸(OMP),再由 OMP 脱羧酶催化脱羧生成 UMP。

胞苷酸的合成由 UMP 转化为胞苷酸只能在核苷三磷酸的水平上进行,因此 UMP 需由相应的激酶催化生成尿苷三磷酸(UTP)后,才能氨基化生成胞苷三磷酸(CTP)。反应所需的氨基在细菌中由氨提供,在动物细胞中由谷氨酰胺供给。

$$UMP + ATP \xrightarrow{\text{UMP 激酶}} UDP + ADP$$

$$UDP + ATP \xrightarrow{\text{核苷二磷酸激酶}} ATP + ADP$$

$$UTP + 谷氨酰胺 + ATP + H_2O \xrightarrow{\text{CTP 合成酶}} CTP + 谷氨酸 + ADP + Pi$$

从上述过程可知,5-磷酸核糖、谷氨酰胺、天冬氨酸是嘌呤核苷酸与嘧啶核苷酸从头合成的共同原料。动物体嘧啶核苷酸的从头合成主要在肝脏中进行。

②嘧啶核苷酸从头合成的调节。大肠杆菌中,ATCase 是嘧啶核苷酸从头合成的主要调节酶,它受终产物 CTP 的反馈抑制和底物 ATP 的前馈激活。CTP 和 ATP 竞争 ATCase 的别构中心,当 ATP 浓度升高同时 CTP 浓度降低时,表明细胞能量和嘌呤核苷酸充足,ATCase 被激活加快嘧啶核苷酸合成,以使嘧啶核苷酸与嘌呤核苷酸的含量达到适当平衡(图 10-16)。反之,嘧啶核苷酸的合成则被抑制。

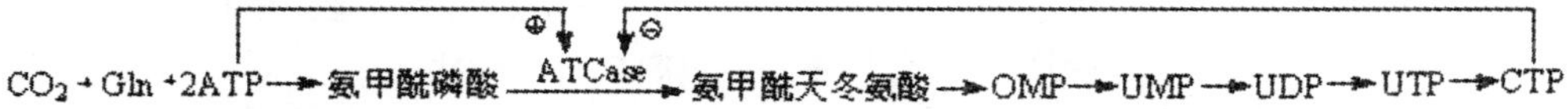

$$CO_2 + Gln + 2ATP \longrightarrow 氨甲酰磷酸 \xrightarrow{\text{ATCase}} 氨甲酰天冬氨酸 \longrightarrow OMP \longrightarrow UMP \longrightarrow UDP \longrightarrow UTP \longrightarrow CTP$$

图 10-16　大肠杆菌嘧啶核苷酸从头合成的调节

哺乳动物中,氨甲酰磷酸合成酶Ⅱ是嘧啶核苷酸合成的关键酶,它受 UMP 的反馈抑制。先天性乳清酸尿症是乳清酸磷酸核糖转移酶和 OMP 脱羧酶活力降低引起的,因乳清酸转变为 OMP 和 OMP 转变为 UMP 的反应受阻,使血液中乳清酸升高并从尿中排出。该病多见于近亲婚配所生婴儿,患儿发育不正常,伴有严重贫血。给患儿使用 UMP 和 CMP 可明显减少乳清酸的排出,使红细胞形态恢复正常。

(2)补救合成途径

嘧啶核苷酸也可由细胞内现成的碱基和核苷进行补救合成。嘧啶碱可由嘧啶磷酸核糖转移酶催化,直接生成核苷酸。但该酶对胞嘧啶无作用,此种补救合成方式不能合成 CMP。

$$嘧啶碱(不包括胞嘧啶)+PRPP \xrightarrow{\text{嘧啶磷酸核糖转移酶}} 嘧啶核苷酸+PPi$$

嘧啶碱也可经核苷磷酸化酶催化生成嘧啶核苷,再由尿苷激酶(uridine kinase)催化,生成嘧啶核苷酸。尿苷激酶对尿苷和胞苷都有作用,故 UMP 和 CMP 都可由此种补救方式合成。

$$嘧啶碱+1\text{-}磷酸核糖 \xrightarrow{\text{核苷磷酸化酶}} 嘧啶核苷+磷酸$$

$$嘧啶核苷+ATP \xrightarrow{\text{尿苷激酶}} 嘧啶核苷酸+ADP$$

10.3.2 脱氧核糖核苷酸的生物合成

脱氧核糖核苷酸可通过核糖核苷酸的还原合成。反应在核苷二磷酸(NDP)水平上进行,ADP、CDP、GDP、UDP 经还原,脱掉其核糖 C_2 羟基上的氧,形成相应的脱氧核糖核苷二磷酸(dNDP)。脱氧胸腺嘧啶核苷酸则由脱氧尿嘧啶核苷酸(dUMP)甲基化生成。四种脱氧核苷酸也可经补救途径合成。

1. 核糖核苷酸的还原

催化核苷二磷酸还原反应的酶是核糖核苷酸还原酶(ribonucleotide reductase)。该酶是变构酶,ATP 是其变构激活剂,dATP 是其变构抑制剂。快速分裂的细胞中,DNA 合成旺盛,核糖核苷酸还原酶活性较强。

核糖核苷酸的还原反应过程较为复杂,$NADPH+H^+$ 提供的氢需由其他酶和辅因子参与才能使 NDP 还原为 dNDP。有两个传递体系可将 $NADPH+H^+$ 的氢原子传给核糖核苷酸还原酶。一个由核糖核苷酸还原酶、硫氧还蛋白、硫氧还蛋白还原酶组成;另一个由核糖核苷酸还原酶、谷氧还蛋白、谷氧还蛋白还原酶、谷胱甘肽还原酶组成。核糖核苷酸还原酶由 R_1 和 R_2 两个亚基组成,只有两亚基结合在一起并有镁离子存在时才有催化活性;硫氧还蛋白还原酶是以 FAD 为辅基的黄素酶;谷氧还蛋白还原酶是一种结合两分子谷胱甘肽、含有两个巯基的蛋白质。反应过程如图 10-17。

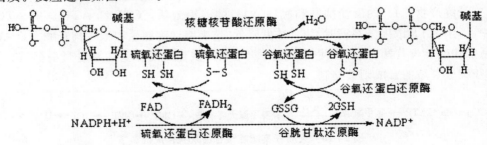

图 10-17 脱氧核苷二磷酸(dNDP)的合成

脱氧核糖核苷酸也能利用已有的碱基和脱氧核苷进行补救合成。碱基需在嘌呤或嘧啶核苷磷酸化酶催化下,先与脱氧核糖-1-磷酸合成脱氧核苷,四种脱氧核苷可分别在特异的脱氧核糖核苷激酶催化下,接受 ATP 的磷酸基形成相应的脱氧核糖核苷酸(dNMP)。

四种 NMP 或 dNMP 可分别在特异的核苷一磷酸激酶(nucleoside monophosphate kinase)作用下被 ATP 磷酸化,转变为相应的 NDP 或 dNDP。已分别从动物和细菌中提取出 AMP 激酶、GMP 激酶、UMP 激酶、CMP 激酶和 dTMP 激酶。

核苷二磷酸与核苷三磷酸可在核苷二磷酸激酶(nucleoside diphosphokinase)作用下相互转变。核苷二磷酸激酶特异性很低,如以 X 和 Y 代表几种核糖核苷和脱氧核糖核苷,它可催化下列反应:

$$XDP + YTP \xrightarrow{\text{核苷二磷酸激酶}} XTP + YDP$$

2.脱氧胸腺嘧啶核苷酸(简称胸苷酸)的合成

先生成脱氧胸腺嘧啶核苷-磷酸(dTMP),再磷酸化生成 dTTP。

(1)dUMP 的甲基化

dUDP 脱磷酸或 dCMP 脱氨基都可生成 dUMP。在胸腺嘧啶核苷酸合酶(thymidylate synthase)催化下,dUMP 接受 N^5, N^{10} -甲烯四氢叶酸($N^5, N^{10} - CH_2 - FH_4$)提供的甲基,生成 dTMP。

DNA 的合成需要充分的脱氧胸苷酸,抑制脱氧胸苷酸的合成即可阻止 DNA 合成和肿瘤生长。dTMP 的合成需要四氢叶酸,因此二氢叶酸还原酶和胸苷酸合酶是肿瘤化疗中重要的靶酶。临床上常用氨基喋呤和甲氨喋呤治疗急性白血病和绒毛膜上皮细胞癌。它们是叶酸的类似物,竞争性抑制二氢叶酸还原酶,造成四氢叶酸缺乏,既使 dUMP 甲基化生成 dTMP 受阻,又使嘌呤核苷酸从头合成所需的甲酰基无从获得,故能同时抑制脱氧胸苷酸和嘌呤核苷酸的从头合成。5-氟尿嘧啶(5-FU)是胸腺嘧啶的类似物,常用于治疗胃癌、直肠癌等消化道癌和乳腺癌。5-FU 可在体内转变为氟尿嘧啶脱氧核苷酸,后者与胸腺嘧啶核苷酸合酶牢固结合,抑制其活性使 dTMP 合成受阻;也可转变为氟尿嘧啶核苷酸并以 5-FUMP 形式掺入 RNA 分子,影响 RNA 的结构和功能,干扰蛋白质的合成。这些肿瘤化疗药物都是抗代谢物,对正常细胞核苷酸的合成也有一定影响,毒副作用较大。

(2)补救途径

$$\text{胸腺嘧啶} + \text{脱氧核糖} \xrightarrow{\text{胸苷磷酸化酶}} \text{脱氧胸苷}$$

$$\text{脱氧胸苷} + ATP \xrightarrow{\text{胸苷激酶}} \text{脱氧胸苷酸} + ADP$$

催化 dTMP 补救合成的胸苷激酶(TK)在正常肝脏中活性很低,在再生的肝脏中活性升高;在恶性肿瘤中明显升高,并与恶性程度有关。

细胞融合实验中常利用胸苷激酶缺陷型(TK⁻,胸苷激酶活力丧失)和 HGPRT 缺陷型(HGPRT⁻,次黄嘌呤鸟嘌呤磷酸核糖转移酶活力丧失)筛选融合细胞。例如欲使细胞株 A 和细胞株 B 形成融合细胞,可将一株诱变为 TK⁻,另一株诱变为 HGPRT⁻。这两株缺陷型能通过从头合成途径合成嘧啶核苷酸或嘌呤核苷酸而成活,但如若在培养基中加入氨基喋呤阻断从头合成,它们就不能生长。因此,在含有氨基喋呤(A)、次黄嘌呤(H)、胸腺嘧啶(T)的培养基(简称 HAT 培养基)内同时接种 TK⁻ 和 HGPRT⁻ 细胞后,只有二者形成的融合细胞才能生长,未融合的 TK⁻ 和 HGPRT⁻ 细胞均被氨基喋呤抑制而淘汰。因融合细胞可通过 TK⁻ 株的 HGPRT 利用次黄嘌呤,通过 HGPRT⁻ 株的 TK 利用胸腺嘧啶,这样就能补救合成核苷酸而得以生长。

单克隆抗体的制备中也需要 HAT 培养基筛选融合细胞。产生单克隆抗体的细胞由能在培养基上繁殖的骨髓瘤细胞和能分泌多种抗体但不能在培养基上生长的脾脏细胞融合而成。先将骨髓瘤细胞诱变为 HGPRT⁻ 型;脾脏细胞则不必(也不可能)诱变为 TK⁻ 型,因其在任何培养基上都不能繁殖,被自然淘汰。在 HAT 培养基上能生长的必然是骨髓瘤细胞和脾脏细胞的融合细胞,它利用脾脏细胞的 HGPRT 通过补救途径合成嘌呤核苷酸而得以存活。

核苷酸的生物合成总结如图 10-18:

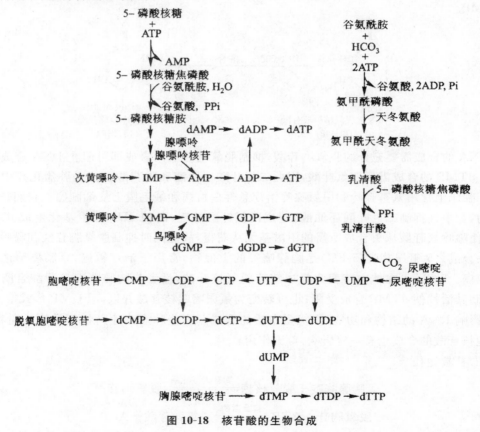

图 10-18　核苷酸的生物合成

第11章　血液与肝脏的生物化学

11.1　血浆蛋白

11.1.1　血浆蛋白的分类

血浆中含 1000 多种蛋白质,统称血浆蛋白质。健康成人血浆含蛋白质 $60\sim80g/L$,含量仅次于水。各种血浆蛋白质含量多寡不同,多至每升数十克,少至每升几毫克。除白蛋白之外,几乎所有血浆蛋白质均为糖蛋白。

血浆蛋白质按其来源不同可分为两大类:血浆功能性蛋白质和血浆非功能性蛋白质,前者是指由各种组织细胞合成后分泌入血浆,并在血浆中发挥作用的蛋白质,这类蛋白质量和质的变化可以反映机体代谢的变化。后者指在细胞更新或损伤时逸入血浆的蛋白质,这些蛋白质在血浆中的出现或增多可以反映有关组织的更新、损伤或细胞通透性的改变。

11.1.2　血浆蛋白的特点与性质

尽管血浆蛋白质种类繁多功能各异,但多数具有以下几个共同的特点:①除 γ 球蛋白由血浆细胞合成,少数由内皮细胞合成外,大多数血浆蛋白质由肝细胞合成;②除白蛋白外,多数为糖蛋白,糖蛋白中的糖链具有许多重要的作用,如血浆蛋白质合成后的定向转移;细胞的识别功能,此外血浆蛋白质糖链与该蛋白的半寿期有关,若切除糖链,其半寿期缩短;③一般由粗面内质网结合的核糖体合成,首先合成蛋白质前体,经翻译后的修饰和加工,如信号肽的切除、糖基化、磷酸化等而转变为成熟蛋白质;④多种血浆蛋白质如运铁蛋白、铜蓝蛋白、结合珠蛋白、ABO 血型物质等都具有多态性,这对遗传研究及临床工作有一定意义;⑤每种血浆蛋白具有其半衰期,一般为 $5\sim20d$。

11.1.3　血浆蛋白的生理功能

1.维持血浆胶体渗透压

血浆胶体渗透压是由血浆蛋白质产生的,其大小取决于血浆蛋白质的浓度。血浆清蛋白在维持血浆胶体渗透压方面起主要作用。

当血浆清蛋白含量下降,尤其是清蛋白浓度过低时,血浆胶体渗透压下降,导致水分在组织间隙潴留,从而产生水肿。临床上血浆清蛋白含量降低的主要原因是:合成原料不足,合成能力降低,丢失或分解过多。

2.凝血、抗凝血与纤维蛋白溶解作用

血浆中存在众多凝血因子、抗凝血及纤溶物质。它们在血液中相互作用、相互制约,保持血流循环通畅。

3.维持血浆正常 pH 值

正常血浆 pH 为 7.40 ± 0.05。血浆大多数蛋白质的等电点在 pH4～6 之间。在生理 pH 下,血浆蛋白质可以弱酸或部分以弱酸盐的形式存在,组成缓冲体系,参与维持血浆 pH 的相对恒定。

4.营养作用

血浆蛋白质分解为氨基酸进入氨基酸代谢库,用于组织蛋白质的合成或转变成其他含氮化合物,此外,蛋白质还可氧化分解供能。

5.运输作用

血浆中一些难溶于水的物质以及一些易被细胞摄取或易随尿液排出的物质,常与血浆中的一些载体蛋白结合在一起,以利于它们在血液中运输和参与代谢调节。此外,血浆蛋白还能结合和运输某些药物,对这些药物具有解毒和促进排泄的功能。

6.催化作用

血浆中有许多种酶,按其来源和功能可将其分为三类:①血浆功能性酶。主要在血浆中发挥催化功能。②外分泌酶。外分泌腺分泌的酶类,在生理条件下,这些酶少量逸入血浆,它们的催化活性与血浆正常生理功能无直接关系。但当脏器受损时,逸入血浆的酶量增加,血浆中相应的酶活性增高,具有临床诊断价值。③细胞酶。存在于细胞和组织内参与物质代谢的酶。正常时,血浆中含量甚微,随着细胞的不断更新,这些酶可释放入血。这类酶大部分无器官特异性,小部分来源于特定的组织,测定这些酶在血浆中的活性有助于疾病的诊断。

7.免疫作用

血浆中的免疫球蛋白有 IgG、IgA、IgM、IgD、IgE 五大类。补体是一组协助抗体完成免疫功能的蛋白酶,在血浆中以酶原形式存在。免疫球蛋白能识别特异性抗原并与之结合,形成的抗原抗体复合物能激活补体系统,从而杀伤靶细胞、病原体或感染细胞。

11.2　血液凝固

血液凝固(blood coagulation)是由一系列酶促级联式反应使血液由液态转变为凝胶态的过程。其结果是溶胶状态的纤维蛋白原(fibrinogen)转变成凝胶状态纤维蛋白(fibrin),后者网罗血细胞形成血凝块。参与血液凝固反应的物质统称为凝血因子(coagulation factor),约有 20 多种。近年来随着分子生物学技术的应用,使多种凝血因子和凝血过程的多个环节在分子水平得到了阐述,但至今机体内正常的凝血过程还未完全清楚。

11.2.1　凝血因子与抗凝成分

1.凝血因子

凝血因子是血浆与组织中直接参与凝血的物质的统称。其中已按国际命名法,用罗马数字按发现的次序编号的凝血因子有 13 种,即凝血因子 Ⅰ～Ⅻ(从 Ⅰ～ⅩⅢ,其中因子 Ⅵ 不存在,它是血清中活化的凝血因子 Ⅴ)。此外,还有前激肽释剥酶、激肽释放酶,以及来自血小板的磷脂等。凝血因子及其部分特征见表 11-1。

表 11-1　凝血因子及其特征

因子	别名	氨基酸残基数	碳水化合物含量（%）	电泳部位	生成部位	血浆中浓度（mg/L）	血清中	功能
Ⅰ	纤维蛋白原	2964	4.5	γ	肝	2000～4000	无	结构蛋白
Ⅱ	凝血酶原	579	8.0	α₂/β	肝	150～200	无	蛋白酶原
Ⅲ	组织因子	263		α/β	组织、内皮，单核细胞	0		辅因子/启动子
Ⅳ	Ca²⁺					90～110	有	辅因子
Ⅴ	异变因子	2196	清蛋白		肝	5～10	无	辅因子
Ⅶ	稳定因子	406	13	α/β	肝	0.5～2	有	蛋白酶原
Ⅷ	抗血友病球蛋白	2232	5.8	α₂/β	肝/内皮细胞	0.1	无	辅因子
Ⅹ	Stuart—Prower因子	448	15	α	肝	6～8	有	蛋白酶原
Ⅺ	血浆凝血活酶前质	1214	5.0	β/γ	肝	4～6	有	蛋白酶原
Ⅻ	Hageman因子	596	13.5	β	肝	2.9	有	蛋白酶原
Ⅷ	纤维蛋白稳定因子	2744	4.9	α₂/β	骨髓	25	无	转谷氨酰胺酶
	前激肽释放酶	619	12.9	γ	肝	1.5～5	有	蛋白酶原
	高分子量激酶原	626	12.6	α	肝	7.0	有	辅因子

凝血因子Ⅰ、Ⅱ、Ⅴ、Ⅶ、Ⅹ主要由肝脏合成，凝血因子Ⅰ即纤维蛋白原是凝血酶的作用底物。因子Ⅱ、Ⅶ、Ⅸ和Ⅹ是依赖维生素K的凝血因子。因子Ⅴ是因子Ⅹ的辅因子，加速Ⅹ因子对凝血酶原的激活。

凝血因子Ⅷ作为因子Ⅸ的辅助因子，在Ca²⁺和磷脂存在下，参与因子对因子Ⅹ的激活成为Ⅹₐ，而因子Ⅹₐ可激活凝血酶原，形成凝血酶，从而使凝血过程正常进行，凝血因子Ⅷ和Ⅸ是维持A型和B型血友患者生命不可或缺的重要蛋白质，患者必须终生注射才能维持生命。

因子Ⅲ是唯一不存在于正常人血浆中的凝血因子，它分布于各种不同的组织细胞中，又称组织因子（tissue factor，TF）。TF的氨基末端伸展在细胞外，作为因子Ⅶ的受体起作用。

Ⅻa是一种转谷氨酰胺酶，能使可溶性纤维蛋白变成不溶性的纤维蛋白多聚体，从而稳固纤维蛋白凝块。

因子Ⅻ、Ⅺ、激肽释放酶原和高分子激肽原等参与接触活化。当血浆暴露在带负电荷物质表面时，这些凝血因子在其表面发生一系列水解反应，除去一些小肽段而转变成有活性的Ⅻₐ、Ⅺₐ、激肽释放酶和高分子激肽，启动血液凝固。其他的凝血因子激活的过程也与此相似，故凝血过程是一系列酶促级联反应，具放大作用。

2. 抗凝物质

健康人体心血管系统中的血液不会凝固,主要是由于心血管内膜光滑完整,凝血因子一般处于非活化状态,血液的冲刷和稀释可防止血栓形成,肝脏能清除少量已活化的凝血因子。此外血中还存在着多种抗凝物质,主要有肝素(heparin)、抗凝血酶Ⅲ(antithrombinⅢ,AT-Ⅲ)、蛋白 S 与蛋白 C 及组织因子途径抑制物(tissue factor pathway inhibitor,TFPI)。

抗凝血酶是由肝合成的一种分子量约为 60000 的 α_2 球蛋白,每升血浆中含 0.15~0.3g,其半寿期 70h。通过与因子Ⅱ、Ⅸ、Ⅹ、Ⅺ、Ⅻ、PK 等形成 1:1 的共价复合物而灭活这些因子。约 70%~80%凝血酶的活性是由 AT-Ⅲ 完成的,故它是体内活性最强的一种抗凝物质。

肝素(图 11-1)是由肥大细胞合成的一种酸性蛋白聚糖,正常情况下血中含量甚微,所以生理条件下其抗凝作用小。肝素分子中硫酸根带负电荷可与 AT-Ⅲ 分子中的赖氨酸残基的正电荷相结合,使 AT-Ⅲ 的构象改变,显著加强其对上述凝血因子的抑制作用,肝素还可抑制血小板的黏聚作用,从而影响血小板磷脂的释放,也起到抗凝作用。

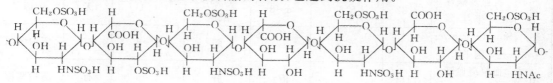

图 11-1　肝素的部分结构

蛋白 S(protein S,PS)是一种依赖维生素 K,含谷氨酸残基的单链糖蛋白,其作用是加速 APC 对因子 Ⅴ、Ⅷ 的灭活,阻断补体系统的激活。

蛋白 C(protein C,PC)是由肝合成的一个依赖维生素 K 的糖蛋白,分子中含谷氨酸残基,可螯合 Ca^{2+}。凝血酶能激活 PC,有活性的 PC 称为活化蛋白 C(active protein C,APC),具有明显的抗凝作用,主要是灭活凝血辅因子如因子 Ⅴ、Ⅷ 等,阻碍 Xa 与血小板磷脂结合,促进纤维蛋白溶解。

组织因子途径抑制物是由血小板、血管内皮细胞、单核细胞和肝细胞合成,其作用是在 Ca^{2+} 存在下,抑制 Ⅶa-Ca^{2+}-Ⅲ 复合物的活性,并还能直接抑制因子 Xa 的活性。

在临床工作中,可用肝素作为抗凝剂,一般在血液分析需用全血或血浆时,则常用草酸盐抗凝;在输血或血液保存时也常用柠檬酸钠抗凝。柠檬酸盐及草酸盐的抗凝机制是去除血浆中的 Ca^{2+}。

此外,血液中还存在着纤维蛋白溶解系统,可促进血凝块的溶解,防止血栓形成。

11.2.2　两条凝血途径

1. 内源途径

来自血液的凝血因子参与的凝血过程称内源性凝血途径(intrinsic coagulation pathway)。通常因血液与带负电荷的异物表面(如玻璃、白陶土、硫酸酯、胶原等)接触而启动凝血。首先是因子Ⅻ结合到异物表面,被激活为Ⅻa。Ⅻa 又使因子Ⅺ激活为Ⅺa,从而启动内源性凝血途径。Ⅻa 还能使前激肽释放酶激活为激肽释放酶,后者又可激活Ⅻ,形成表面激活的正反馈效应。从Ⅻ结合于异物表面到Ⅺa 形成的过程称为表面激活。表面激活还需要高相对分子质量激肽原参与。高相对分子质量激肽原既能与异物表面结合,又能与ⅩⅠ及前激肽释放酶结合,从而将前激肽释放酶和ⅩⅠ带到异物表面,作为辅因子加速激肽释放酶对Ⅻ的激活及Ⅻa对前激肽释放酶和ⅩⅠ的激活。表面激活所生成的ⅩⅠa在Ca^{2+}存在的情况下可激活Ⅸ生成Ⅸa。在Ca^{2+}的作用下,Ⅸa与Ⅷa在活化的血小板的膜磷脂表面结合成复合物,可进一步激活Ⅹ,生成Ⅹa。在此过程中,Ⅷa作为辅因子,使Ⅸa对Ⅹ的激活速度提高20万倍。正常情况下,血浆中Ⅷ与血管内皮细胞产生的 von Wilebrand 因子(vWF)以非共价结合成复合物,Ⅷ从该复合物释出后才能活化成Ⅷa。

2.外源途径

凝血因子并非全部存在于血液中,还有外来的凝血因子即组织因子(因子Ⅲ)的参与。该过程是从组织因子暴露于血液开始,到因子Ⅹ被激活为止。在正常情况下,组织因子并不与血液接触,但在血管损伤或血管内皮细胞及单核细胞受到细菌内毒素、免疫复合物、白介素-1、补体C_{5a}和肿瘤坏死因子等因子刺激时,释放该因子,使其得以与血液接触并在钙离子的参与下,与因子Ⅶ一起形成复合物。单独的因子Ⅶ或组织因子均无促凝活性,但因子Ⅶ与Ⅲ结合后很快被活化的因子Ⅹ激活为Ⅶa,从而形成Ⅶa、Ⅲ复合物,后者比单独的Ⅶa激活因子Ⅹ的能力强上万倍。

一旦形成Ⅹa将进入凝血的共同途径,即凝血酶(thrombin)的生成和纤维蛋白(fibrin)的形成。因子Ⅹa、因子Ⅴa在钙离子和磷脂的存在下组成凝血酶原激活物,将凝血酶原激活为凝血酶,凝血酶酶解纤维蛋白原成为纤维蛋白单体,并交联形成纤维蛋白凝块。整个凝血过程见图11-2。

由纤维蛋白原至形成纤维蛋白凝块需经过三个阶段:纤维蛋白单体的生成,纤维蛋白单体的聚合,纤维蛋白的交联。纤维蛋白在血浆中以纤维蛋白原(fibrino gen)形式存在,纤维蛋白原溶于水且不会聚合,纤维蛋白原分子由两条α链、两条β链和两条γ链组成,每三条肽链(α、β、γ肽链)绞合成索状,形成两条索状肽链,两者的N-端通过二硫键相连,整个分子成纤维状(图11-2)。α及β链的N-端分别有一段16个和14个氨基酸残基组成的一段小肽,称为纤维肽A及B,A及B带较多负电荷,凝血酶将带负电荷多的纤维肽A和B水解除去后,纤维蛋白原就转变成纤维蛋白,纤维蛋白促使凝血酶激活因子Ⅻ,在Ⅻa与钙离子的参与下,相邻的纤维蛋白发生快速共价交联,ⅩⅢa催化γ肽链C-端上的谷氨酰胺残基与邻近γ肽链上的赖氨酸残基的氨基共价结合,α链之间也同样发生交联。经过共价交联的纤维蛋白网非常牢固,形成不溶的稳定的纤维蛋白凝块(图11-2)。

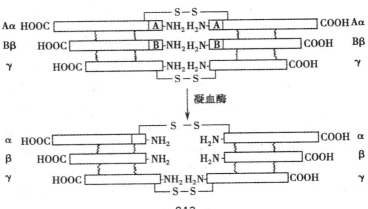

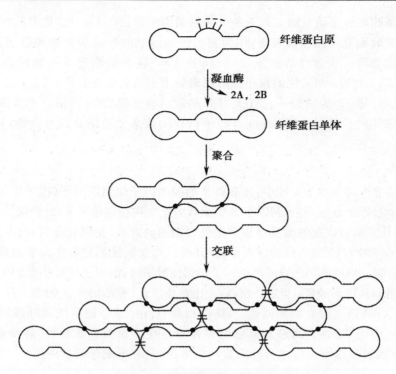

图 11-2 纤维蛋白的生成及聚合

11.2.3 磷脂在血液凝固中的作用

磷脂不属于凝血因子,但它在血液凝固中的作用非常重要。除血小板外,血管内皮细胞、中性粒细胞及淋巴细胞,因子Ⅲ的脂质部分都可提供磷脂,磷脂的结构和其所带的负电荷在凝血过程中有利于结合许多凝血因子,使其在局部的浓度增加,从而使酶促级联式反应速度加快。如在 $Xa-Ca^{2+}-V$ 与磷脂形成的复合物中,Xa 的浓度比周围介质中增加 6 万倍,因而有利于血液凝固的快速进行。血小板除提供磷脂外,在血液凝固中还发挥黏附、聚集、释放、收缩等重要的作用。

11.2.4 血凝块的溶解

在出血停止、血管创伤愈合后形成的凝血块要被溶解和清除。溶解和清除沉积在血管内外的纤维蛋白以保证血流通畅的工作,主要由纤维蛋白溶解系统,简称为纤溶系统来完成。该系统由纤溶酶原、组织纤溶酶原激活物(t-PA)等多种因子组成。纤维蛋白溶解包括纤溶酶原(plasminogen)激活和纤维蛋白溶解两个阶段。纤溶酶原可在内源性因子Ⅻa前激肽释放酶、因子Ⅺa外源性因子组织型纤溶酶原激活物(t-PA)、尿激酶型 PA(u-PA)和链激酶(SK)的作用下,转变为纤溶酶。后者特异地催化纤维蛋白或纤维蛋白原中由精氨酸或赖氨酸残基的羧基构成的肽键水解,产生一系列纤维蛋白降解产物。纤溶酶不仅能降解纤维蛋白和纤维蛋白原,还能分解凝血因子、血浆蛋白和补体(图 11-3)。

凝血和纤溶两个过程在正常机体内相互制约,处于动态平衡,如果这种动态平衡被破坏,将会发生血栓形成或出血现象。

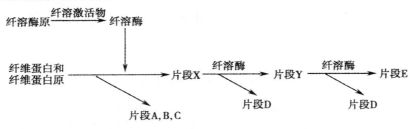

图 11-3　纤维蛋白的降解过程及产物

11.3　血细胞代谢

11.3.1　红细胞代谢

红细胞是数量最多的血细胞,占血细胞总数的99％。哺乳动物的红细胞和其他血细胞一样均起源于造血干细胞,其形成及成熟过程依次经历造血干细胞→红系定向祖细胞→原始红细胞→早幼红细胞→中幼红细胞→晚幼红细胞→网织红细胞→成熟红细胞各阶段。红细胞在成熟过程中经历一系列的形态和代谢的改变:从原始红细胞到晚幼红细胞均为有核细胞,细胞中含内质网、线粒体等细胞器,与一般体细胞一样,具有合成核酸和蛋白质的能力,可以分裂。晚幼红细胞之后细胞即不再分裂,发育过程中细胞核被排出而成为无核的网织红细胞,但尚含少量 RNA 及线粒体,仍可合成蛋白质及进行有氧氧化。

1.糖代谢

人体内的红细胞每天约消耗 30g 葡萄糖,其中 90％～95％经糖酵解途径和 2,3-二磷酸甘油酸旁路进行代谢,5％～10％通过磷酸戊糖途径进行代谢。

(1)糖酵解和 2,3-二磷酸甘油酸(2,3-BPG)支路

红细胞中存在催化糖酵解所需要的所有酶和中间代谢物,糖酵解的基本反应和其他组织一样。糖酵解是红细胞获得能量的唯一途径,每 1mol 葡萄糖经酵解生成 2mol 乳酸的过程中,产生 2mol ATP 和 2mol NADH＋H^+。

红细胞内的糖酵解途径还存在旁支循环——2,3-二磷酸甘油酸支路(图 11-4)。2,3-二磷酸甘油酸支路的分支点是 1,3-二磷酸甘油酸(1,3-BPG)。2,3-二磷酸甘油酸支路仅占糖酵解的 15％～50％。2,3-BPG 的主要功能是调节血红蛋白的运氧功能。

(2)磷酸戊糖途径

红细胞内的磷酸戊糖代谢途径与其他细胞相同,主要功能是产生 NADPH。NADPH 是红细胞内重要的还原物质,在维持红细胞内 GSH 的含量方面起重要作用。GSH 是红细胞内重要的抗氧化剂,可以使红细胞的一些含有-SH 的蛋白质或酶免遭外源性和内源性氧化剂的损害,从而维持红细胞的正常功能(图 11-5)。

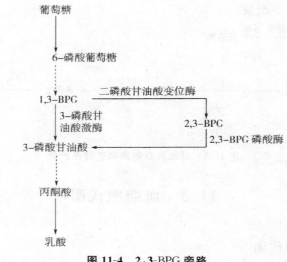

图 11-4   2,3-BPG 旁路

图 11-5   谷胱甘肽的氧化还原反应极其相关代谢

（3）红细胞内糖代谢的生理意义

红细胞内经糖酵解和 2,3-二磷酸甘油酸（2,3-BPG）支路产生的 ATP 可用于维持红细胞膜上钠泵（Na^+-K^+-ATPase）的运转。钠泵通过消耗 ATP，将 Na^+ 泵出、K^+ 泵入红细胞以维持红细胞的离子平衡、细胞容积和双凹盘状形态。可用于维持红细胞膜上钙泵（Ca^{2+} ATPase）的运行，将红细胞内的 Ca^{2+} 泵入血浆以维持红细胞内的低钙运氧功能的重要因素。它可与血红蛋白结合，使血红蛋白分子的 T 构象更加稳定，从而降低血红蛋白与 O_2 的亲和力。当血流经过肺部时，由于 O_2 浓度较高，因而 2,3-BPG 对 O_2 的释放影响不大，当血流流过 O_2 浓度较低的组织时，红细胞中 2,3-BPG 的存在可明显增加 O_2 释放，供组织用氧。

由糖酵解和磷酸戊糖途径产生的 $NADH+H^+$ 和 $NADPH+H^+$ 是红细胞内重要的还原当量。磷酸戊糖途径是红细胞产生 $NADPH+H^+$ 的唯一途径。红细胞中的 $NADPH+H^+$ 能使细胞内谷胱甘肽还原，以维持细胞内还原型谷胱甘肽的含量，使红细胞免遭氧化剂的氧化。

2.脂代谢

成熟红细胞已没有合成脂肪酸的能力，但脂类物质的不断更新却是红细胞生存的必要条件。红细胞可通过 ATP 供能等方式使红细胞膜上脂质与血浆脂蛋白中的脂质进行交换，以保证红细胞膜脂类组成、结构和功能的正常。

3.血红蛋白的合成与调节

（1）血红素的生物合成

血红素的生物合成过程可分为四个阶段。

①δ-氨基-γ-酮戊酸(ALA)的合成。在线粒体内,首先由琥珀酰 CoA 与甘氨酸缩合成 δ-氨基-γ-酮戊酸(δ-aminolevulin. ic acid,ALA)(图 11-6)。

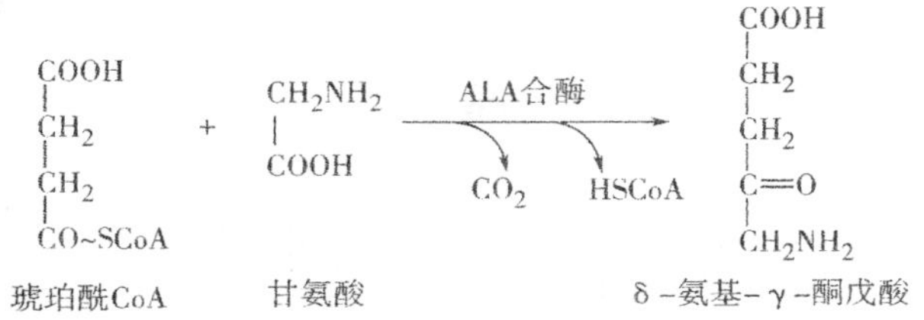

图 11-6 δ-氨基-γ-酮戊酸(ALA)的合成

②胆色素原的合成。ALA 从线粒体进入胞液,两分子 ALA 在 ALA 脱水酶催化下,脱水缩合成 1 分子胆色素原(porphobilinogen,PBG)(图 11-7)。ALA 脱水酶含巯基,对铅等重金属敏感。

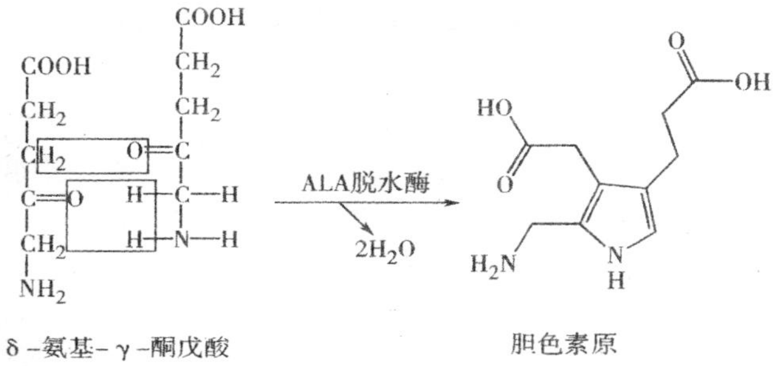

图 11-7 胆色素的合成

③尿卟啉原及粪卟啉原的合成。在胞液内,4 分子胆色素原在尿卟啉原Ⅰ同合酶的催化下,脱氨缩合生成 1 分子线状四吡咯,后者再在尿卟啉原Ⅲ同合酶作用下生成尿卟啉原Ⅲ(UPG Ⅲ)。线状四吡咯化合物不稳定,也可自然环化生成尿卟啉原Ⅰ(UPG Ⅰ)。正常生理情况下,UPG Ⅲ的合成是主要途径,UPG Ⅰ的合成极少。UPG Ⅲ进一步经尿卟啉原Ⅲ脱羧酶催化,使其 4 个 A 侧链脱羧转变为甲基(M),从而生成粪卟啉原Ⅲ(coproporphyrinogenⅢ,CPG Ⅲ)。

④血红素的生成。胞液中生成的粪卟啉原Ⅲ再进入线粒体,在粪卟啉原Ⅲ氧化脱羧酶催化下,其 2,4 位两个 P 氧化脱羧变成乙烯基(V),从而生成原卟啉原Ⅸ,再由原卟啉原Ⅸ氧化酶催化,使其 4 个连接吡咯环的甲烯基氧化为甲炔基,则成为原卟啉Ⅸ(protoporphyrinⅨ)。通过亚铁螯合酶(ferrochelatase)又称血红素合成酶的催化,原卟啉Ⅸ与 Fe^{n} 结合,生成血红素。

(2)珠蛋白的合成

珠蛋白的生物合成机制与一般蛋白质的合成机制相同,在核糖体上合成,需起始因子的参与。发育中的红细胞合成珠蛋白的速率很高,珠蛋白的合成受血红素的调控。血红素的氧化产物高铁血红素能促进珠蛋白的合成,其机制见图 11-8。cAMP 激活蛋白激酶 A 后,蛋白激酶 A 能使无活性的 eIF-2 激酶磷酸化。磷酸化的 eIF-2 激酶再磷酸化 eIF-2 而使之失活,eIF-2 失活后蛋白质合成受到抑制。而高铁血红素有抑制 cAMP 激活蛋白激酶 A 的作用,使 eIF-2 处于去磷酸化的活性状态,能促进珠蛋白的合成。

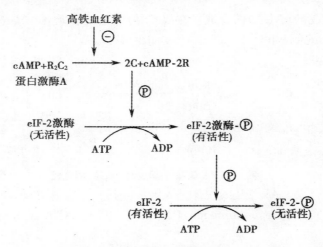

图 11-8　高铁血红素对起始因子 2 的调节

11.3.2　白细胞代谢

白细胞根据其形态、功能和来源可分为粒细胞、单核细胞和淋巴细胞三大类。粒细胞亦可分为中性粒细胞、嗜酸粒细胞和嗜碱粒细胞。白细胞的功能主要表现在机体发生炎症时的抵抗作用,白细胞的代谢与其功能密切相关。

1.白细胞代谢特点

(1)糖代谢

各种白细胞糖原合成、储存较多。由于粒细胞的线粒体很少,糖酵解是主要的糖代谢供能途径。为保证为吞噬等功能提供能量,白细胞必须合成和储存有充足的糖原,中性粒细胞中10％的葡萄糖通过磷酸戊糖途径进行代谢。中性粒细胞和单核吞噬细胞被趋化因子激活后,细胞内磷酸戊糖途径被激活,产生大量的 NADPH。经 NADPH 氧化酶递电子体系可使 O_2 接受单电子还原,产生大量的超氧阴离子。超氧阴离子再进一步转变成 H_2O_2、$OH·$ 等自由基,起杀菌作用。

(2)脂类代谢

中性粒细胞不能从头合成脂肪酸。单核吞噬细胞受多种刺激因子激活后,可将花生四烯酸转变成血栓烷和前列腺素。在脂氧化酶的作用下,粒细胞和单核/巨噬细胞可将花生四烯酸转变成白三烯,它是速发型过敏反应中产生的慢反应物质。

(3)蛋白质和氨基酸代谢

氨基酸在粒细胞中的浓度较高,特别是组氨酸脱羧后的代谢产物组胺的含量较高。白细胞激活后,组胺释放参与变态反应。成熟粒细胞缺乏内质网,故蛋白质的合成量极少,而单核吞噬细胞具有活跃的蛋白质代谢,能合成各种细胞因子、多种酶和补体等。

2.特异分子的作用

(1)趋化作用

趋化作用主要指白细胞沿着炎症区域的化学刺激物定向移动,这些化学刺激物称为趋化因子。趋化因子的作用是有特异性的,有些趋化因子只吸引中性粒细胞,而另一些趋化因子则吸引单核细胞,或嗜酸粒细胞等。此外,不同细胞对趋化因子的反应能力也不同。粒细胞和单核细胞对趋化因子的反应较显著,而淋巴细胞对趋化因子的反应则较弱。

（2）呼吸爆发

呼吸爆发是指吞噬细胞在吞噬过程中大量耗氧的生理现象,反映了氧正被细胞大量快速利用。由此产生大量衍生物,如：O_2^-、H_2O_2、$OH\cdot$ 和 $OCl\cdot$。这些物质能使细菌膜脂质过氧化,使其损伤,达到杀菌目的。活性氧还可以激活溶酶体酶,两者协同作用达到杀菌目的。

（3）溶菌酶

中性粒细胞的吞噬能力较强,细胞内含有酸性水解酶、中性蛋白酶、髓过氧化物酶（MPO）、溶菌酶及磷脂酶 A_2 等。这些酶使细菌被杀伤和降解,溶菌酶可水解细菌胞壁的 N-乙酰胞壁酸和 N-乙酰 D-葡糖胺之间的连接键。

（4）血管活性胺

血管活性胺包括组胺和 5 羟色胺（5-HT）。组胺主要存在于肥大细胞及嗜碱粒细胞的颗粒中。肥大细胞释放组胺又称之为脱颗粒。组胺可使细小动脉扩张、细静脉通透性增加。

（5）许多白细胞可产生致热原

20 世纪 40 年代初,Beeson 首先从家兔灭菌性腹腔渗出液中得到来自白细胞的致热分子,开始称之为白细胞致热原（LP）。现在证明,单核细胞、中性粒细胞产生的 IL-1,活化 T 细胞产生的肿瘤坏死因子（TNF）,单核细胞及淋巴细胞产生的干扰素（IFN）,白细胞介素-6（IL-6）,巨噬细胞炎症蛋白（MIP-1）都属于内生致热原。

11.4　肝脏在物质代谢中的作用

肝是人体内最重要的器官之一。成人肝约重 1500g,占体重的 2.5%,是人体内最大的腺体。肝的组织结构具有肝动脉和门静脉的双重血液供应：肝动脉将肺吸收的氧运至肝内；门静脉将消化道吸收的养分首先运入肝加以改造,对有害物质进行处理。与此相对应,肝也有两条输出通路,即除肝静脉和体循环相连外,还通过胆管系统与肠道相连接。同时,肝还有丰富的血窦,此处血流缓慢,肝细胞与血液接触面积大且时间长。这些良好的物质交换条件使肝成为物质代谢的重要场所。

肝细胞的形态结构和化学组成有许多特点：有丰富的线粒体、内质网、高尔基体和核糖体、溶酶体及过氧化物酶体等,为肝细胞蛋白质合成、生物转化提供了保障。肝所含酶系种类多,约 600 多种,有的甚至仅仅存在于肝细胞中,因此肝被喻为体内的"化工厂"。

肝对维持正常人体生命活动具有重要作用,当其发生疾患,人体内的物质代谢会出现异常,多种生理功能都将受到严重影响,重者可危及生命。

1.肝在糖代谢中的作用

肝在糖代谢中的作用主要是通过糖原合成、分解及糖异生作用来维持血糖浓度的恒定。肝有较强的糖原合成与分解能力,餐后血糖浓度增高,肝将过剩的血糖合成糖原储存于肝内,降低血糖的浓度。肝糖原的储存量可达肝重的 5%～6%,过多的糖在肝内转变为三酰甘油并部分被氧化利用。空腹血糖浓度下降,肝糖原被迅速分解为葡糖-6-磷酸,在肝葡糖-6-磷酸酶催化下,水解成葡萄糖以补充血糖。肝也是糖异生作用的主要器官,可将甘油、丙氨酸和乳酸等转化为糖原或葡萄糖,作为血糖的补充来源。因此,虽然肝糖原的储存有限(饥饿十几小时后即可消耗尽),但正常人饥饿十几小时甚至更久并无低血糖现象发生。而当肝严重损伤时,则易出现空腹低血糖及餐后高血糖现象。

2.肝在脂代谢中的作用

肝在脂类的消化、吸收、分解、合成及运输等过程中都起重要作用。

肝所分泌的胆汁中含有胆汁酸盐,是一种界面活性物质,可乳化脂类、促进脂类的消化吸收。肝可利用糖合成三酰甘油,有利于能源储存。肝还是人体中合成胆固醇及磷脂的重要器官,是血液中胆固醇及磷脂的主要来源,肝合成的胆固醇占全身合成胆固醇总量的 80% 以上。同时,肝具有很强的处理胆固醇及一定的脂肪酸 β-氧化能力。胆汁酸盐就是肝处理胆固醇的主要产物。肝内的脂肪酸 β-氧化产生酮体,供肝外组织利用(氧化供能),是肝通过血液向脑、肌肉及心脏等供应能量的补充形式。肝利用三酰甘油、磷脂、胆固醇及载脂蛋白合成极低密度脂蛋白(VLDL)和初生态高密度脂蛋白(HDL),并分泌入血,它们是血浆三酰甘油和胆固醇等的重要运输形式。

肝细胞损伤时(如肝炎、肝癌等肝疾病),会出现脂类的消化、吸收不良,产生厌油腻和脂肪泻等症状。而当人体大量食入脂类,肝合成三酰甘油的量超过其合成与分泌 VLDL 的能力时,三酰甘油在肝内堆积,出现脂肪肝。

3.肝在蛋白质代谢中的作用

肝在脂类消化、吸收、转运、分解和合成代谢中起着重要作用。肝内蛋白质更新速度较快,半寿期为 10 天左右(肌肉蛋白质 180 天)。肝合成的蛋白质占机体合成蛋白质总量的 15%。肝除了合成自身所需要的蛋白质外,还合成、分泌 90% 以上的血浆蛋白质,如血浆中所有清蛋白、凝血因子、纤维蛋白原、各种载脂蛋白(Apo A、Apo B、Apo c、Apo E)、部分球蛋白(除 γ-球蛋白外)等。

肝对血浆蛋白质(除清蛋白外)的处理起着重要作用。清蛋白以外的血浆蛋白质都是含糖基的蛋白质,它们在肝细胞膜唾液酸酶的作用下,失去糖基末端的唾液酸,即可迅速地被肝细胞上的特异受体——肝糖结合蛋白质识别,并经胞吞作用进入肝细胞而被溶酶体清除,所以血浆球蛋白的更新时间都比较短。肝硬化患者血浆 γ-球蛋白的更新时间延长,可能与肝细胞的受体减少有关。

肝是处理氨基酸及其代谢产物的重要器官。由于肝含有丰富的与氨基酸分解代谢有关的酶类,所以肝内氨基酸分解也十分活跃。来源于蛋白质消化吸收和组织蛋白质水解产生的氨基酸,很大部分极迅速地被肝摄取,经转氨基、脱氨基、转甲基、脱硫及脱羧基等作用转变为酮酸或其他化合物,进一步经糖异生作用转变为糖,或氧化分解。所以肝也是氨基酸分解代谢的重要器官,除亮氨酸、异亮氨酸及缬氨酸这三种支链氨基酸主要在肝外组织(如肌肉组织)进行分解代谢外,其余氨基酸,特别是酪氨酸、苯丙氨酸和色氨酸等芳香族氨基酸,都主要在肝中进行分解代谢,所以当肝功能障碍时,会引起血中多种氨基酸含量升高,甚至从尿中丢失。

肝也是胺类物质解毒的重要器官,肠道细菌腐败作用产生的芳香胺类等有毒物质吸收入血后主要在肝细胞内进行生物转化,减低毒性。当肝功能不全或门静脉侧支循环形成时,这些芳香胺可进入神经组织,β-羟化生成假神经递质苯乙醇胺和 β-羟酪胺,抑制脑细胞功能,与肝性脑病的发生相关。

4.肝在维生素代谢中的作用

肝在维生素的吸收、储存、转化等方面均起重要作用。肝所分泌的胆汁酸可促进脂溶性维生素 A、D、E、K 的吸收。所以,肝胆系统疾病时容易引起脂溶性维生素的吸收障碍。例如,维生素 K 及维生素 A 的吸收障碍可引起出血倾向及夜盲症。

肝是体内含维生素(如维生素 A、K、B_1、B_2、B_6、B_{12}、叶酸及泛酸等)较多的器官,也是维生素 A、E、K 和 B_{12} 的储存场所。

多种维生素在肝内经过转变成为辅酶。如维生素 B_1 转变成硫胺素焦磷酸酯(TPP),维生素 B_6 转变成磷酸吡哆醛,维生素 PP 转变为辅酶 I(NAD^+)和辅酶 II($NADP^+$),泛酸转变为辅酶 A 等。此外,肝还将维生素 A 原(β-胡萝卜素)转变成维生素 A,将维生素 D_3 羟化为 $25\text{-}OH\text{-}D_3$。

5.肝在激素代谢中的作用

肝和许多激素的灭活与排泄有密切关系。许多激素在发挥调节作用之后,主要在肝内被分解转化而降低或失去活性,此过程称为激素的亚活。灭活过程对于激素作用的时间长短及强度具有调节作用。水溶性激素与肝细胞膜上的特异受体鲜合发挥其信使传递作用,并可通过肝细胞的胞吞作用进入肝细胞。类固醇激素可在肝中与葡糖醛酸药活性硫酸结合,丧失活性,再从胆汁或尿液中排出。又如胰岛素及其他蛋白质或多肽类激素以及肾上腺素和甲状腺素等,也都可以在肝中进行灭活。所以肝功能严重损害时,身体内多种激素因灭活减囊而堆积,会不同程度地引起激素调节功能紊乱。如雌激素水平升高,可出现蜘蛛痣、"肝掌";血管升压素含量升高,可出现水、钠潴留等。

11.5　肝脏的生物转化作用

11.5.1　生物转化的概念

机体将一些非营养物质进行化学转变,增加其极性或水溶性,使其容易排出体外的过程称为生物转化(biotransformation)。肝细胞微粒体、胞液、线粒体等亚细胞部位均存在丰富的生物转化酶类,能有效处理进入体内的非营养物质,是生物转化的重要器官。人体内肝组织的生物转化能力最强,此外肾、胃、肠、肺、皮肤及胎盘等组织也具有一定能力的生物转化作用。

体内需进行生物转化的非营养性物质可按来源分为内源性和外源性两大类。内源性物质包括激素、神经递质及其胺类等具有强烈生物学活性的物质,以及氨和胆红素等对机体有毒性的物质。外源性物质包括食品添加剂、色素、药物、误食的毒物及蛋白质在肠道的腐败产物(如胺类物质)等。

生物转化可对体内非营养性物质进行改造,使其生物学活性降低或丧失,或使有毒物质降低甚至失去其毒性。增高物质的溶解度,促使它们从胆汁或尿液中排出体外。且有些物质经肝的生物转化后,反而毒性增加或溶解度降低,不易排出体外。有的药物如环磷酰胺、百浪多息、水合氯醛、硫唑嘌呤和大黄等需经生物转化才能成为有活性的药物。所以,不能将肝的生物转化作用简单地看作是"解毒"作用。

11.5.2　生物转化的主要反应类型

生物转化反应非常复杂,包括多种化学反应类型。肝内的生物转化反应主要分二相四种:即氧化反应、还原反应、水解反应和结合反应四种;第一相反应及第二相反应二相。第一相反应包括氧化、还原、水解等反应。一些非营养物质经过第一相反应后就能排出体外,但有一些非营养物质经第一相反应后水溶性仍然较差,还需要进一步进行结合反应,增加其溶解度才能排出体外。生物转化的第二相反应包括各种结合反应。通过第一相、第二相反应共同作用,体内各种非营养物质最终都能较好地排出体外。

1.第一相反应

许多非营养物质通过第一相反应,其分子中某些非极性基团转变为极性基团,增加亲水性,或使其分解,改变其理化性质,使其易于排出体外。

(1)氧化反应

氧化反应是生物转化反应中最常见的反应类型。肝细胞含有参与生物转化的各种氧化酶类,如单加氧酶、脱氢酶和单胺氧化酶等。

①单加氧酶系。由肝细胞中多种氧化酶系所组成,其中最重要的是存在于微粒体内依赖细胞色素 P_{450} 的单加氧酶,又称混合功能氧化酶,能催化许多脂溶性物质从分子氧中接受一个氧原子,生成羟基化合物或环氧化合物,另一个氧原子被 NADPH 还原为水。单加氧酶系催化的基本反应如下:

$$RH + O_2 + NAPH + H^+ \rightarrow ROH + NADP^+ + H_2O$$

单加氧酶的羟化作用不仅增加药物或毒物的水溶性,使其有利于排泄,而且是许多物质代谢不可缺少的步骤。

②醇脱氢酶与醛脱氢酶系。肝细胞内含有非常活跃的醇脱氢酶(alcoholdehydrogenase,ADH),可催化醇氧化成醛,后者再经醛脱氢酶(aldehydedehydrogenase,ALDH)的催化生成酸。如乙醇在肝中的生物转化反应如下:

$$CH_3CH_2OH \xrightarrow[\text{NAD}^+ \quad \text{NADH+H}^+]{\text{醇脱氢酶}} CH_3CHO \xrightarrow[\text{NAD}^+ \quad \text{NADH+H}^+]{\text{醛脱氢酶}} CH_3COOH$$

③单胺氧化酶系(monoamine oxidaoses,MAO)。存在于线粒体内,是另一类参与生物转化的氧化酶类。它是一种黄素蛋白,可催化胺类氧化脱氨基生成相应的醛,后者进一步在胞液中醛脱氢酶催化下氧化成酸。肠道细菌作用于蛋白质、多肽和氨基酸所生成的各种胺类,在肠细胞与肝细胞内均按此氧化脱氨方式进行转化失活。

$$RCH_2NH_2 + O_2 + H_2O \xrightarrow{\text{单胺氧化酶}} RCHO + NH_3 + H_2O_2$$

$$RCHO + NAD^+ + H_2O \xrightarrow{\text{单胺氧化酶}} RCOOH + NADH + H^+$$

(2)还原反应

主要在肝微粒体中进行,催化还原反应的酶类是硝基还原酶类和偶氮还原酶类,分别催化硝基化合物与偶氮化合物从 NADPH 或 NADH 接受氢,还原成相应的胺类。例如:

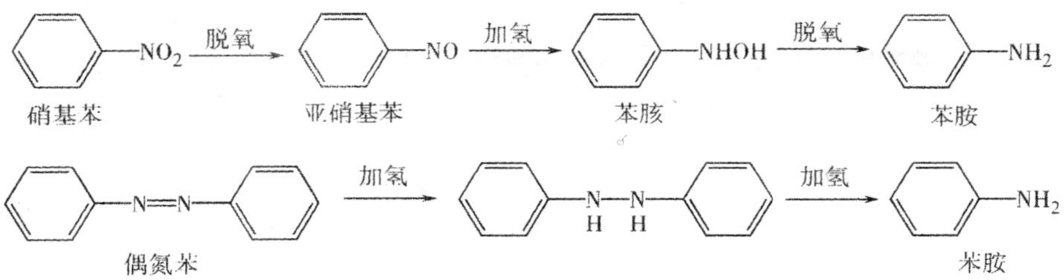

硝基苯　　　　　　亚硝基苯　　　　　　苯胲　　　　　　　苯胺

偶氮苯　　　　　　　　　　　　　　　　　　　　　　　　苯胺

（3）水解反应

肝细胞的胞液与微粒体中含有多种水解酶类，可对酯类、酰胺类和糖苷类化合物进行水解，以减低或消除其生物活性。这些水解产物通常还需经进一步转化才能排出体外。例如，局部麻醉剂普鲁卡因由肝或血液中的胆碱酯酶水解失活，抗结核病药物异烟肼主要在肝微粒体被水解。

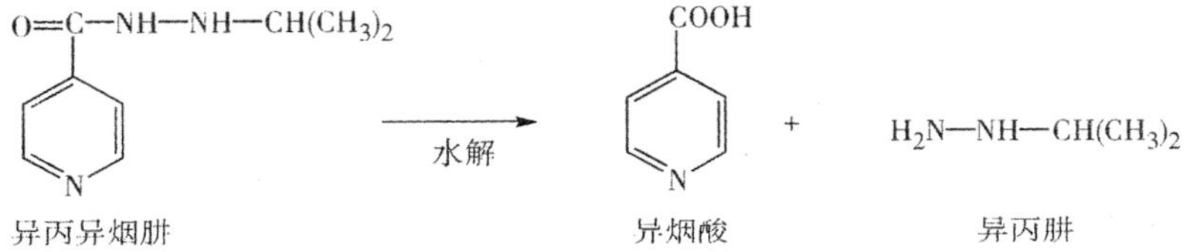

异丙异烟肼　　　　　　　　　　　　　　异烟酸　　　　　　　　异丙肼

2. 第二相反应

肝细胞内含有许多催化结合反应的酶类。凡含有羟基、羧基或氨基的药物、毒物或激素均可与葡糖醛酸、硫酸、谷胱甘肽、甘氨酸等发生结合反应，或进行酰基化和甲基化等反应。

其中，与葡糖醛酸、硫酸和酰基的结合反应最为重要，尤以葡糖醛酸的结合反应最为普遍。

（1）葡糖醛酸结合反应

肝细胞微粒体中含有非常活跃的葡糖醛酸基转移酶，它以尿苷二磷酸葡糖醛酸（UDPGA）为供体，催化葡糖醛酸基转移到多种含极性基团的化合物分子（如醇、酚、胺、羧酸等）上。例如：

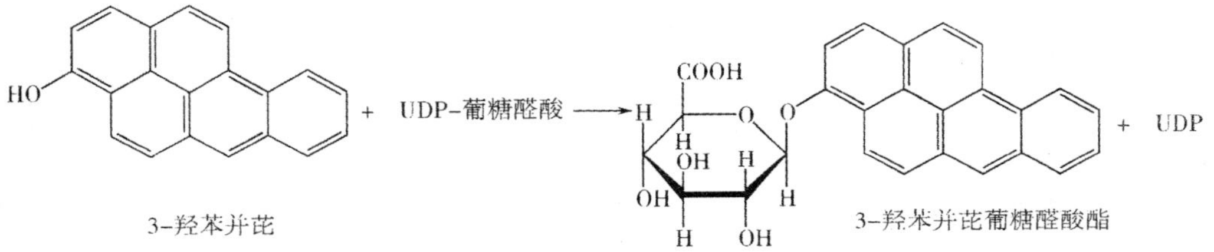

3-羟苯并芘　　　　　　　　　　　　　　　　　3-羟苯并芘葡糖醛酸酯

（2）硫酸结合反应

PAPS 是活性硫酸供体，在肝细胞胞液硫酸转移酶的催化下，将硫酸基转移到多种醇、酚或芳香族胺类分子上，生成硫酸酯。例如，雌酮就是通过形成硫酸酯进行灭活的。

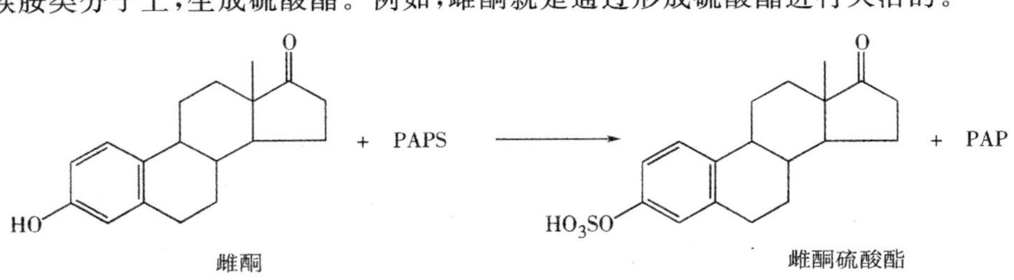

雌酮　　　　　　　　　　　　　　　　　　　雌酮硫酸酯

（3）甲基化反应

体内一些胺类生物活性物质和药物可在肝细胞胞液和微粒体中的甲基转移酶催化下,通过甲基化灭活。SAM 是甲基的供体。例如：

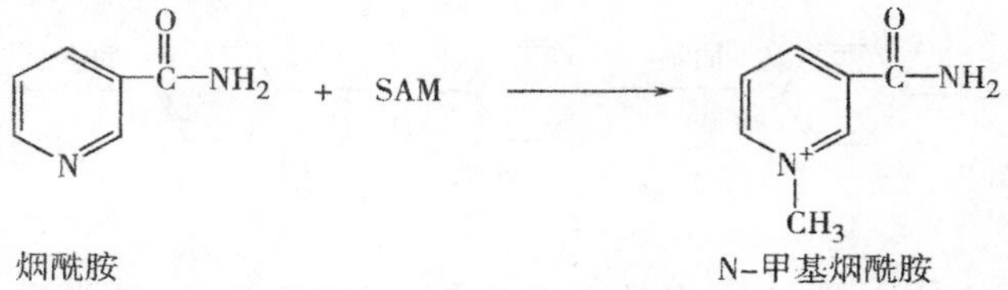

烟酰胺   +   SAM   N–甲基烟酰胺

（4）酰基反应

肝细胞胞液中含有乙酰基转移酶,催化乙酰基从乙酰 CoA 转移到芳香族胺分子上,形成乙酰化衍生物。例如,抗结核病药物异烟肼在乙酰基转移酶催化下经乙酰化而失去活性。

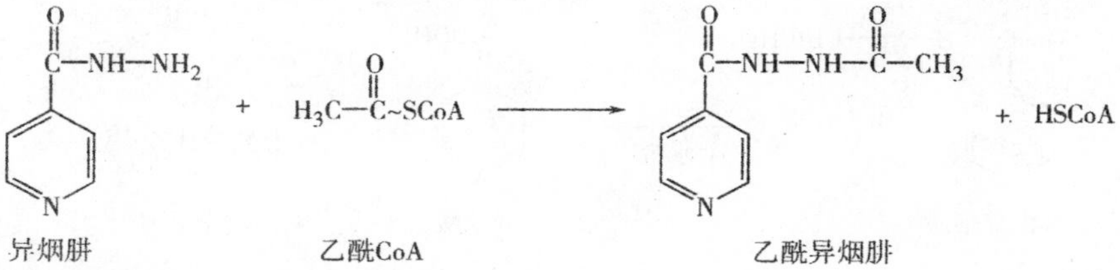

异烟肼   乙酰CoA   乙酰异烟肼   +   HSCoA

（5）谷胱甘肽结合反应

GSH 在肝细胞胞液谷胱甘肽 S-转移酶催化下,可与多种卤代化合物和环氧化合物结合,生成含 GSH 的结合产物。生成的谷胱甘肽结合物主要随胆汁排出体外,不能直接从肾排出。

（6）甘氨酸结合反应

甘氨酸在肝细胞线粒体酰基转移酶的催化下,可与含羧基的化合物结合。例如,甘氨酸或牛磺酸可与胆酸和脱氧胆酸结合,生成结合胆汁酸。

11.5.3 生物转化反应的特点

体内生物转化反应有以下特点：

（1）转化反应的连续性

一种物质往往需要几种生物转化反应连续进行才能达到生物转化的目的,如阿司匹林往往先水解成水杨酸后再经结合反应才能排出体外。

（2）转化反应的多样性

同一种或同一类物质可以进行多种生物转化反应,如阿司匹林可以经过水解反应生成水杨酸,又可与葡萄糖醛酸或甘氨酸发生结合反应。

（3）解毒和致毒的双重性

一般情况下非营养物质经生物转化后其生物活性或毒性均降低,甚至消失,所以曾将此作用称为生理解毒。但少数物质经转化后毒性反而增强,或由无毒转化成有毒、有害,例如香烟中苯并芘在体外无致癌作用,进入人体后经生物转化成 7,8-二羟-9,10-环氧-7,8,9,10-四氢苯并芘后可与 DNA 结合,诱发 DNA 突变而致癌,因此不能简单地认为生物转化作用就是解毒。

许多致癌物质在体内存在多种转化方式,有些通过转化（活化）才显示出致癌作用,有的则解毒,图 11-9 为黄曲霉素 B_1 的生物转化作用。

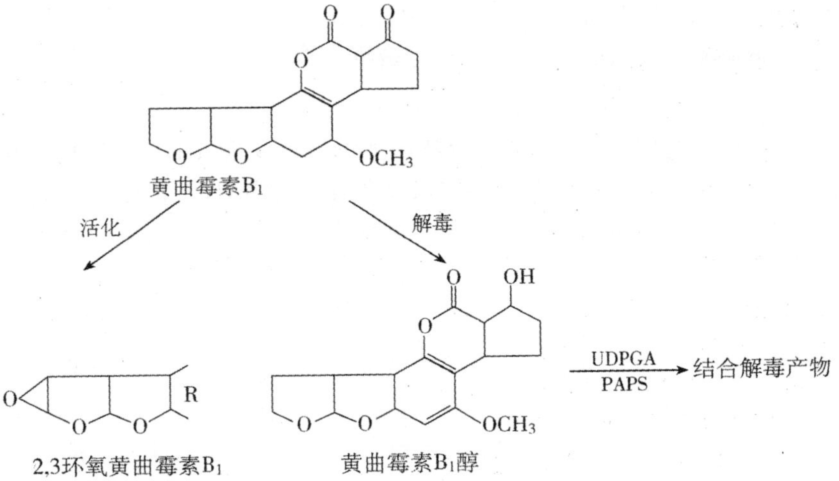

R:代表其余结构;PAPS:活性硫酸;UDPGA:葡萄糖醛酸

图 11-9　黄曲霉素 B_1 的生物转化作用

11.5.4　影响生物转化反应的因素

生物转化作用受性别、年龄、食物、营养状况、遗传因素、疾病、药物等体内外诸多因素的影响和调节。

1.性别对生物转化作用的影响

某些生物转化反应有明显的性别差异,例如女性体内醇脱氢酶活性高于男性,女性对乙醇的代谢处理能力比男性强。氨基比林在女性体内半衰期是 10.3 小时,而男性则需要 13.4 小时,说明女性对氨基比林的转化能力比男性强。妊娠期妇女肝清除抗癫痫药的能力升高,但晚期妊娠的妇女体内许多生物转化酶活性都下降,故生物转化能力普遍降低。

2.年龄对生物转化作用的影响

年龄对生物转化作用的影响很明显。新生儿因肝生物转化酶系发育不全,对药物及毒物的转化能力弱,容易发生药物及毒素中毒。老年人因肝血流量和肾的廓清速率下降,使血浆药物的清除率降低,药物在体内的半寿期延长,常规剂量用药后可发生药物作用蓄积,药效强,副作用较大,例如对氨基比林、保泰松等药物的转化能力降低。所以临床上对新生儿及老年人的药物用量较成人少,很多药物使用时都要求儿童和老人慎用或禁用。

3.食物对生物转化作用的影响

不同食物对生物转化酶活性的影响不同,有的可以诱导酶合成增加,有的能抑制酶活性。例如烧烤食物、萝卜等含有微粒体加单氧酶系诱导物;食物中黄酮类成分可抑制加单氧酶系活性;葡萄柚汁可抑制细胞色素 $P_{450}A_4$ 的活性,通过避免黄曲霉素 B_1 激活起抗肿瘤作用。

4.营养状态对生物转化作用的影响

摄入蛋白质可以增加肝的重量和肝细胞酶整体的活性,提高肝生物转化的效率。饥饿数天(7 天)肝谷胱甘肽 S-转移酶(GST)作用受到明显的影响,其参加的生物转化反应水平降低。

大量饮酒,因乙醇氧化为乙醛、醋酸,再进一步氧化成乙酰辅酶 A,产生 NADH,可使细胞内 NAD/NADH 比值降低,从而减少 UDP-葡糖糖醛酸结合反应。

5.疾病对生物转化作用的影响

肝是生物转化的主要器官,肝病变时微粒体加单氧酶系和 UDP-葡萄糖醛酸转移酶活性显著降低,再加上肝血流量减少,患者对许多药物及毒物的摄取、转化作用都明显减弱,容易发生积蓄中毒,故对肝病患者用药要特别慎重。例如严重肝病时微粒体加单氧酶系活性可降低 50%。

6.药物对生物转化作用的影响

许多药物或毒物可诱导参与生物转化酶的合成,使肝的生物转化能力增强,称为药物代谢酶的诱导。例如长期服用苯巴比妥可诱导肝微粒体加单氧酶系的合成,使机体对苯巴比妥类催眠药的转化能力增强,产生耐药性。临床治疗中可利用诱导作用增强对某些药物的代谢,达到解毒的效果,如用苯巴比妥减低地高辛中毒。苯巴比妥还可诱导肝微粒体 UDP-葡萄糖醛酸转移酶的合成,临床上用其增加机体对游离胆红素的结合反应,治疗新生儿黄疸。由于多种物质在体内转化常由同一酶系催化,当同时服用多种药物时可出现竞争同一酶系,使各种药物生物转化作用相互抑制。例如保泰松可抑制双香豆素类药物的代谢,当两者同时服用时保泰松可使双香豆素的抗凝作用加强,易发生出血现象,所以同时服用多种药物时应注意。

11.6 胆汁与胆汁酸代谢

11.6.1 胆汁

胆汁(bile)是肝细胞分泌的液体,贮存于胆囊,经胆总管流入十二指肠。正常人每天分泌量为 300～700ml。胆汁呈黄褐色或金黄色,有苦味,比重在 1.009～1.032 之间。从肝分泌的胆汁称为肝胆汁,比重较低;进入胆囊后,因水分和其他一些成分被胆囊壁吸收而逐渐浓缩,比重增高,称为胆囊胆汁。

胆汁的主要有机成分是胆汁盐(bile salt)、胆色素、磷脂、脂肪、黏蛋白、胆固醇及多种酶类(包括脂肪酶、磷脂酶、淀粉酶及磷酸酶等)。其中,胆汁酸盐的含量最高,除胆汁酸和一些酶与消化作用有关外,其余多属排泄物。进入机体的药物、毒物、染料及重金属盐等都可随胆汁排出。胆汁盐(简称胆盐,主要指胆汁酸钠盐或钾盐)是胆汁的重要成分,它们在脂类物质消化、吸收及调节胆固醇代谢方面起着重要作用。

11.6.2 胆汁酸的代谢

1.胆汁酸的分类

胆汁酸(bile acid)是体内一大类胆烷酸的总称。正常人胆汁中的胆汁酸按结构可分为两大类:一类称为游离型胆汁酸(free bile acid),包括胆酸(cholic acid)、脱氧胆酸(deoxycholic acid)、鹅脱氧胆酸(chenodeoxycholic acid)和少量的石胆酸(lithocholic acid);另一类称为结合型胆汁酸(conjugated bile acid),包括上述各种游离型胆汁酸分别与甘氨酸或牛磺酸结合的产物，主要是甘氨胆酸、牛磺胆酸、甘氨鹅脱氧胆酸及牛磺鹅脱氧胆酸。

2.胆汁酸代谢

（1）初级胆汁酸的生成

　　肝细胞将胆固醇转变成胆汁酸是体内排泄胆固醇的重要途径。肝细胞微粒体将胆固醇转变为初级胆汁酸（图 11-10）的过程很复杂，需要经过羟化、侧链氧化、异构化、加水等多步酶促

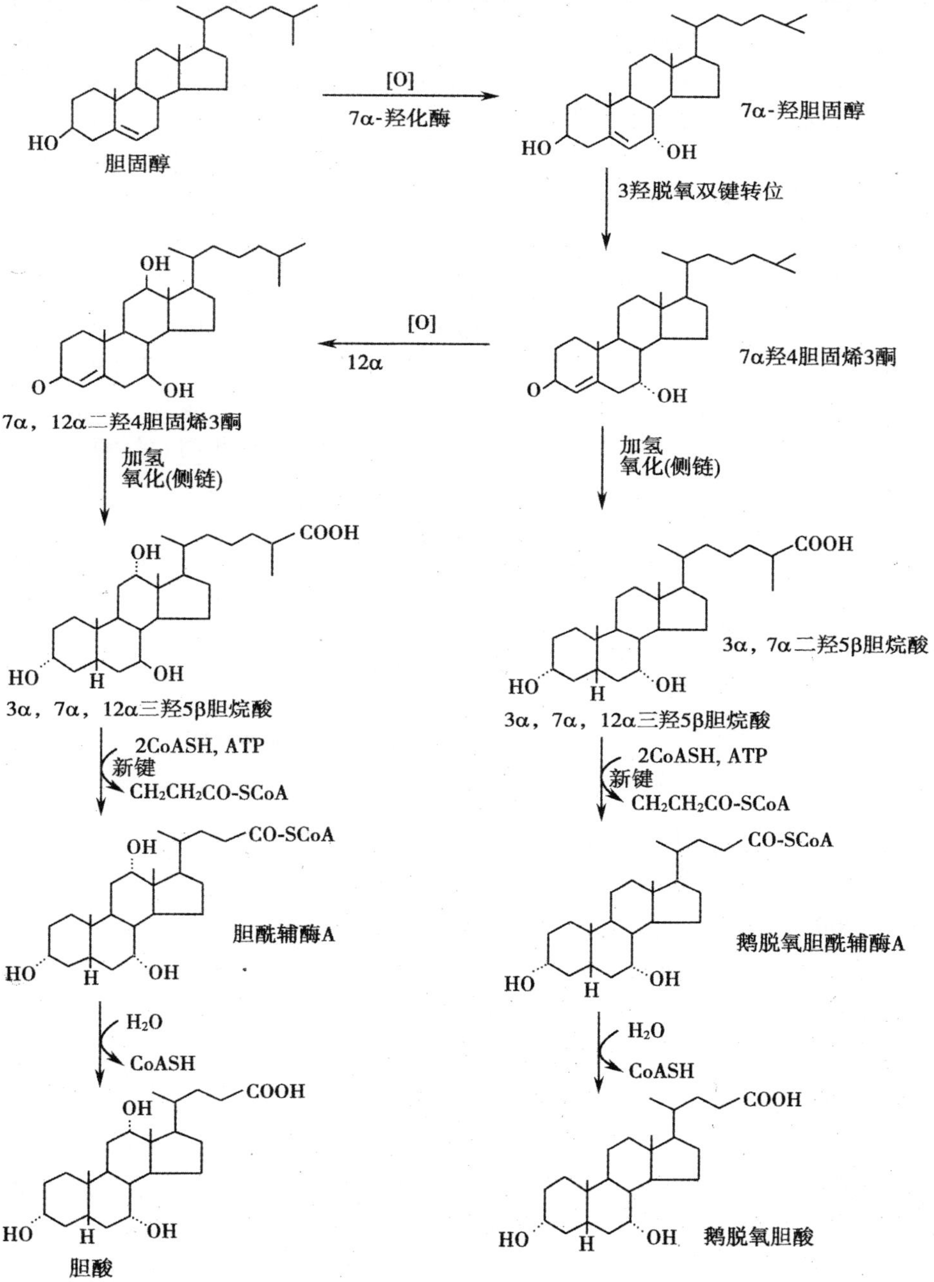

图 11-10　初级胆汁酸生成的基本步骤

反应才能完成：①羟化反应。汁酸合成最主要的变化，胆固醇首先在 7α-羟化酶催化下转变为 7α-羟胆固醇，生成胆酸还需要进行 12 位羟化；②侧链氧化。由 27 碳的胆固醇断裂生成含 24 个碳的胆烷酰 CoA 和一分子丙酰 CoA，反应需要 ATP 和辅酶 A；③异构化。胆固醇的 3 位 β 羟基差向异构转变为 α 羟基；④加水。水解掉辅酶 A 形成胆酸与鹅脱氧胆酸。

胆固醇首先经过多步酶促反应生成初级游离胆汁酸——胆酸和鹅脱氧胆酸，游离胆汁酸再与甘氨酸或牛磺酸结合形成结合型初级胆汁酸。胆酰 CoA 和鹅脱氧胆酰 CoA 也可与甘氨酸或牛磺酸结合生成结合型胆汁酸。

7α-羟化酶是胆汁酸合成途径的限速酶，属微粒体加单氧酶系，受胆汁酸浓度负反馈调节。口服考来烯胺可减少胆汁酸重吸收，促进胆汁酸生成，降低血清胆固醇。甲状腺素可促进 7α-羟化酶的 mRNA 合成，还通过激活侧链氧化酶系加速初级胆汁酸的合成，所以甲亢患者血清胆固醇浓度常偏低，甲减患者血清胆固醇则偏高。维生素 C 能促进此羟化反应。糖皮质激素和生长激素可提高该酶活性。

（2）次级胆汁酸的生成和胆汁酸肠肝循环

随胆汁分泌进入肠道的初级胆汁酸在协助脂类物质消化吸收的同时，在小肠下段和大肠受细菌作用脱去 7α-羟基转，变为次级胆汁酸（图 11-11），即胆酸转化为脱氧胆酸，鹅脱氧胆酸转化为石胆酸。一部分结合型胆汁酸先水解脱去甘氨酸或牛磺酸，再经 7-α 脱羟基反应生成次级胆汁酸。次级游离胆汁酸可重吸收入血，经血液循环回到肝，再与甘氨酸或牛磺酸结合形成结合型次级胆汁酸。

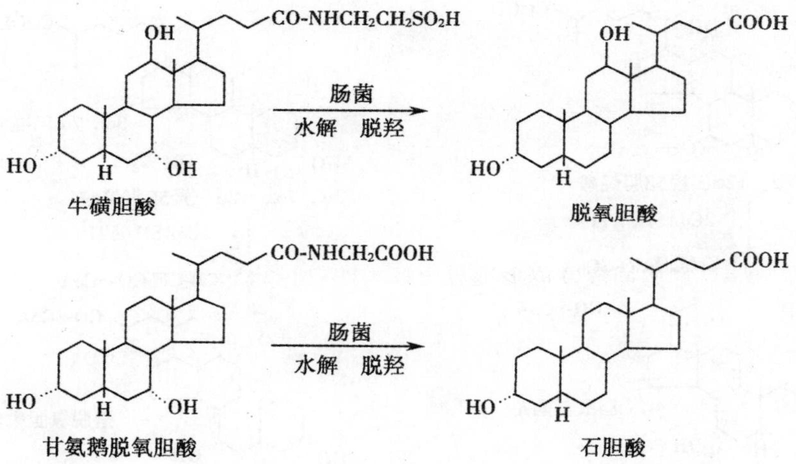

图 11-11　次级胆汁酸的生成

进入肠道的各种胆汁酸约 95% 被肠壁重吸收。肠道重吸收的初级和次级胆汁酸、结合型与游离型胆汁酸均经门静脉回到肝。在肝中游离胆汁酸可重新转变为结合胆汁酸，并同新合成的胆汁酸一起随胆汁再排入十二指肠，此过程称为胆汁酸肠肝循环（图 11-12）。结合型胆汁酸主要在回肠以主动转运方式重吸收，游离型胆汁酸则在小肠各部位及大肠经被动重吸收方式进入肝。

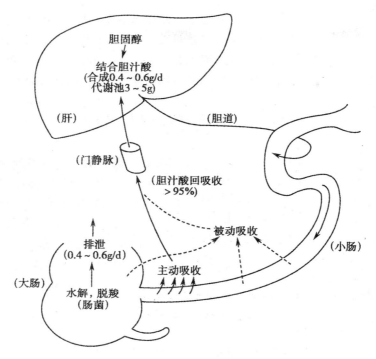

图 11-12　胆汁酸肠肝循环

3. 胆汁酸的生理功能

胆汁酸能够促进脂类消化吸收,胆汁酸分子既含有亲水的羟基、羧基或磺酸基,又含有疏水的烃核和甲基。两类性质不同的基团恰恰位于胆汁酸环戊烷多氢菲核的两侧,使胆汁酸成为较强的表面活性剂,能降低油水两相的表面张力,促进脂类乳化成 $3\sim10\mu m$ 的细小微团。同时能增加脂肪和脂肪酶的接触面积,加速脂类的消化吸收。此外,胆汁酸还可防止胆结石,胆汁中未转化为胆汁酸的胆固醇难溶于水,在浓缩后的胆囊胆汁中容易沉淀析出。胆汁中的胆汁酸盐和卵磷脂可使胆固醇分散形成可溶性微团,使之不易结晶沉淀,故胆汁酸有防止胆结石生成的作用。

4. 胆汁酸循环的意义

胆汁酸肠肝循环的生理意义在于使有限的胆汁酸反复利用,满足机体对胆汁酸的需要。人体每天需要 $16\sim32g$ 胆汁酸乳化脂类,而正常人体胆汁酸池仅有 $3\sim5g$,供需矛盾十分突出。机体依靠每餐后进行 $2\sim4$ 次胆汁酸肠肝循环弥补了胆汁酸合成量不足,使有限的胆汁酸池能够发挥最大限度地乳化作用,以维持脂类食物消化吸收的正常进行,故胆汁酸肠肝循环具有重要的生理意义。若因腹泻或回肠大部切除等破坏了胆汁酸肠肝循环,一方面会影响脂类的消化吸收,另一方面胆汁中胆固醇含量相对增高,处于饱和状态,极易形成胆固醇结石。

5. 胆汁酸生成调节

胆汁酸生成主要受以下两方面因素的调节,其一是 7α-羟化酶受胆汁酸本身的负反馈调节,使胆汁酸生成受到限制。如果能使肠道胆汁酸含量降低,减少胆汁酸的重吸收,可促进肝内胆固醇转化成胆汁酸而降低血胆固醇。临床上应用口服阴离子交换树脂(消胆胺)以减少胆汁酸的重吸收,降低血胆固醇。7α-羟化酶也是一种加单氧酶,维生素 C 对其羟化反应有促进作用。其二是甲状腺素的调节作用。甲状腺素可促进 7α-羟化酶及侧链氧化酶的 mRNA 合成迅速增加,从而加速胆固醇转化为胆汁酸,降低血浆胆固醇。所以,甲亢患者血胆固醇含量降低,甲低患者血胆固醇含量升高。此外,胆固醇可以提高 7α-羟化酶活性,促进胆汁酸的合成。

11.7 胆色素代谢与黄疸

胆色素(bile pigment)是铁卟啉化合物在体内分解代谢时所产生的各种物质的总称,包括胆红素(bilirubin)、胆绿素(biliverdin)、胆素原(bili-nogens)和胆素(bilin)。除胆素原族化合物无色外,其余均有一定颜色,故统称胆色素。正常时主要随胆汁排泄。胆红素是人胆汁的主要色素,呈橙黄色,具有毒性,可引起大脑不可逆的损害。肝是胆红素代谢的主要器官。胆红素随胆汁排入肠道后,在肠道细菌的作用下转变为胆素原族化合物,最后氧化成胆素族化合物,随粪便和尿液排出体外。胆色素代谢异常时可导致高胆红素血症(黄疸)。

11.7.1 胆色素的正常代谢

1.胆红素的生成

正常人胆红素 70％以上来自衰老红细胞中血红蛋白的分解,其余来自肌红蛋白、细胞色素、过氧化氢酶及过氧化物酶等色素蛋白的分解。正常成人每日可产生 250～300mg 胆红素。

红细胞平均寿命为 120 天,衰老的红细胞被单核—吞噬细胞系统破坏,释放出血红蛋白,每天释放量约 6g。血红蛋白分解为珠蛋白和血红素。珠蛋白按一般蛋白质代谢途径进行分解;血红素在分子氧和 NADPH 的参与下,由微粒体血红素加氧酶(hemeoxygenase)催化,其分子中 α-甲炔基桥断裂,释放出 CO 及 Fe^{2+} 而生成胆绿素,后者在胆绿素还原酶作用下还原为胆红素。这种胆红素被直接释放入血,称为游离胆红素(free bili-rubin)或未结合胆红素(unconjugated bilirubin)。

血红蛋白 $\xrightarrow{\text{珠蛋白}}$ 血红素 $\xrightarrow[\substack{\text{NADPH}+\text{H}^+,\ \text{O}_2 \quad \text{Fe}^{2+},\ \text{CO}}]{\text{血红素加氧酶}}$ 胆绿素 $\xrightarrow[\substack{\text{NADPH}+\text{H}^+ \quad \text{NADP}^+}]{\text{胆绿素还原酶}}$ 胆红素

2.胆红素在血液中的转运

单核—吞噬细胞系统生成的胆红素在生理 pH 条件下是一种难溶于水的脂溶性有毒物质,能自由透过细胞膜进入血液。在血液中胆红素主要与血浆清蛋白(小部分与 α-球蛋白)结合形成胆红素—清蛋白复合物,使其溶解度增加,便于运输,同时也限制了胆红素自由透过各种生物膜,抑制其对组织细胞的毒性作用。胆红素—清蛋白中的胆红素仍然为游离胆红素,或称非结合胆红素、血胆红素。胆红素—清蛋白不能透过肾小球基底膜,即使血浆胆红素含量增加尿液检测也是阴性。

每分子清蛋白可结合两分子胆红素。正常人血浆胆红素含量为 $3.4\sim17.1\mu\text{mol/L}$($0.2\sim1\text{mg/dl}$),血浆清蛋白结合胆红素的潜力很大,100ml 血浆中的清蛋白能结合 25mg 胆红素,足以阻止胆红素进入组织细胞产生毒性作用。但某些有机阴离子,如磺胺类药物、胆汁

酸、水杨酸、脂肪酸等可与胆红素竞争和清蛋白结合,使胆红素游离,增加其透入细胞的可能性。游离胆红素可与脑部基底核的脂类结合,干扰脑的正常功能,称胆红素脑病或核黄疸。新生儿由于血—脑屏障不健全,如果发生高胆红素血症,过多的游离胆红素很容易进入脑组织,发生胆红素脑病。对新生儿还必须慎用上述有机阴离子药物。

3.胆红素在干细胞中的代谢

肝细胞对游离胆红素的代谢包括摄取、转化、排泄三个阶段。

(1)摄取

胆红素由清蛋白运输至肝脏,先与清蛋白分离,然后迅速被肝细胞摄取。胆红素进入肝细胞后,即与胞质中的载体蛋白 Y 或 Z 蛋白结合,形成胆红素-Y 蛋白或胆红素-Z 蛋白复合物,复合物运输至滑面内质网进行进一步转化。Y 蛋白对胆红素的亲和力强于 Z 蛋白,故胆红素优先与 Y 蛋白结合。甲状腺激素、四溴酚酞磺酸钠(BSP)等也均可竞争性地与 Y 蛋白结合,从而抑制 Y 蛋白与胆红素结合。苯巴比妥能诱导 Y 蛋白的生成,促进胆红素被肝细胞摄取新生儿出生后 7 周,Y 蛋白才能达到成人水平,故临床上常用苯巴比妥缓解新生儿高胆红素血症。

(2)转化

胆红素由 Y 蛋白或 Z 蛋白运至滑面内质网,经 UDP 葡糖醛酸基转移酶(UDP-glucuronyl transferase)的催化,胆红素接受来自 UDPGA 的葡糖醛酸基,生成葡糖醛酸胆红素酯。由于胆红素分子中含有 2 个羧基,每分子胆红素可结合 2 分子葡糖醛酸,称为双葡糖醛酸胆红素酯。在葡糖醛酸胆红素酯中,70%～80%是双葡糖醛酸酯,20%～30%为单葡糖醛酸酯,还有 2%～3%与葡萄糖、木糖等结合。这种与葡糖醛酸结合的胆红素称为结合胆红素(conjugated bilirubin)。

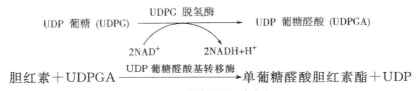

$$\text{UDP 葡糖 (UDPG)} \xrightarrow[\substack{2NAD^+ \qquad 2NADH+H^+}]{\text{UDPC 脱氢酶}} \text{UDP 葡糖醛酸 (UDPGA)}$$

$$\text{胆红素}+\text{UDPGA} \xrightarrow{\text{UDP 葡糖醛酸基转移酶}} \text{单葡糖醛酸胆红素酯}+\text{UDP}$$

$$\text{单葡糖醛酸胆红素}+\text{UDPGA} \xrightarrow{\text{UDP 葡糖醛酸基转移酶}} \text{双葡糖醛酸胆红素酯}+\text{UDP}$$

胆红素在肝细胞内与葡糖醛酸结合后,从极性低的未结合胆红素转变为极性高的结合胆红素,从而不再透过生物膜,这样既有利于胆红素的排泄,又消除了其对细胞的毒性作用。

(3)排泄

结合胆红素在滑面内质网形成后,经高尔基体的分泌与排泄,最终被排入毛细胆管中。毛细胆管上有主动转运载体,能将结合胆红素转运到胆汁中。正常人每天随胆汁排入肠道的胆红素为 250～300mg,其中仅有不到 0.2mg/dl 进入血液循环,故尿中结合胆红素含量极微。

4.胆红素在肠道中的代谢

结合胆红素随胆汁排入肠道后,在肠菌作用下,由 β-葡萄糖醛酸酶催化水解脱去葡萄糖醛酸基,生成未结合胆红素。后者再逐步还原成为多种无色的胆素原族化合物,包括中胆素原、粪胆素原及尿胆素原,总称胆素原(图 11-13)。肠中生成的胆素原大部分(80%～90%)随粪便排出。在结肠下段或随粪便排出后,无色的粪胆素原经空气氧化成黄褐色的粪胆素,是正常粪便中的主要色素。成人一般每天排出胆素原 40~280mg。当胆道完全梗阻时,结合胆红素不能排入肠道中转变为粪胆素原及粪胆素,粪便呈灰白色,临床上称之为白陶土样便。新生儿肠道中的细菌较少,粪便中的胆红素未被细菌作用而使粪便呈橘黄色。

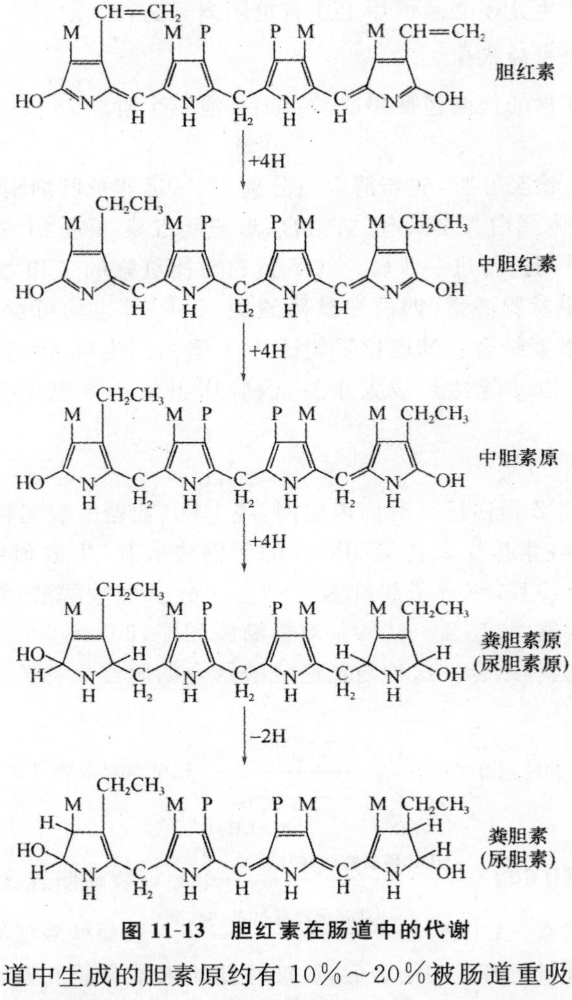

图 11-13　胆红素在肠道中的代谢

在生理状态下,肠道中生成的胆素原约有 10%~20% 被肠道重吸收入血,经门静脉入肝,其中大部分(约 90%)被肝摄取,又以原形随胆汁排入肠道,此过程称为胆色素的肠肝循环(enterohepatic circulation)。重吸收的胆素原有少部分(约 10%)进入体循环,经肾随尿排出,再经空气氧化成尿胆素。正常人每天从尿中排出的尿胆素原约 0.5~4.0mg。

尿胆素原的排出量与尿液的 pH、胆红素的生成量、肝细胞的功能及胆道的通畅状态等因素有关。在酸性尿中,尿胆素原可生成不解离的脂溶性分子,易被肾小管重吸收,从而尿中排出量减少;反之亦然。当胆红素来源增加时,如溶血过多,随胆汁排入肠腔的胆红素增加,在肠道形成的胆素原族增加,重吸收并进入人体循环,故自尿排出的尿胆素原量也增多;反之,当胆红素形成减少,如再生障碍性贫血时,尿胆素原的含量减少。当肝细胞功能损伤时,从肠道重吸收的胆素原不能有效地随胆汁再排出,血及尿中胆素原浓度也会增加。当胆道发生阻塞时,由于结合胆红素不能顺利排入肠道,胆素原的形成发生障碍,尿胆素原的量可明显降低,其至完全消失。同时,由于胆道阻塞可使结合胆红素反流入血,从而使尿胆红素排出量增加。

11.7.2　血清胆红素与黄疸

1.两种胆红素的区别

正常人体中胆红素主要以两种形式存在:一种是经过肝细胞的生物转化作用,与葡萄糖醛酸或其他物质结合的胆红素,称为结合胆红素;另一种主要来自单核—巨噬细胞系统中红细胞破坏产生的胆红素,在血浆中与白蛋白结合而被运输。这类胆红素因未与葡萄糖醛酸结合而被称为未结合胆红素或游离胆红素。

未结合胆红素与结合胆红素的结构和性质不同,它们对重氮试剂的反应不同。未结合胆红素由于其分子内氢键的形成,不能与重氮试剂直接反应。必须先加入酒精或尿素破坏氢键后才能与重氮试剂反应生成紫红色偶氮化合物。而结合胆红素不存在分子内氢键,能迅速直接与重氮试剂反应形成紫红色偶氮化合物。

肝脏对于血浆胆红素具有强大的摄取、转化和排泄等处理能力,其重要意义在于,肝脏通过转化功能将有毒的脂溶性的未结合胆红素与葡萄糖醛酸结合,变成水溶性的易于随胆汁排泄的物质。正常人每天从单核—巨噬细胞系统产生的胆红素总量为 $200 \sim 300 mg$,肝每小时便能清除约 $100 mg$ 胆红素,远远大于机体产生胆红素的能力。所以正常人血浆中胆红素含量甚微,其中 4/5 为未结合型,1/5 为结合型胆红素。结合型胆红素水溶性较大,可以通过肾脏随尿排出。在正常代谢情况下,因为血中结合型胆红素量很少,尿中几乎检测不出胆红素。血中未结合胆红素因与白蛋白结合在一起,不能透过肾小球滤过膜,因而即使血中未结合胆红素含量增加,也不会在尿中出现。

两种胆红素性质比较如表 11-2 所示。

表 11-2　两类胆红素的比较

项目	未结合的胆红素	结合胆红素
常见的其他名称	间接胆红素,血胆红素	直接胆红素,肝胆红素
是否与葡萄醛酸结合	未结合	结合
与重氮试剂反应	间接反应	直接反应
在水中的溶解度	小	大
透过细胞膜的能力	大	小
经肾脏随尿排出	不能	能

2.黄疸

正常人体内胆红素的生成与排泄保持动态平衡,血清胆红素总量为 $3.4 \sim 17.11 \mu mol/L$,其中约 80% 是非结合胆红素。凡是能够导致胆红素生成过多、或肝细胞对胆红素摄取、转化和排泄能力下降的因素均可使血中胆红素含量增多,称为高胆红素血症(hyperbilirubi-nemia)。胆红素是金黄色色素,血中浓度过高可扩散入组织,造成组织染黄,称为黄疸(jaun-dice)。巩膜、皮肤中较多弹性蛋白,后者与胆红素有较强亲和力,容易被染黄。黏膜中含有能与胆红素结合的血浆清蛋白,也能被染黄。黄疸程度与血清胆红素的浓度密切相关,当血清胆红素浓度超过 $34.2\mu mol/L$,肉眼可见巩膜、皮肤及黏膜等组织明显染黄。若血清胆红素在 $34.21\mu mol/L$ 以下,此时血清胆红素浓度虽然超过正常值,但肉眼观察不到巩膜或皮肤染黄,临床称为隐性黄疸。黄疸是一种临床症状,不是病名,凡能引起胆红素代谢障碍的各种因素均可引起黄疸,根据黄疸形成的原因、发病机制不同可将其分为三类:

(1)肝细胞性黄疸(hepatocellular jaundice)

肝细胞性黄疸又称为肝源性黄疸,是因为肝细胞功能受损害,肝对胆红素的摄取、转化、排泄能力下降导致的高胆红素血症。其特点是血中非结合胆红素和结合胆红素都可能升高。由于肝功能障碍,结合胆红素,在肝内生成减少,粪便颜色变浅。肝细胞受损程度不同,尿胆素原的变化也不一定。由于病变导致肝细胞肿胀,压迫毛细胆管,或造成肝内毛细胆管阻塞,使已生成的结合胆红素部分反流入血,血中结合胆红素含量也增加。结合胆红素能通过肾小球滤过,故尿胆红素检测呈阳性反应。

(2)溶血性黄疸(hemolytic jaundice)

溶血性黄疸指蚕豆病、输血不当、一些药物、毒物等多种原因导致红细胞大量破坏,单核—吞噬细胞系统产生胆红素过多,超过肝细胞处理能力,血中非结合胆红素增高引起的黄疸,又称肝前性黄疸。其特征为血清总胆红素、游离胆红素增高,粪便颜色加深,尿胆素原增多,尿胆红素阴性。

(3)阻塞性黄疸(obstructive jaundice)

阻塞性黄疸又称肝后性黄疸,是多种原因(如胆结石、胆道蛔虫或肿瘤压迫)引起胆红素排泄的通道胆管阻塞,使胆小管或毛细胆管压力增高或破裂,胆汁中结合胆红素逆流入血引起的黄疸。主要特征是血中结合胆红素升高,非结合胆红素无明显改变;尿胆红素阳性;由于排入肠道的胆红素减少,生成的胆素原也减少,粪便的颜色变浅,大便甚至呈灰白色。

第 12 章　生物化学及新生物技术研究

12.1　基因组学

1986 年,美国科学家 Roderick 提出基因组学(genomics)的概念,是指对某物种的所有基因进行基因组作图(包括遗传图谱、物理图谱、转录图谱),核苷酸序列分析,基因定位和基因功能分析的一门科学。因此,基因组学研究应该包括两方面的内容,以全基因组测序为目标的结构基因组学(structural genomics)和以基因功能鉴定为目标的功能基因组学(functional genomics)。结构基因组学是基因组分析的早期阶段,以建立生物体高分辨率遗传图谱、物理图谱和大规模测序为基础。功能基因组学代表了基因分析的新阶段,是利用结构基因组学提供的信息,系统地研究基因功能,以高通量、大规模的实验方法以及统计与计算机分析为特征。随着人类基因组作图和基因组测序工作的完成,当前的研究重心已从结构基因组学过渡到功能基因组学。

12.1.1　结构基因组学

结构基因组学(structural genomics)是基因组学的一个重要组成部分和研究领域,是一门通过基因作图、核苷酸序列分析确定基因组成、基因定位的科学。结构基因组学的内容包括基因组作图和基因组测序,它的研究将会带动生物科学各个领域及医药、农业、酶工程等许多方面的新发展。

1.基因组作图

人类的单倍体基因组分布在 22 条常染色体和 X、Y 性染色体上,最大的 1 号染色体有 263Mb,最小的 21 号染色体也有 50Mb。人类基因组计划的首要目标是测定全部 DNA 序列,但由于人的染色体不能直接用于测序,因此人类基因组计划的第一阶段是要将基因组这一巨大的研究对象进行分解,将其分为容易操作的小的结构区域,这个过程简称为染色体作图(Mapping)。根据使用的标记和手段的不同,染色体作图可以分为遗传连锁作图和物理作图。

(1)物理图谱(physical map)

物理图谱指的是 DNA 序列上两点的实际距离,通常由 DNA 的限制性酶切片段或克隆的 DNA 片段有序排列而成,其基本单位是 kb(千碱基对)或 Mb(兆碱基对)。物理图谱反应的是 DNA 序列上两点之间的实际距离,而遗传图谱则反应这两点之间的连锁关系。在 DNA 交换频繁的区域,两个物理位置相距很近的基因或 DNA 片段可能具有较大的遗传距离,而两个物理位置相距很远的基因或 DNA 片段则可能因该部位在遗传过程中很少发生交换而具有很近的遗传距离。

人类基因组的物理图谱包含了两层意思。首先,基因组的物理图谱需要大量定位明确、分布较均匀的序列标记,这些序列标记可以用 PCR 的方法扩增,称为序列标签位点(Sequence Tagged Sites,STS)。其次,在大量 STS 的基础上构建覆盖每条染色体的大片段 DNA 的连续克隆系(Contig),为最终完成全序列的测定奠定基础。这种连续克隆系的构建最早建立在酵母人工染色体(Yeast Artificial Chromosome,YAC)上。YAC 可以容纳几百 kb 到几个 Mb 的 DNA 插入片段,构建覆盖整条染色体所需的独立克隆数最少。但 YAC 系统中的外源 DNA 片段容易发生丢失、嵌合而影响最终结果的准确性。90 年发展起来的细菌人工染色体(Bacterial Artificial Chromosome,BAC)系统克服了 YAC 系统的缺陷,具有稳定性高,易于操作的优点,在构建人类基因组的物理图谱中得到了广泛应用。BAC 的插入片段达 80kb～300kb,构建覆盖人类全部基因组的 BAC 连续克隆系,约需 3×10^5 个独立克隆(15 倍覆盖率,BAC 插入片段平均长 150kb)。除了上述两种系统,在构建人类基因组的物理图谱中所利用的系统还有 P1 噬菌体(Bacteriophage P1,插入片段最大 125kb)和 P1 来源的人工染色体(P1-derived Artificial Chromosome,PAC,插入片段可达 300kb)。

从精细的物理图谱出发,排出对应于特定染色体区域的重叠度最小的 BAC 连续克隆系后,就可以对其中的 BAC 逐个进行测序。进行 BAC DNA 测序的基本步骤是:

①将待测的 BAC DNA 随机打断,选取其中较小的片段(约 1.6～2kb);

②将这些片段克隆到测序载体中,构建出随机文库;

③挑选随机克隆进行测序,达到对 BAC DNA 8～10 倍的覆盖率;

④将测序所得的相互重叠的随机序列组装成连续的重叠群(Contig);

⑤利用步移(walking)或引物延伸等方法填补存在的缝隙;

⑥获得高质量的、连续的、真实的完成序列。

对一个 BAC 克隆而言,其内部所有缝隙被填补后的序列称为完成序列;而对一段染色体区域或一条染色体而言,序列的完成是指覆盖该区域的 BAC 连续克隆系之间的缝隙被全部填补。依照美国国立卫生研究院(NIH)和能源部联合制定的标准,最终的完成序列需要同时满足以下三个条件:

①序列的差错率低于 1/10000;

②序列必须是连贯的,不存在任何缺口(gap);

③测序所采用的克隆必须能够真实地代表基因组结构。

(2)遗传学图

遗传学图又称连锁图谱(1inkage map),是以具有遗传多态性(在一个遗传位点具有一个以上的等位基因,在群体中的出现频率皆高于 1% 的遗传标记)为“路标”,以遗传学距离在减数分裂事件中两个位点之间进行交换、重组的百分率,1% 的重组率称为 1cM(centi Morgan)为图距的基因组图。遗传图谱的建立为基因识别和完成基因定位创造了条件。

人类基因组遗传连锁图的绘制需要应用多态性标记。人的 DNA 序列上平均每几百个碱基会出现一些变异(variation),这些变异通常不产生病理性后果,并按照 Mendel 遗传规律由亲代传给子代,从而在不同个体间表现出不同,因而被称为多态性(Polymorphism)。

现在的多态性标记主要有三种:

①限制性片段长度多态性(restriction fragment length polymorphism,RFLP)。

RFLP 是第 1 代标记,用限制性内切酶特异性切割 DNA 链,由于 DNA 的点突变所造成的能切与不能切两种状况,而产生不同长度的等位片段,可用凝胶电泳显示多态性,用于基因突变分析、基因定位和遗传病基因的早期检测等方面。RFLP 具有以下优点:在多种生物的各类 DNA 中普遍存在;能稳定遗传,且杂合子呈共显性遗传;只要有探针就可检测不同物种的同源 DNA 分子的 RFLP,缺点是需要大量相当纯的 DNA 样品,而且 DNA 杂交膜和探针的准备,以及杂交过程都相当耗时耗力,同时由于探针的异源性而引起的杂交低信噪比或杂交膜的背景信号太高等都会影响杂交的灵敏度。

②DNA 重复序列的多态性标记。人类基因的多态性较多的是由重复序列造成的,这也是人类基因组的重要特点之一。重复序列的多态性有小卫星 DNA 多态性或(variable number of tandem repeats,VNTR)的多态性和微卫星的 DNA 多态性等多种。小卫星 DNA 重复序列(minisatellite)或不同数目的串联重复 VNTR 的多态性,指的是基因组 DNA 中有数十到数百个核苷酸片段的重复,重复的次数在人群中有高度变异,总长不超过 20kb,是一种遗传信息量很大的标记物,可以用 Southern 杂交或 PCR 法检测。微卫星 DNA 重复序列(microsatellite)或短串联重复(short tandem repeats,SIR)多态性,是基因组中由 1~6 个碱基的重复,如(CA)n,(GT)n 等产生的,以 CA 重复序列的利用度为最高。微卫星 DNA 重复序列在染色体 DNA 中散在分布,其数量可达 5 到 10 万,是目前最有用的遗传标记。第二代 DNA 遗传标记多指 STR 标记。

③单核苷酸多态性标记(single nucleotide polymorphism,SNP)。1996 年 MIT 的 E. Lander 提出了"第三代 DNA 遗传标记"。这种遗传标记的特点是单个碱基的置换,与第一代的 RFLP 及第二代的 STR 以长度的差异作为遗传标记的特点不同,而且 SNP 的分布密集,每千个核苷酸中可出现一个 SNP 标记位点,在人类基因组中有 300 万个以上的 SNP 遗传标记,这可能达到了人类基因组多态性位点数目的极限。这些 SNP 标记以同样的频率存在于基因组编码区或非编码区,存在于编码区的 SNP 约有 20 万个,称为编码 SNP(coding SNP,cSNP)。每个 SNP 位点通常仅含两种等位基因——双等位基因(Biallelic),其变异不如 STR 繁多,但数目比 STR 高出数十倍到近百倍,因此被认为是应用前景最好的遗传标记物。

2.重叠群的建立

染色体被分解并完成测序后,需要组装,低分辨率物理图谱可以为组装提供标记。对重叠群的各个克隆片段进行组装的基本原理如图 12-1 所示。这里使用的是片段重叠法,与蛋白质序列测定中组装肽段,或核酸测序中随机片段的组装是相似的。比如 A 克隆中有 2 号、11 号和 12 号 STS,其 2 号 STS 与 C 克隆重叠,说明 C 克隆应组装到 A 克隆之前。A 克隆的 12 号 STS 与 D 克隆重叠,说明 D 克隆应组装到 A 克隆之后。需要说明的是,这里只是一个示意图,实际工作中的克隆数和 STS 更多,组装会更复杂,所以我们可以通过计算机帮助完成类似的工作。

3.高分辨率物理图谱的制作

重叠群克隆中的大片段通常要被分解成较小的片段,用 BAC 进行亚克隆。亚克隆中的片段才被用来通过随机切割进行测序。由于亚克隆中的片段也需要组装,在分解大片段之前,需要制作大片段的高分辨率物理图谱。制作高分辨率物理图谱,可以采用多种不同的分子标记。

限制性片段长度多态性(restriction fragment length polymorphism,RFLP)是第一代分子标记,由于限制性内切酶可特异性切割 DNA 链,DNA 的点突变可能影响酶切位点。酶切后 DNA 片段的长度,可用凝胶电泳分析。RFLP 可用于基因突变分析、基因定位和遗传病基因的早期检测等方面。

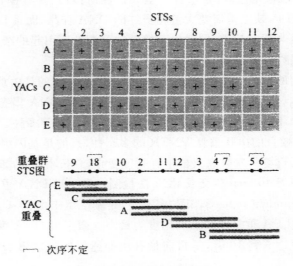

图 12-1　重叠群的建立

用限制性核酸内切酶切位点制作 DNA 的物理图谱,需要配合使用多种限制性核酸内切酶,图 12-2 说明了这种方法的基本原理,随着片段长度的增加,实验过程的难度和结果分析的复杂性会明显增加。因而这种方法主要用于较简单基因组的物理图谱制作。

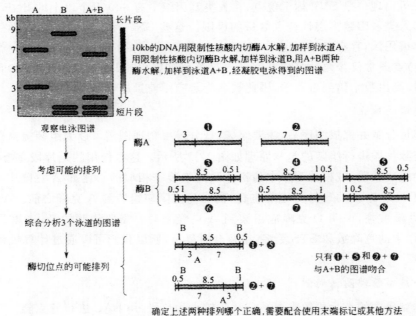

图 12-2　限制性核酸内切酶图谱的制作

4. 基因组测序

(1)全基因组的"鸟枪法"测序策略

全基因组的"鸟枪法"测序策略,是指在获得一定的遗传和物理图谱信息的基础上,绕过建立连续的 BAC 克隆系的过程,直接将基因组 DNA 分解成小片段,进行随机测序,并辅以一定数量的 10kb 克隆和 BAC 克隆的末端测序结果,在此基础上进行序列拼接,直接得到待测基因组的完整序列。这一策略从一提出就受到质疑,并不为主流的公共领域所采纳。1995 年,由 Craig Venter 领导的私营研究所 TIGR(The Institute of Genomie Research)将这种方法应用于对嗜血流感杆菌(H. influenzae)全基因组的测序中,成功地测定了它的全基因组序列。该方法随后在对包括枯草杆菌、大肠杆菌等 20 多种微生物的基因组测序中得到了成功地应用。1998 年,TIGR 和 PE 公司联合组建了一个新的 Celera 公司,宣布计划采用全基因组的“鸟枪法”测序策略,在 2003 年底前测定人类的全部基因组序列。接着,Celera 公司与加州大学伯克利分校的果蝇计划(BDGD)合作,仅用了 4 个月的时间,就用全基因组的“鸟枪法”测序策略完成了果蝇基因组 120Mb 的全序列测定和组装,证明了这一技术路线的可行性,成为利用同一策略进行人类基因组测序的一次预实验。2000 年 6 月,国际人类基因组测序小组和 Celena 公司共同宣布基本完成了人类基因组序列的工作草图,并于次年 2 月分别在 Nature 和 science 杂志上正式公布了工作草图。

(2)cDNA 测序

人类基因组中发生转录表达的序列(即基因)仅占总序列的约 5%,对这一部分序列进行测定将直接导致基因的发现。由 mRNA 逆转录而来的互补 DNA 称为 cDNA,代表在细胞中被表达的基因。由于与重要疾病相关的基因或具有重要生理功能的基因具有潜在的应用价值。使得 cDNA 测序受到制药工业界和研究机构的青睐,纷纷投入重金进行研究并抢占专利。cDNA 测序的研究重点首先放在 EST 测序,根据 EST 测序的结果,可以获得基因在研究条件下的表达特征。EST(expressed sequence tag)是基因表达的短 cDNA 序列,携带完整基因的某些片段的信息,是寻找新基因、了解基因在基因组中定位的标签。比较不同条件下(如正常组织和肿瘤组织)的 EST 测序结果,可以获得丰富的生物学信息(如基因表达与肿瘤发生、发展的关系)。其次,利用 EST 可以对基因进行染色体定位。至 2005 年 5 月 13 日,公共数据库内有 26858818 条 EST(其中人类 EST 有 6057800),更多的 EST 和全长 cDNA 则掌握在一批以基因组信息为产品的生物技术公司手中。

(3)人类基因组的测序

在世界各国科学家的努力下,人类基因组测序工作顺利开展,并取得了巨大的进展。与此同时,许多私营公司由于觊觎人类基因组计划将在医药行业带来的巨大应用前景,纷纷投入巨资开展自己的测序计划。1998 年,由 PE 公司和 TIGR 合作成立的 Celera 公司宣布将在 3 年时间内完成人类基因组全序列的测定工作,建立用于商业开发的数据库,并对一大批重要的人类基因注册专利。面对私营领域的挑战,公共领域的测序计划也加快了步伐。2000 年 6 月 25 日,美、英、日、法、德和中国的 16 个测序中心或协作组获得了占人类基因组 21.1% 的完成序列及覆盖人类基因组 65.7% 的工作草图,两者相加达到 86.8%。同时,对整条染色体的精细测序也获得突破性进展。1999 年 12 月,英、日、美、加拿大和瑞典科学家共同完成了人类 22 号染色体的常染色体部分共 33.4 Mb 的测序。2001 年 2 月 15 日,国际公共领域人类基因组计划和美国的 Celera 公司分别在 Nature 和 Science 杂志上公布了人类基因组序列工作草图,完成全基因组 DNA 序列 95% 的测序。2003 年 4 月 14 日,国际人类基因组测序共同负责人 Francis Collins 博士宣布,人类基因组序列图绘制成功,全基因组测序完成 99%。

(4)模式生物体的基因组测序

人类基因组计划除了要完成人类基因组的作图、测序,还对一批重要的模式生物体,如大肠杆菌、面包酵母、线虫、果蝇、拟南芥、小鼠等的基因组进行研究。低等的模式生物体的基因组结构相对较简单,对其进行全基因组作图测序,可以为人类基因组的研究进行技术的探索和经验的积累。更重要的是,这些研究一方面有助于人们在基因组水平上认识进化规律,另一方面,可以通过对不同生物体中的同源基因的研究,以及利用模式生物体的转基因和基因敲除术(gene knockout)等方法研究基因的功能。随着遗传图谱和物理图谱的进一步完善,测序技术的进一步改进及测序成本的降低,对其他各种模式生物体,尤其是基因组很大的哺乳类动物和植物基因组的测序工作将会不断展开。1997年,大肠杆菌的全基因组序列测定工作完成,人们第一次掌握了这种重要的模式生物的全部遗传信息。随后,在国际多方合作的基础上,面包酵母、线虫和果蝇的全基因组序列相继得到测定。我国科学家在完成了对水稻基因组的物理图谱的绘制工作以后,对它的全序列测定工作也已经开始。2000年4月4日,美国孟山都(Monsanto)公司宣布与Leory Hood领导的研究小组合作测定了水稻基因组的工作草图。2002年5月6日,国际小鼠基因组测序联盟宣布,完成了最重要的模式生物小鼠基因组的序列草图。

12.1.2 功能基因组学

功能基因组学(functional genomics)又称后基因组学(post genomics),是利用结构基因组学所提供的信息,发展并应用新的实验手段,在基因组或系统水平上对基因功能进行的全面研究。从对单一基因或蛋白质的研究,转向对多个基因或蛋白质同时进行系统的研究。研究内容包括基因表达分析及突变检测,和基因表达产物的生物学功能,如蛋白质激酶对特异蛋白质进行磷酸化修饰,参与细胞间和细胞内的信号传递途径,参与细胞的形态建成等。基因的功能直接或间接与基因转录有关,因此,狭义的功能基因组学是研究细胞、组织或器官在特定条件下的基因表达。广义地讲,功能基因组学是结合基因组来定量分析不同时空表达的mRNA谱、蛋白质谱和代谢产物谱,所有对基因组功能的高通量研究,都可归于功能基因组学的范畴。

功能基因组学与转录组学、蛋白质组学和生物信息学等密切相关,同时在功能基因组学的基础上还产生出许多不同的分支,如药物基因组学、比较基因组学、进化基因组学等。

生物信息学(bioinformatics)是20世纪80年代末开始,随着基因组测序数据迅猛增加而逐渐兴起的一门新兴学科,生物科学与计算机科学,以及应用数学等多门学科相互交叉而形成的交叉学科。生物信息学(bioinformatics)将大量系统的生物学数据与数学和计算机科学的分析理论和实用工具联系起来,通过对生物学实验数据的获取、加工、存储、检索和分析,解释这些数据所蕴含的生物学意义。

生物信息学的研究目标是探索生命的起源、进化、遗传和发育的本质,认识隐藏在DNA序列中的遗传语言,了解基因组信息结构的复杂性及遗传语言的根本规律,通过人体生理和病理过程的分子基础,为人类疾病的诊断、预防和治疗提供合理有效的治愈方法。目前生物信息学的主要任务是:

(1)获取人和各种生物的完整基因组

测序仪的采样、分析、碱基读出、载体识别和去除、拼接与组装、填补序列间隙、重复序列标识、读框预测、基因标注等都依赖于信息学的软件和数据库。这是个信息的收集、整理、管理、处理、维护、利用和分析的过程,包括建立国际基本生物信息库和生物信息传输的国际互联网系统、建立生物信息数据质量的评估与检测系统、生物信息的在线服务,以及生物信息可视化等。

(2)发现新基因和新的单核苷酸多态性

发现新基因是当前国际上基因组研究的热点,使用生物信息学的方法是发现新基因的重要手段。利用 EST 数据库发现新基因称为基因的"电脑克隆"。EST 序列是基因表达的短 eDNA 序列,它们携带着完整基因的某些片段的信息。通过计算分析从基因组 DNA 序列中确定新基因编码区,已经形成许多分析方法,如根据编码区具有的独特序列特征、根据编码区与非编码区在碱基组成上的差异等。截止到 2005 年 5 月,在 GenBank 的 EST 数据库中,人类 EST 序列已超过 600 万条。

单核苷酸多态性研究是人类基因组计划走向应用的重要步骤。SNP 提供了一个强有力的工具,用于高危群体的发现、疾病相关基因的鉴定、药物的设计和测试以及生物学的基础研究等。SNP 在基因组中分布相当广泛,近年的研究表明,在人类基因组中每 300 个 bp 就出现一个 SNP 位点。大量存在的 SNP 位点使人们有机会发现与各种疾病相关的基因组突变。

(3)获取蛋白质组信息

基因芯片技术只能反映从基因组到 RNA 的转录水平上的表达情况,而从 RNA 到蛋白质还有许多中间环节的影响。这样,仅凭基因芯片技术人们还不能最终掌握蛋白质的整体表达状况。因此,近年在发展基因芯片的同时,人们还发展了二维凝胶电泳技术和质谱测序技术。通过二维凝胶电泳技术可以获得某一时间截面上蛋白质组的表达情况,通过质谱测序技术则可以得到所有这些蛋白质的序列组成。然而,最重要的是运用生物信息学的方法分析获得的海量数据,从中还原出生命运转和调控的整体系统的分子机制。

(4)蛋白质结构预测

基因组和蛋白质组研究的迅猛发展,使许多新蛋白序列涌现出来。然而,要了解这些蛋白质的功能,只有氨基酸序列是远远不够的,还需要了解其空间结构。蛋白质的功能依赖于其空间结构,而且在执行功能的过程中,蛋白质的空间结构会发生改变。目前,除了通过 X 射线衍射晶体结构分析、多维核磁共振波谱分析和电子显微镜二维晶体三维重构等物理方法获得蛋白质的空间结构外,还可以通过计算机辅助预测蛋白质的空间结构。一般认为,蛋白质的折叠类型只有数百到数千种,远远小于蛋白质所具有的自由度数目,而且蛋白质的折叠类型与其氨基酸序列具有相关性,因此有可能直接从蛋白质的氨基酸序列,通过计算机辅助方法预测出蛋白质的空间结构。

(5)生物信息分析的技术与方法研究

为了适应生物信息学的飞速发展,其研究方法和手段必须得到提高。例如,开发有效的能支持大尺度作图和测序需要的软件、数据库和若干数据库工具,以及电子网络等远程通讯工具;改进现有的理论分析方法,如统计方法、模式识别方法、复性分析方法、多序列比对方法等;创建适用于基因组信息分析的新方法、新技术,发展研究基因组完整信息结构和信息网络的方法,发展生物大分子空间结构模拟、电子结构模拟和药物设计的新方法和新技术。

12.1.3 基因组学在医学中的应用

人类基因组测序及基因组学最近和预期的研究成果,有助于在以下方面取得成绩:鉴定基因在健康和疾病中的角色,测定它们与环境因素之间的关系;发展、评价以及应用以基因组为基础的诊断方法来预测对疾病的易感性,预测药物反应等。

1. 用于人类基因相关基因鉴定

人类所有疾病或健康状态都与基因直接或间接相关,每种疾病都有其相应的致病基因或易感基因存在。人类疾病相关基因是人类基因组中结构与功能完整性至关重要的信息,疾病的发生过程是相关基因与内外环境相互作用的结果。人类基因组研究的一个主要目标是寻找人类疾病相关基因。科学家认为,至少有 4000 多种基因与人类疾病的发生有直接关系。因此,以人类基因组为大背景研究疾病发生、发展过程中基因型的变化规律,将是揭示基因组功能奥秘的最佳途径,由此建立了疾病基因组学。

采用"定位克隆"和"定位候选基因"的策略,已发现了包括遗传性结肠癌、囊性纤维化和乳腺癌等一大批单基因遗传病致病基因,为这些疾病的基因诊断和基因治疗奠定了基础。1998年,我国夏家辉教授课题组在《Nature Genetics》发表了人类神经性高频耳聋的致病基因(GJB3 的突变体),实现了我国在单基因遗传病致病基因研究"零的突破"。2001 年,我国科学家发现遗传性乳光牙本质的致病基因,从而在国际上首先鉴定出遗传性牙本质发育不全的致病基因为 DSPP。2003 年,我国科学家在《Science》发表文章,发现了引起家族性心房颤动(房颤)的致病基因,这是迄今为止发现的第一个引起家族性房颤的致病基因。

有些疾病的发生涉及多个基因的变异和环境的影响,常称之为"多基因病"。由于基因组研究成果的不断出现和统计分析方法的进展,糖尿病、老年性痴呆、心血管疾病、肿瘤、精神分裂症、自身免疫性疾病等多基因疾病成为目前疾病基因研究的重点。在疾病相关基因的研究中,由单基因病向多基因病的重点转移已成为必然趋势。已知多基因疾病是由多个基因的累加作用和某些环境因子作用所致,这些基因的 SNP 及其特定组合可能是造成疾病易感性的重要原因。因此,对疾病相关候选基因进行 SNP 的关联研究,可能是多基因疾病研究取得突破的希望所在。

2. 用于了解遗传因素在人类健康和疾病中作用的研究

传统上大部分人类遗传的研究倾向于找出致病基因,但很少研究遗传因素在维护良好健康中所起的作用。人类基因组学将鉴定出那些在维护健康方面十分重要的遗传变异,尤其是那些在抵抗已知外部环境危险因素时产生的某些等位基因变异。这些等位基因变异可能使健康人群避免患上糖尿病、癌症、心脏病等。我们对这些等位基因变异和某种特定疾病具有高发病率风险但却并不染上该疾病的人进行严格的遗传变异检测、寻找差异,有可能提高人类的健康水平。如肥胖但却没有心脏病的吸烟者,或者是具有 HNPCC 突变但却没有结肠癌的人。

3. 用于基因与环境相互作用研究

由于基因具有多态性,不同个体对环境致病因素的易感性也存在差异。鉴定 DNA 修复基因、有毒物质代谢和解毒基因、代谢基因等与环境因素发生相互作用蛋白的编码基因的等位片段多态性(allelic polymorphism),并确定它们在环境暴露引起疾病的危险度方面的差异,同时在疾病流行病学中,研究基因与环境的相互作用。这将有助于发现特定环境因子致病的风险人群,并制定相应的预防措施和环境保护策略。

4. 用于个体化治疗和新药开发研究

不同的病人对同一种药物有不同的反应,这说明药物疗效和毒副作用存在个体间的差异。许多疾病都有共同的临床症状,但可能有不同病因及发病机制,因此对治疗和药物的反应也是不同的。HGP 的完成为研究基因变异提供了理论基础,而药物研究则获得了不同人群对药物反应的信息,两者的结合使药物基因组学的研究成为可能。

药物基因组学与药物遗传学类似,其目的是研究药物疗效和安全性变化的分子遗传基础,但是药物基因组学拓宽了药物遗传学"某一时刻单基因"的研究方式,它涵盖了人类基因组内的所有基因。基因多态性是药物基因组学的基础和重要研究内容,主要包括药物代谢酶的多态性、药物转运蛋白的多态性和药物作用靶点的多态性等。基因多态性决定了病人对药物的不同反应,随着对疾病以及药物作用与 DNA 多态性之间关系认识的深入,特别是对药物代谢相关基因的 SNP 研究,将可能阐明不同病人间药物代谢及药效差别的遗传基础,指导和优化临床用药,并可根据不同病人的基因组特征优化治疗方案,实现个体化治疗和最佳治疗效果。

目前药物基因组学的发展趋势,就是侧重了解有重要功能意义和控制药物代谢与处理的基因多态性,以探明药理学作用的分子机制以及各种疾病发生、发展的遗传学机制,从而最终达到精确指导个性化药物开发的目的。

5. 用于传染性疾病的研究

科学家们正在进行的重要传染病病原体感染相关基因的研究,有助于搞清与传染病感染相关的人类易感基因的组成及其特点,从而决定个体是否对某种病原体易感。在此基础上研制出特异性预防和治疗疫苗,因人施药。搞清楚病人的基因组成,不但能阐明各种药物对个体不同基因的作用方式,突破传统的药物治疗模式,而且对于针对基因特异性筛选药物、对传染病进行有效的个体化治疗(individualized therapy)以及对传染病的临床合理用药、发展基于中国人群特点的生物制药产业都有促进作用。

12.2　蛋白质组学

12.2.1　蛋白质组学的研究内容

蛋白质组的概念由澳大利亚学者 Wilkins 于 1994 年提出,并仿造了一个合成词 proteome。因为蛋白质是基因编码的产物,所以蛋白质组似乎可以被简单地理解成是由一个基因组编码的全部蛋白质。然而,至少有一个事实告诉我们蛋白质组与基因组绝不是简单的对应关系:蛋白质组既有细胞特异性甚至细胞器特异性,又有条件特异性;而基因组只有物种特异性,没有细胞特异性,更没有条件特异性。因此应该从多个层面动态地理解蛋白质组,即一个个体、一种组织、一种细胞或一种细胞器在一定的生理或病理状态下所拥有的全部蛋白质。

蛋白质组学是在整体水平上研究细胞内蛋白质组成、数量及其在不同生理条件下变化规律的科学。它主要研究细胞内所有蛋白质在生命活动过程中的时空表达、蛋白质分子间的相互作用、翻译后的各种修饰等。与传统的针对单一蛋白质进行的研究相比,蛋白质组学的研究不仅在研究手段上是全新的、大规模和高通量的,而且由于一个细胞蛋白质的复杂性、多样性和可变性,对其分析分离都要相对困难得多。

目前,蛋白质组学的研究大致可分为组成蛋白质组学(compositional proteomics)研究和比较蛋白质组学(comparative proteomics)研究两大方向。组成蛋白质组学是采用高通量的蛋白质组研究技术从大规模、系统性的角度分析生物体内尽可能多乃至接近所有的蛋白质,建立蛋白质表达谱,从而获得对生命活动的全景式认识的蛋白组学研究。比较蛋白质组学研究以生命活动或疾病为研究对象,选取生命活动或疾病发生、发展过程中的几个相继的重要阶段,分别进行蛋白质作图,系统地进行蛋白质种类和数量的比较,筛选有差异表达的关键蛋白和导致疾病发生的标志性蛋白后,进一步研究蛋白质组成员间的相互作用、相互协调的关系,并深入了解蛋白质的结构与功能的相互关系,以及基因结构与蛋白质结构、功能的关系,从而确定生命活动或疾病发生、发展的蛋白质基础。比较蛋白质组学研究是蛋白质功能模式的研究,是蛋白质组学研究的最终目标。蛋白质组学研究的核心内容包括两个方面:蛋白质组研究体系的建立、完善和重要的生物学问题相关的功能蛋白质组研究。

蛋白质组学高通量、全方位、多层次、动态研究蛋白质组。

(1)揭示蛋白质结构

阐明蛋白质功能的一个重要前提是阐明其空间结构。蛋白质组学应用质谱技术、X射线衍射技术和核磁共振技术等在蛋白质组水平研究蛋白质的空间结构信息,建立数据库,通过信息分析阐明一级结构决定空间结构的规律。

(2)分析蛋白质丰度

利用双向凝胶电泳技术、蛋白质印迹技术、蛋白质芯片技术、抗体芯片技术、免疫共沉淀技术,分析特定细胞在特定时间和特定条件下的蛋白质组图谱,即所含蛋白质的种类和丰度,研究基因表达的特异性及疾病相关性。

(3)阐明蛋白质功能

系统应用中和抗体、小分子化合物等方法干预蛋白质的活性或使蛋白质失活,观察对某一生命活动过程的影响,从而阐明蛋白质功能模式。

(4)研究蛋白质作用

几乎所有生命活动的化学本质都是蛋白质作用,既包括辅基的结合、亚基的装配,更包括蛋白质—蛋白质、蛋白质—核酸、酶—底物、抗体—抗原、受体—配体等相互作用。因此,蛋白质组学利用酵母双杂交技术、表面展示技术等研究蛋白质作用,可以绘制蛋白质作用图谱,阐明蛋白质在代谢途径和调控网络中的作用,以获得对生命活动的全景式认识。

12.2.2 蛋白质组学的研究技术

由于蛋白质在数量、氨基酸组成上比基因复杂,使得蛋白质组的研究远比基因组研究复杂。1975年,Farrell等建立的蛋白质高分辨双向凝胶电泳(2-DE),拉开了蛋白质组研究的序幕。蛋白质组研究的迅速发展,主要归功于以下三大技术的突破:①20世纪80年代固相化pH梯度凝胶的发明和完善,改善了双向凝胶电泳的重复性和上样量。②80年代后期电喷雾电离飞行时间质谱(ESFMS)和基质辅助激光解吸飞行时间质谱(MALDI-TOF-MS)技术出现,并在蛋白质分析中成功应用。③以计算机技术为基础的多种图像分析与大规模数据处理软件问世,不少物种的双向凝胶电泳和蛋白质数据库相继建立与完善。双向凝胶电泳技术、计算机图像分析与数据处理技术、质谱技术是蛋白质组学研究的三大基本支撑技术。蛋白质组学研究包括三个主要步骤:蛋白质分离;蛋白质鉴定;鉴定结果的存储、处理、对比和分析。目前国际上已建立的关于蛋白质组学研究的技术平台主要包括以下几个方面:①蛋白质样品的制备。②蛋白质的分离和纯化。③蛋白质的鉴定。④蛋白质的定量和差异表达及相互作用的研究。⑤蛋白质生物信息学。

1. 样品的制备

通常可采用组织、细胞中的全部混合蛋白质组分或根据蛋白质的溶解性和在细胞中不同细胞器定位进行分级的蛋白质组分(细胞核、线粒体或高尔基体等细胞器的蛋白质)进行蛋白质组分析。采用激光捕获微解剖(laser capture ml crodissection,LCM)方法可以精确地从组织切片中取出研究者感兴趣的细胞类型,取出的细胞用于蛋白质样品的制备。

2. 蛋白质的分离技术

蛋白质分离技术主要包括双向凝胶电泳、双向高效柱层析、二维差异凝胶电泳、毛细管电泳技术、蛋白质芯片技术等。

(1)双向电泳

双向电泳(2-DE)是基于不同蛋白质的等电点和分子量不同的特性,第一向采用等电聚焦(IEF)进行第 1 次分离,第二向沿垂直方向用十二烷基硫酸钠—聚丙烯酰胺凝胶电(SDS-PAGE)进行第 2 次分离(图 12-3)。双向电泳可以分辨上千个点,如何对这些点进行有针对性的分析,方法的选择至关重要。根据分离的目的,有多种检测方法。目前蛋白质组研究中经常是结合两种染色方法进行分析,首先经银染分析寻找出有意义的点,再加大上样量,用考马斯蓝染色,再用作进一步质谱鉴定。双向电泳在蛋白质组分离技术中起到了关键作用。

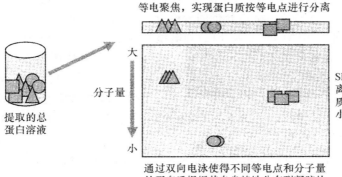

图 12-3　双向凝胶电泳示意图

(2)二维差异凝胶电泳

二维差异凝胶电泳是二维电泳技术的基础上发展起来的定量分析凝胶上蛋白质点的新方法。该技术应用不同的荧光染料 Cy2、Cy3 或 Cy5,分别标记不同的蛋白质样品后将两种样品等量混合,在同一 2-DE 中分离。通过加入内标(Cy2、Cy3 或 Cy5 标记的已知量的某种蛋白质)可保证定量结果的可靠性和操作的可重复性。可比较两种状态下特定蛋白质丰度变化、也可发现缺失或新出现的蛋白质。

（3）双向高效柱层析

双向高效柱层析是先将蛋白质混合样品进行凝胶过滤（分子筛）层析，再利用蛋白质表面疏水性质进行反向柱层析分离。该法的优点是可以适当放大，分离得到较多的蛋白质以供鉴定。层析柱流出的蛋白峰可直接连通进入质谱进行测定（一维色谱与质谱联用技术，多维色谱与质谱联用技术），这在分析复杂混合物时很有优势。

3.蛋白质鉴定技术

（1）蛋白质结构分析

解析蛋白质的三维结构，建立结构与功能之间关系的基础。目前在专门存储蛋白质和核酸分子结构的蛋白质数据库中，接近 90％的蛋白质结构是用 X 射线晶体学的方法测定的。X射线晶体学可以通过测定蛋白质分子在晶体中电子密度的空间分布，在一定分辨率下解析蛋白质中所有原子的三维坐标。大约 9％的已知蛋白结构是通过核磁共振技术来测定的。该技术还可用于测定蛋白质的二级结构。除了核磁共振以外，还有一些生物化学技术被用于测定二级结构，包括圆二色谱。冷冻电子显微技术是近年来兴起的一种获得低分辨率（低于 5Å）蛋白质结构的方法，该方法最大的优点是适用于大型蛋白质复合物（如病毒外壳、核糖体和类淀粉蛋白纤维）的结构测定；并且在一些情况下也可获得较高分辨率的结构，如具有高对称性的病毒外壳和膜蛋白二维晶体。

（2）质谱技术

蛋白质组研究技术中一个很重要的方面是对双向凝胶电泳分离的蛋白质点的鉴定。当前蛋白质组研究的核心技术就是双向凝胶电泳－质谱技术，即通过双向凝胶电泳将蛋白质分离，然后利用质谱对蛋白质逐一进行鉴定。质谱技术是目前蛋白质组研究中发展最快，也最具活力和潜力的技术。它通过测定蛋白质的质量来判别蛋白质的种类。质谱技术是通过测定样品离子的荷质比（m/z）来进行成分和结构分析的分析方法。现在所使用的质谱技术有基质辅助激光解析电离飞行时间质（MALDI-TOF MS）和电喷雾离子化质谱（ESI-MS）。MALDI-TOF MS 用一定波长的激光打在样品上，使样品离子化，然后在电场力作用下飞行，通过检测离子的飞行时间（TOF）计算出其质量电荷比，从而得到一系列酶解肽段的分子量或部分肽序列等数据，最后通过相应的数据库搜索来鉴定蛋白质（图 12-4）。该技术精度高、分析时间短，可同时处理许多样品，是高通量鉴定的首选方法。ESI-MS 是在喷射过程中利用电场完成多肽样品的离子化，离子化的肽段转移进入质量分析仪，根据不同离子的质荷比差异分离，并确定分子质量。此法分析肽混合物、鉴定蛋白质时，可对每一肽段进行序列分析，综合 MS 数据鉴定蛋白质，大大提高了鉴定的准确度。

（3）Edam 降解法测定 N 末端序列

尽管 Edman 降解法测序速度较慢，费用偏高，灵敏度也不如快速发展的质谱技术，但它测定的肽序列非常准确，成为蛋白质可靠鉴定的重要依据。类似 Edman 降解法的 C 末端化学降解法已研究多年并有自动化仪器问世，但它的反应效率低。

（4）氨基酸组成分析

其由于耗资低而常用于蛋白质鉴定，但往往需配合其他鉴定手段才能得到可靠的结果。

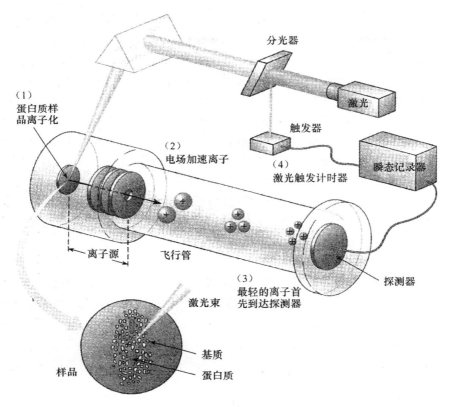

图 12-4　MALDI-TOF 质谱

氨基酸组成分析对杂质污染较敏感,如果样品含有杂蛋白,会严重影响鉴定的可信度。

目前质谱技术已成为蛋白质鉴定的核心技术,从质谱技术测得的完整蛋白质相对分子质量、蛋白质的肽质量指纹谱以及部分肽序列等数据通过相应的数据库的搜寻来鉴定蛋白质。蛋白质的可靠鉴定往往需要多种方法和数据的结合,还需要对蛋白质翻译后修饰的类型和程度进行分析。

(5)生物信息学

生物信息学是以生物大分子为研究目标,辅以计算机为工具,运用信息学和数学理论方法来研究生命现象,通过对生物大分子信息的获取、加工、分类、检索、分析与比较,最终获得其生物学意义的一门科学和研究方法。可用于寻找蛋白质家族保守序列,并可对蛋白质高级结构进行预测,是蛋白质组学的重要组成部分。目前,生物信息学在蛋白质组学方面的应用主要有:构建与分析双向凝胶电泳图谱;数据库的建立和搜索;蛋白质结构的预测;各种分析及检索软件的开发与应用。目前已有众多与蛋白质组研究相关的数据库,其中应用最多的包括蛋白序列数据库(TrEMBL)、基因序列数据库(GEMBL)、蛋白模式数据库等。

(6)蛋白质的定量和差异表达及相互作用的研究技术

比较蛋白质组学的主要研究内容之一是对蛋白质量的差异表达进行准确的定量分析,尤其是比较不同状态下细胞内一些低拷贝蛋白质的差异表达。目前对疾病的研究,通过比较正常与异常细胞或组织中蛋白质表达水平的差异,进而找到与人类疾病密切相关的差异蛋白,确定靶分子，为临床诊断、病理研究、新陈代谢研究、药物筛选、新药开发等提供理论依据。

目前定量蛋白质组学的研究技术包括：放射性核素稀释技术、荧光染色差异显示双向电泳和氨基酸化学标记技术等。放射性核素稀释技术（isotope dilution technique）包括代谢标记方法、提取后标记方法、反标记方法。氨基酸化学标记法包括：放射性核素亲和标记技术、赖氨酸标记技术、色氨酸标记技术及肽质图谱差异比较等。

蛋白质间相互作用的研究技术包括蛋白质亲和层析、免疫印迹、免疫共沉淀、蛋白质交联、酵母双杂交技术、噬菌体展示技术和表面等离子体共振技术等。其中酵母双杂交技术（又称蛋白质捕获系统）是利用融合基因激活报告基因的表达，来探测蛋白质—蛋白质的相互作用。该技术能够敏感地检测到蛋白质之间微弱的、瞬间的作用。因此，它在许多研究领域中有着广泛的应用。噬菌体展示技术是一种噬菌体表面表达筛选技术，也是一种用于筛选和改造功能性多肽的生物技术。表面等离子体共振技术已成为一种全新的研究蛋白质间相互作用的手段。

12.2.3 蛋白质组学的特点

蛋白质是生命活动的主要执行者。蛋白质组的多样性和动态性使蛋白质组学研究要比基因组学研究复杂得多。因此，基因组学只是组学研究的起步，蛋白质组学才是组学研究的核心。

（1）蛋白质组不是基因组的映射

人类基因组有60%基因在转录时存在选择性剪接，平均每个基因指导合成三种mRNA。

（2）蛋白质组也不是mRNA组的映射

mRNA组展示了一定条件下细胞内mRNA的种类及每种mRNA的相对丰度。它并不与蛋白质组一致，因为存在以下影响因素：①mRNA翻译效率；②mRNA寿命；③蛋白质翻译后修饰效率；④蛋白质寿命。

（3）蛋白质组具有动态性

一种组织细胞的蛋白质组在不同发育阶段、不同代谢条件下不尽相同，并且直接决定了组织细胞的形态和功能的差异，这是因为基因表达具有时间特异性、条件特异性。相比之下，基因组具有稳定性。

（4）蛋白质组具有多样性

不同组织细胞的蛋白质组不尽相同，因为基因表达具有组织特异性。相比之下，基因组具有均一性，同一个体不同组织细胞的基因组完全一样。

（5）蛋白质组学研究更接近生命活动的本质和规律

蛋白质是生物体的结构基础，是生命活动的执行者和体现者。蛋白质组的变化直接反映了生命现象的变化。研究蛋白质组可以更全面、更细致、更直接地揭示生命活动的规律。

（6）蛋白质组包含翻译后修饰信息

蛋白质的翻译后修饰对蛋白质的功能至关重要，所有蛋白质在合成之后一直经历着各种修饰，许多代谢调控也是通过调节蛋白质的翻译后修饰实现的。与蛋白质有关的许多信息可以通过分析蛋白质组来获得。

12.2.4　蛋白质组学在医学中的应用

可以预期,随着功能基因组学研究的进一步拓展,蛋白质研究数据的不断积累。新方法、新技术的突破和生物信息学工具的完善,蛋白质组学的研究一定能在生命科学、医学等各个领域发挥越来越重要的作用,并为人类疾病的研究、防治带来新的思维方式和新的研究领域。

1. 用于疾病的诊断治疗

人类重大疾病的蛋白质组研究通常采用比较蛋白质组分析方法。多数疾病在表现出可察觉的症状之前,就已经在蛋白质的种类和数量上发生了一些变化,如有的蛋白质表达呈明显上调、有的表达则明显下调、有的蛋白质出现缺失等,这些疾病相关蛋白质常被作为疾病的生物标志物(bionlarker)。如果能及时检测到这些变化,对正常人群和疾病人群的蛋白质组进行表达模式差异分析,寻找疾病的特异性标志蛋白质,就可以为疾病的诊断提供新的依据。定量蛋白质组学的出现,为发现特异的生物标志物提供了新的技术平台。

由于微生物个体蛋白质种类少,已成为蛋白质组学研究的突破口,并取得了很大进展。目前蛋白质组学已在心血管疾病、糖尿病、癌症、白血病、老年性痴呆、脑卒中及皮肤病等人类疾病中广泛开展应用,研究主要集中在寻找与疾病相关的单个蛋白质、整体研究某种疾病引起的蛋白表达和修饰变化、利用蛋白质组寻找一些致病微生物引起疾病的诊断标记和疫苗等。

通过对肿瘤组织与正常组织之间蛋白质谱差异的研究,已找到一些肿瘤特异性的蛋白分子,为肿瘤的诊断或治疗提供了新的指标,并对揭示肿瘤的发生机制提供科学依据。人们已经在对鼻咽癌、食管癌、结肠癌、卵巢癌、膀胱癌、前列腺癌、肝癌、乳腺癌等研究中,鉴定出一批肿瘤相关标志物。应用蛋白质组学研究的策略筛选和鉴定肿瘤标志物的优势在于:能够对肿瘤进行分子分期,有利于肿瘤患者的个体化治疗;联合多种肿瘤标志物,根据蛋白质谱和基因表达谱的改变进行多变量分析,能够更客观地分析和判断病情;寻找无创或微创的方法进行肿瘤的早期诊断和风险人群的筛查。

2. 用于发病机制研究

大多数疾病的发生机制都非常复杂,要研究疾病发生的分子机制,则需要运用蛋白质组的研究手段,探讨正常和病理状态下的细胞或组织中蛋白质在表达数量、表达位置和修饰状态上的差异。同时对蛋白质之间相互作用网络的研究以及蛋白质在细胞内信号转导途径中作用的研究也有助于解释疾病的发病机制。

肿瘤的基因研究已取得令人瞩目的进展,目前已经发现了许多肿瘤相关基因,并有一些基因表达的研究。已知肿瘤的发生是多基因、多因素作用的结果,与一系列癌基因的激活与抑癌基因的失活有关。往往是由于在致癌因素作用下,异常的癌基因与抑癌基因表达的蛋白质发生改变、导致整个信号通路出现异常而最终导致肿瘤的发生。因此利用蛋白质组学研究具有高通量、全面和动态的特点,认识肿瘤发生时信号转导网络中蛋白质之间的相互作用及分析肿瘤发生的不同阶段蛋白质的变化,将有助于揭示肿瘤的发生机制。

蛋白质组学在肿瘤研究中的应用主要表现在以下几个方面。①在诊断方面,鉴定出肿瘤特异标志物,可为肿瘤的诊断,特别是早期诊断提供重要的工具。②在预防方面,通过蛋白质组学的研究,鉴定出肿瘤特异的具有高免疫学活性的新蛋白质,有助于抗肿瘤疫苗的研究和开发。③在治疗方面，通过蛋白质组学的研究，找到疾病时期的标志物，有助于设计作用于特异靶位的新药，为开发抗肿瘤新药打下基础。④有助于肿瘤的预后分析，通过蛋白质组学的研究，获得与原发性肿瘤及其转移性相关性的信息，这对肿瘤的预后分析具有重要的意义。⑤有助于肿瘤的发病机制的研究。通过蛋白质组学的研究，发现与疾病相关的蛋白质的异常表达情况，进一步研究这些异常蛋白质在疾病发发展过程中所起的病理作用，进而有助于从分子水平揭示肿瘤的发病机制。

肿瘤细胞的转移是肿瘤患者致死的主要原因。尽管有关肿瘤发生及转移的机制已经在形态学等方面有了大量的研究与探讨，但是肿瘤形成及转移的分子基础和机制尚不清楚。目前研究肿瘤转移分子机制的思路主要是比较高、低(或无)转移潜能细胞系或者是比较原发灶与转移灶的差异，寻找与转移相关的正性或者是负性的调控因素。

3. 用于药物的研发

蛋白质组学具有重要的应用价值。在新药研究中，蛋白质组研究技术可对由于药物作用所诱导的基因产物以及其翻译后修饰进行同步鉴定和定量，以寻找药物作用的专一靶点，从而简化新药发现过程。在疾病诊断中，可通过疾病与正常细胞中蛋白质的分离和对两者电泳图谱的比较，发现一些疾病相关蛋白质，这些蛋白质可成为相关疾病的分子标记物。

12.3　生物芯片技术

生物芯片技术是近年出现的一种分子生物学与微电子技术相结合的最新 DNA 分析检测技术。生物芯片也称为生物微阵列，是指通过微电子、微加工技术，用生物大分子(例如核酸、蛋白质)或细胞等在数平方厘米大小的固相介质表面构建的微型分析系统，用以对生物组分进行快速、高效、灵敏的分析与处理。该项技术是随着"人类基因组计划"的进展而发展起来的，具有深远的影响。

生物芯片包括基因芯片、蛋白质芯片、组织芯片、微流控芯片和芯片实验室等，用以对基因、抗原或活细胞、组织等生物组分进行快速、高效、灵敏的分析与处理，具有高通量、微型化和集成化的特点。使用生物芯片可以同时检测样品中的多种成分，检测原理是利用分子之间相互作用的特异性(例如核酸分子杂交、抗原—抗体相互作用、蛋白质—蛋白质相互作用等)，将待测样品标记之后与生物芯片作用，样品中的标记分子就会与芯片上的相应探针结合。通过荧光扫描等并结合计算机分析处理，最终获得结合在探针上的特定大分子的信息。制备生物芯片常用硅芯片、玻璃片、聚丙烯膜和尼龙膜等固相支持物。

生物芯片技术是一项重要的生物技术，在农业、医学、环境科学、生物、食品、军事等领域有着广泛的应用前景。

生物芯片，尤其是现在用得最多的基因芯片，在对生物分子及其功能的检测、鉴定和分析中，与其他的基因或蛋白质检测技术相比，具有微型化、自动化、网络化等特点，它能同时定性、定量地检测成千上万的生物信息。所谓微型化，指的是它不仅所用样品量小(每个点只需1nL)，而且成千上万种探针分子仅仅点在几平方厘米的介质上，可以实现许多生物信息分析的并行化、多样化；所谓自动化，是指测定分析的全过程，包括点样、杂交、图像处理和数据处理都可用计算机已知程序的自动化系统和半自动化系统完成，使整个过程具有高效率；所谓网络化,是指点样、数据处理等步骤都需要利用 Internet 网上庞大的生物信息库,这样既可以利用现存资源,又可提高分析鉴定的准确度。

12.3.1　基因芯片

基因芯片(gene chip)又称为 DNA 芯片,它是最早开发的生物芯片。基因芯片还可称为 DNA 微阵列(DNA microarray)、寡核苷酸微阵列(oligonucleotide array)等,是专门用于检测核酸的生物芯片,也是目前运用最为广泛的微阵列芯片。

基因芯片技术是近年发展和普及起来的一种以斑点杂交为基础建立的高通量基因检测技术。其基本原理是:先将数以万计的已知序列的 DNA 片段作为探针按照一定的阵列高密度集中在基片表面,这样阵列中的每个位点(cell)实际上代表了一种特定基因,然后与用荧光素标记的待测核酸进行杂交。用专门仪器检测芯片上的杂交信号,经过计算机对数据进行分析处理,获得待测核酸的各种信息,从而得到疾病诊断、药物筛选和基因功能研究等目的。

基因芯片技术的基本操作主要分为四个基本环节:芯片制作、样品制备和标记、分子杂交、信号检测和数据分析。

①芯片制作是该项技术的关键,它是一个复杂而精密的过程,需要专门的仪器。根据制作原理和工艺的不同,制作芯片目前主要有两类方法。第一种为原位合成法,它是指直接在基片上合成寡核苷酸。这类方法中最常用的一种是光引导原位合成法,所用基片上带有由光敏保护基团保护的活性基团。原位合成法适用于寡核苷酸,但是产率不高。第二种为微量点样法,一般为先制备探针,再用专门的全自动点样仪按一定顺序点印到基片表面,使探针通过共价交联或静电吸附作用固定于基片上,形成微阵列。微量点样法点样量很少,适合于大规模制备 cDNA 芯片。使用这种方法制备的芯片,其探针分子的大小和种类不受限制,并且成本较低。

②样品制备和标记是指从组织细胞内分离纯化 RNA 和基因组 DNA 等样品,对样品进行扩增和标记。样品的标记方法有放射性核素标记法及荧光色素法,其中以荧光素最为常用。扩增和标记可以采用逆转录反应和聚合酶链反应等。

③分子杂交是指将标记样品液滴到芯片上,或将芯片浸入标记样品液中,在一定条件下使待测 DNA 与芯片探针阵列进行杂交。杂交条件包括杂交液的离子强度、杂交温度和杂交时间等,会因为不同实验而有所不同,它决定着杂交结果的准确性。在实际应用中,应考虑探针的长度、类型、G/C 含量、芯片类型和研究目的等因素,对杂交条件进行优化。

④对完成杂交和漂洗之后的芯片进行信号检测和数据分析基因芯片技术的最后一步,也是生物芯片应用时的一个重要环节。分子杂交之后,用漂洗液去除未杂交的分子。此时,芯片上分布有待测 DNA 与相应探针结合形成的杂交体。基因芯片杂交的一个特点是杂交体系内探针的含量远多于待测 DNA 的含量,所以杂交信号的强弱与待测 DNA 的含量成正比。用芯片检测仪对芯片进行扫描,根据芯片上每个位点的探针序列即可获得有关的生物信息。

基因芯片技术自诞生以来,在生物学和医学领域的应用日益广泛,已经成为一项现代化检测技术。该技术已在 DNA 测序、基因表达分析、基因组研究(包括杂交测序、基因组文库作图、基因表达谱测定、突变体和多态性的检测等)、基因诊断、药物筛选、卫生监督、法医学鉴定、食品与环境检测等方面得到广泛应用。

人类基因组计划的实施推动着测序方法向更高效率、能够自动化操作的方向不断发展。

芯片技术中杂交测序(SBH)和邻堆杂交(CSH)技术都是新的高效快速测序方法。使用含有65536个8聚寡核苷酸的微阵列,采用SBH技术,可以测定200bp长DNA序列。CSH技术在应用中增加了微阵列中寡核苷酸的有效长度,加强了序列性,可以进行更长的DNA测序。

人类基因组编码大约35000个不同的功能基因,如果想要了解每个基因的功能,仅仅知道基因序列信息资料是远远不够的,这样,具有检测大量mRNA的实验工具就显得尤为重要。基因芯片能够依靠其高度密集的核苷酸探针将一种生物所有基因对应的mRNA或cDNA或者该生物的全部ORF(open reading frame)都编排在一张芯片上,从而简便地检测每个基因在不同环境下的转录水平。整体分析多个基因的表达则能够全面、准确地揭示基因产物和其转录模式之间的关系。同时,细胞的基因表达产物决定着细胞的生化组成、细胞的构造、调控系统及功能范围,基因芯片可以根据已知的基因表达产物的特性,全面、动态地了解活细胞在分子水平的活动。

基因芯片技术可以成规模地检测和分析DNA的变异及多态性。通过利用结合在玻璃支持物上的等位基因特异性寡核苷酸(ASO)微阵列能够建立简单快速的基因多态性分析方法。随着遗传病与癌症等相关基因发现数量的增加,变异与多态性的测定也更显重要了。DNA芯片技术可以快速、准确地对大量患者样品中特定基因所有可能的杂合变异进行研究。

基因芯片使用范围不断增加,在疾病的早期诊断、分类、指导预后和寻找致病基因上都有着广泛的应用价值。如,它可以用于产前遗传病的检查、癌症的诊断、病原微生物感染的诊断等,可以用于有高血压、糖尿病等疾病家族史的高危人群的普查、接触毒化物质者的恶性肿瘤普查等,还可以应用于新的病原菌的鉴定、流行病学调查、微生物的衍化进程研究等方面。

药物筛选一般包括新化合物的筛选和药理机理的分析。利用传统的新药研发方式,需要对大量的候选化合物进行一一的药理学和动物学试验,这导致新药研发成本居高不下。而基因芯片技术的出现使得直接在基因水平上筛选新药和进行药理分析成为可能。基因芯片技术适合于复杂的疾病相关基因和药靶基因的分析,利用该技术可以实现一种药物对成千上万种基因的表达效应的综合分析,从而获取大量有用信息,大大缩短新药研发中的筛选试验,降低成本。它不但是化学药筛选的一个重要技术平台,还可以应用于中药筛选。国际上很多跨国公司普遍采用基因芯片技术来筛选新药。

目前,基因芯片技术还处于发展阶段,其发展中存在着很多亟待解决的问题。相信随着这些问题的解决,基因芯片技术会日趋成熟,并必将为21世纪的疾病诊断和治疗、新药开发、分子生物学、食品卫生、环境检测等领域带来一场巨大的革命。

12.3.2 蛋白质芯片

蛋白质芯片(protein microarray)是一种新型的生物芯片,它是在基因芯片的基础上开发的,其基本原理是在保证蛋白质的理化性质和生物活性的前提下,将各种蛋白质有序地固定在基片上制成检测芯片,然后用标记的抗体或抗原与芯片上的探针进行反应,经过漂洗除去未结合成分,再用荧光扫描仪测定芯片上各结合点的荧光强度,分析获得有关信息。

蛋白质芯片技术是近年来出现的一种蛋白质的表达、结构和功能分析的技术,它比基因芯片更进一步接近生命活动的物质层面,有着比基因芯片更加直接的应用前景。蛋白质芯片技术可以用于研究生物分子相互作用,并且还广泛用于基础研究、临床诊断、靶点确证、新药开发等多个领域。

蛋白质芯片可以研究生物分子相互作用,例如,蛋白质—蛋白质相互作用、蛋白质—核酸相互作用、蛋白质—脂类相互作用、蛋白质—小分子相互作用、蛋白质—蛋白激酶相互作用、抗原—抗体相互作用、底物—酶相互作用、受体—配体相互作用等。

蛋白质芯片还广泛用于基础研究、临床诊断、靶点确证、新药开发,特别是检测基因表达。例如:可以用抗体芯片(antibody microarray)在蛋白质水平检测基因表达;可以用不同的荧光素标记实验组和对照组蛋白质样品,然后与抗体芯片杂交,检测荧光信号,分析哪些基因表达的蛋白质存在组织差异。检测基因表达可以用于研究功能基因组,寻找和识别疾病相关蛋白,从而发现新的药物靶点,建立新的诊断、评价和预后指标。

随着科学的不但发展,蛋白质芯片技术不仅能更加清晰地认识到基因组与人类健康错综复杂的关系,从而对疾病的早期诊断和疗效监测等起到强有力的推动作用,而且还会在环境保护、食品卫生、生物工程、工业制药等其他相关领域有更为广阔的应用前景。相信在不久的将来,这项技术的发展与广泛应用会对生物学领域和人们的健康生活生产产生重大影响。

12.3.3　组织芯片

组织芯片(tissue rnicroarray)是近年来发展起来的以形态学为基础的分子生物学新技术。它是将数十到上千种微小组织切片整齐排列在一张基片上制成的高通量微阵列,可以进行荧光原位杂交(FISH)或免疫组化(immuno histochemistry)分析。传统的核酸原位杂交或免疫组化分析一次只能检测一种基因在一种组织中的表达,而组织芯片一次可以检测一种基因在多种组织中的表达。因此,组织芯片是传统的核酸原位杂交或免疫组化分析的集成。

组织芯片技术使科技工作者有可能同时对数十到上千种正常组织样品、疾病组织样品以及不同发展阶段的疾病组织样品进行一种或多种特定基因及相关表达产物的研究。作为生物芯片的新秀,组织芯片的发展很快,应用领域不断扩展,有望应用于常规的临床病理检验,特别是肿瘤诊断。

12.3.4　生物芯片的应用

生物芯片在基因组学研究、后基因组学研究以及医学、工农业实践和国防上均有着广阔的应用前景,并将促进一个新的产业的诞生。

1. 用于基因检测

基因芯片技术通过大量固定化的探针与待测样品 DNA 进行分子杂交,产生杂交图谱,由杂交图谱即可测定样品的 DNA 序列,这种测序方法称为杂交测序(sequencing by hybyidization,SBH)。一个含八核苷酸的探针(有 $4^8 = 65536$ 个阵列)可用于测定约 200 个核苷酸的序列;含 10^6 个十二核苷酸的阵列可以测定约 1000 个碱基的序列。将所得强光信号系统的序列进行重叠排列,即可测得顺序。例如,一个 12 核苷酸的待测序列与原位合成的八核苷酸阵列上 65536 个探针杂交后,发出最强荧光信号的有 5 个探针:GCATGACT、GACTGGAT、TGACTGGA、GATGACTG 和 ATGACTGG,将它们重叠排列:

GCATGACT
CATGACTG
ATGACTGG
TGACTGGA
GACTGGAT

即得出待测 DNA 的互补序列为：GCATGACTGGAT，则待测样品的 DNA 序列为：CG-TACTGACCTA。

2. 用于突变和多肽分析检测

在标记的样品 DNA 与芯片上固定的寡核苷酸探针杂交过程中，当探针与样品 DNA 有小至一个碱基的差异时，其 Tm 值的改变影响杂交结果的荧光信号值，从而可以根据信号来判断待测样品和芯片上哪个片段完全配对，哪个片段上有碱基取代，从而得出待测 DNA 序列上特定位点的碱基组成，以便对突变和多态性进行分析研究。

3. 基因的表达分析

基因芯片对大规模的基因表达谱的分析是十分方便的。因为它的容量大、精确度好、灵敏度高、快速高效，用于对来源于不同个体、不同组织、不同细胞周期、不同发育阶段、不同分化阶段、不同病变、不同刺激下的细胞内 mRNA 或逆转录后产生的 cDNA 进行检测，从而对基因表达的个体特异性、组织特异性、发育分化阶段特异性、病变特异性、刺激特异性等进行综合分析和判断，可以研究基因的功能，以及基因与基因间的相互关系。这与常规测定方法一次只能检测一个或少数几个基因相比，可大大提高效率。目前的研究水平，一张芯片上可同时检测几万个基因，也就是说人的全部基因可在一张芯片上进行检测分析，通过比较各种基因在特定条件下是否表达及其表达量，从中找出基因间的细微差异。

4. 在药物研究中的应用

生物芯片用于药物研究，目前主要在两个方面：新药筛选和指导临床合理用药。

在新药的筛选中，关键问题是低耗、高效地筛选出新药或先导化合物，以便缩短新药发现的过程。筛选的方法一般有两种模式：一种是直接检测化合物对生物在分子（如酶、抗体、受体、离子通道等）的结合及作用；另一种是检测化合物作用于细胞后（特别是 mRNA）的变化。这两种模式均涉及靶标和筛选方法的选择。在这方面基因芯片作为一种集成化的分析手段正好发挥它的作用。基因芯片可以从疾病及药物两个角度对人体的参量同时进行研究以发掘筛选疾病相关分子。在这种情况下，任何一元化的分析方法均不及生物芯片这种集成化的分析手段更具有优势。基因芯片进行药物筛选就是通过用药前后表达谱的变化找出靶基因及受靶基因调控的基因是否恢复到正常状态，并研究是否影响其他基因的表达而带来毒副作用。

此外，在指导临床合理用药方面生物芯片也能发挥它的优势。在临床用药中，由于一方面小分子药物在体内作用的靶分子不可能具有绝对专一性，另方面不同个体内由于遗传多态性致使所含结合药物的载体蛋白、代谢药物的酶等存在差异，因而机体对药物的处理也会不同。通过生物芯片研究每个人的基因组，根据基因型为病人选择个性化的药物将成为可能，这将是药物治疗学上的一次质的飞跃。

5.在疾病诊断中的应用

用于感染性疾病诊断时,是将待测病原体的特征基因片段或病原体的特征寡核苷酸固定于芯片上,将从病人血清中抽提出的病原体 DNA 或 RNA 经扩增标记荧光后与芯片进行杂交,杂交信号扫描仪扫描,再经计算机分析,判断阴性或阳性。

在遗传性疾病的诊断中,由于人类基因组计划和后基因组计划的开展,越来越多的遗传病相关基因被揭示出来,而且由于突变检测技术得到快速发展,已经成为对多种遗传病进行诊断的常规手段。例如,已用芯片技术对血友病、地中海贫血、异常血红蛋白病、苯丙酮尿症等遗传性疾病进行了研究,并取得了可喜的成果。

基因芯片用于疾病诊断具有明显的优越性:①检测样品为各类致病片段,可同时检测多种疾病,提高了诊断效率;②因无须通过机体免疫反应,能早诊断,缩短发病期;③具有高度的灵敏性、准确性、特异性和可靠性,并且方法快速简便;④自动化程度高有利于推广应用;⑤还可对病原体进行分型,从而实现用药个体化。

6.在农林上的应用

利用基因芯片对每一种类型的植物组织积累其发育阶段,激素和除草剂的处理,遗传背景和环境条件等一系列影响因素数据,有可能了解植物生物学有关的众多基因,从中筛选基因突变的农作物,寻找高产、抗病、抗虫、抗逆境等经济价值高的农作物。此外,还可用于农药的筛选、动植物疾病的快速诊断等。

德国一家专门从事农作物基因研究的公司,已研制了大豆、玉米、油菜、番茄和马铃薯等植物基因芯片。

7.在微生物菌种鉴定及致病机制中的应用

在基因芯片上筛选测定病原微生物的毒力基因、耐药性基因和致病因子基因等。可对其菌种和流行病学研究。比如,在研究感染病毒基因组中,分析感染病毒的多态性,了解病毒致病基因和致病机理,分析药物作用下病毒基因表达情况,了解药物作用机制与基因功能。还可用于监测感染宿主基因表达改变,研究病原微生物致病机制,进行细菌基因分型与菌种鉴定,筛选监测细菌耐药性基因等。

除上述外,生物芯片在其他众多领域还有广泛的用途。如在军事上,用于开发生物战病原体检测系统、研制生物战防护剂;司法中用于血型和亲子鉴定、DNA 指纹鉴定;环境保护中用于大规模毒理学研究、化合物的致突变研究、快速检测污染源、寻找保护基因、寻找能够治理污染源的基因产品等。

现在,一些芯片实验室正研究通过微细加工技术,将核酸分离、扩增、标记及检测等过程集成在同一块芯片内,使生物分子分析系统进一步微型化、集成化和自动化,前景十分诱人。而且围绕生物芯片将逐渐形成庞大的生物产业,各国政府和企业都看好这块沃土,投入巨资,以便不久的将来获得丰厚的收益。

参考文献

［1］张洪渊,万海清.生物化学.2版.北京:化学工业出版社,2006

［2］潘文干.生物化学.第6版.北京:人民卫生出版社,2009

［3］王希成.生物化学.第3版.北京:清华大学出版社,2010

［4］查锡良.生物化学.第2版.上海:复旦大学出版社,2008

［5］姚文兵.生物化学.第7版.北京:人民卫生出版社,2011

［6］王继峰.生物化学.北京:中国中医药出版社,2007

［7］张宁,张惟杰.生物化学.北京:科学出版社,2013

［8］高国全.生物化学.第3版.北京:人民卫生出版社,2012

［9］金国琴.生物化学.上海:上海科学技术出版社,2006

［10］静国忠.基因工程及其分子生物学基础——分子生物学基础分册.第2版.北京:北京大学出版社,2009

［11］温进坤.生物化学.北京:中国中医药出版社,2008

［12］马文丽.生物化学.北京:科学出版社,2012

［13］刘国琴,张曼夫.生物化学.第2版.北京:中国农业大学出版社,2011

［14］刘卫群.生物化学.北京:中国农业出版社,2009

［15］沈同,王镜岩.生物化学.第2版.北京:高等教育出版社,1990

［16］童坦君,李刚.生物化学.第2版.北京:北京大学医学出版社,2009

［17］贾弘禔,冯作化.生物化学与分子生物学.第2版.北京:人民卫生出版社,2011

［18］唐炳华.生物化学.第3版.北京:中国中医药出版社,2012

［19］王镜岩,朱圣庚,徐长法.生物化学.北京:高等教育出版社,2002

［20］童坦君.生物化学.北京:北京大学医学出版社,2003

［21］杨建雄.生物化学与分子生物学.第2版.北京:科学出版社,2009

［22］凌浩,张惟杰.生物化学.北京:中国质检出版社,2011

［23］周克元,罗德生.生物化学:案例版.第2版.北京:科学出版社,2010

［24］李盛贤,刘松梅,赵丹丹.生物化学.哈尔滨:哈尔滨工业大学出版社,2005